"十三五"职业教育国家规划教材

高职高专公共基础课系列教材

中国传统文化与创意设计

主　编　荆爱珍　卢志宁
副主编　付玉霞　赵君玉　刘晓月
参　编　王　晴　石蕴伟

机械工业出版社

本书旨在向大学生传播我国传统文化的精粹，带领学生感受经典智慧，体味工匠精神，在大国文明中找到对民族文化和精神的信仰，实现文化自信。

本书包含中国传统文化的多个方面，内容丰富，涉猎面广，汲取传统文化的精华部分，主要从传统哲学、古代科技、汉字、传统建筑、传统工艺、古代文学、民俗文化七个方面进行了详细的讲述，在介绍知识的同时提供了丰富的优秀设计案例，并在每一章后设置了项目设计实训内容，用以开拓思路，提高学生的创新设计能力和动手操作能力。

本书设置的非遗故事、文化课堂通过视频的形式生动地展示了传统文化，融入课程思政理念。本书配套的视频、习题、课件等数字资源已上线超星学习通APP方便教师线上线下混合式教学。

教师可在机工教育服务网（www.cmpedu.com）注册后，下载相关教学资源。

本书既可作为普通高校和职业院校相关专业的教材，也可作为传统文化爱好者的普及读本。

图书在版编目（CIP）数据

中国传统文化与创意设计/荆爱珍，卢志宁主编. —北京：机械工业出版社，2018.8（2024.1重印）
高职高专公共基础课系列教材
ISBN 978-7-111-60420-4

Ⅰ.①中⋯ Ⅱ.①荆⋯ ②卢⋯ Ⅲ.①产品设计—高等职业教育—教材 Ⅳ.①TB472

中国版本图书馆 CIP 数据核字（2018）第 174796 号

机械工业出版社（北京市百万庄大街22号　邮政编码100037）
策划编辑：宋　华　责任编辑：宋　华　何　洋
责任校对：朱继文　封面设计：鞠　杨
责任印制：邓　博
北京盛通数码印刷有限公司印刷
2024年1月第1版第9次印刷
184mm×260mm・12.5 印张・310 千字
标准书号：ISBN 978-7-111-60420-4
定价：38.00 元

电话服务　　　　　　　　　网络服务
客服电话：010-88361066　　机　工　官　网：www.cmpbook.com
　　　　　010-88379833　　机　工　官　博：weibo.com/cmp1952
　　　　　010-68326294　　金　书　网：www.golden-book.com
封底无防伪标均为盗版　　　机工教育服务网：www.cmpedu.com

关于"十三五"职业教育国家规划教材的出版说明

2019年10月，教育部职业教育与成人教育司颁布了《关于组织开展"十三五"职业教育国家规划教材建设工作的通知》（教职成司函〔2019〕94号），正式启动"十三五"职业教育国家规划教材遴选、建设工作。我社按照通知要求，积极认真组织相关申报工作，对照申报原则和条件，组织专门力量对教材的思想性、科学性、适宜性进行全面审核把关，遴选了一批突出职业教育特色、反映新技术发展、满足行业需求的教材进行申报。经单位申报、形式审查、专家评审、面向社会公示等严格程序，2020年12月教育部办公厅正式公布了"十三五"职业教育国家规划教材（以下简称"十三五"国规教材）书目，同时要求各教材编写单位、主编和出版单位要注重吸收产业升级和行业发展的新知识、新技术、新工艺、新方法，对入选的"十三五"国规教材内容进行每年动态更新完善，并不断丰富相应数字化教学资源，提供优质服务。

经过严格的遴选程序，机械工业出版社共有227种教材获评为"十三五"国规教材。按照教育部相关要求，机械工业出版社将坚持以习近平新时代中国特色社会主义思想为指导，积极贯彻党中央、国务院关于加强和改进新形势下大中小学教材建设的意见，严格落实《国家职业教育改革实施方案》《职业院校教材管理办法》的具体要求，秉承机械工业出版社传播工业技术、工匠技能、工业文化的使命担当，配备业务水平过硬的编审力量，加强与编写团队的沟通，持续加强"十三五"国规教材的建设工作，扎实推进习近平新时代中国特色社会主义思想进课程教材，全面落实立德树人根本任务。同时突显职业教育类型特征，遵循技术技能人才成长规律和学生身心发展规律，落实根据行业发展和教学需求及时对教材内容进行更新的要求；充分发挥信息技术的作用，不断丰富完善数字化教学资源，不断提升教材质量，确保优质教材进课堂；通过线上线下多种方式组织教师培训，为广大专业教师提供教材及教学资源的使用方法培训及交流平台。

教材建设需要各方面的共同努力，也欢迎相关使用院校的师生反馈教材使用意见和建议，我们将组织力量进行认真研究，在后续重印及再版时吸收改进，联系电话：010-88379375，联系邮箱：cmpgaozhi@sina.com。

机械工业出版社

前言

文化是设计的内涵,创意是设计的灵魂,设计若离开文化的支撑则如同无源之水。本书立足于我国优秀传统文化,为创意储备广博的素材,为设计提供无尽的灵感。

人类创造文化的过程,也是选择和淘汰的过程,保留下来的,大都是人类文化的精华。我国的仰韶文化距今已有5000～7000年了,其彩陶图案丰富多彩,有鱼纹、鸟纹和蛙纹等多种逼真的动物形态,栩栩如生。

我们不能一提传统文化,就联想到"落后",我们身上都肩负着一份责任——传承和发展。我们骄傲于祖辈创造的文明智慧:天人合一、道法自然的生态观,仁义礼智、和谐宽厚的社会观。而这些思想智慧的体现就在于生活中的器物运用,沉淀下来就是中国元素。什么是中国元素?中国元素就是一种历史的、民俗的符号:程式化的京剧脸谱,温润洁雅的"青花"彩釉,华美精致的明式家具……设计大师菲利普·斯塔克(Philippe Starck)在创作中国意向题材的作品时,用的便是牡丹,牡丹就是他眼里的中国符号。有人将"中国"落实到一片"祥云"、一首"诗词"、一朵"牡丹"、一个"如意"上。由此观之,传统文化的传承和表现手段永远都是有人文精神的设计师要思考并在设计作品中实践的命题,也正是我们现代设计的有力支撑。

《中国传统文化与创意设计》是面向创意设计大类设置的专业基础课,本书不仅为广告设计、平面设计、园林艺术设计、包装设计、动漫设计、数字媒体艺术等提供创意与设计素材及灵感,而且作为传承中国传统文化的普及读本,也适合普通高校和职业院校作为公共基础课教材使用。

习近平总书记在省部级主要领导干部学习贯彻十八届三中全会精神全面深化改革专题研讨班开班式上的讲话中强调:"要加强对中华优秀传统文化的挖掘和阐发,努力实现中华传统美德的创造性转化、创新性发展,把跨越时空、超越国度、富有永恒魅力、具有当代价值的文化精神弘扬起来,把继承优秀传统文化又弘扬时代精神、立足本国又面向世界的当代中国文化创新成果传播出去。"

好风凭借力,扬帆正当时。我们致力于传播中华优秀传统文化,保护民族的根与魂;我们倾情于培养优秀现代创意设计人才,提升"中国智造"的核心竞争力。

在重印的过程中,本书增加了非遗故事,文化课堂的模块,上线了超星混合式教学资源包。其中,文化课堂模块的微课视频颗粒度高,方便于教师的多场景使用。非遗故事选自真实非遗传承人的采访实录,真实感人。同时,文化课堂的微课仍在持续更新。

本书由荆爱珍、卢志宁任主编,付玉霞、赵君玉、刘晓月任副主编,参加编写的还有王晴、石蕴伟。

由于编者水平所限,书中难免有疏漏之处,敬请广大读者批评指正。

编者

配套混合式教学包的获取与使用

本教材配套数字资源已作为示范教学包上线超星学习通,教师可通过学习通获取本书配套的演示文稿、微课视频、在线测验、题库等。

扫码下载学习通 APP,手机注册,单击"我"→"新建课程"→"用示范教学包建课",搜索并选择"中国传统文化与创意设计"教学资源包,单击"建课",即可进行线上线下混合式教学。

学生加入课程班级后,教师可以利用富媒体资源,配合本教材,进行线上线下混合式教学,贯穿课前课中课后的日常教学全流程。混合式教学资源包提供 PPT 课件、微课视频、课程章节、课堂讨论和在线测验。

PPT 课件　　微课视频　　课程章节　　课堂讨论　　在线测验　　　　扫码学课程

非遗故事

序号	故事名称	二维码	页码	序号	故事名称	二维码	页码
1	指尖上的草编		39	2	秸秆的传奇		65
3	千锤百炼的艺术		79	4	烙的是画绣的是心		81
5	葫芦上的大千世界		84	6	剪与刻的纸上人间		91
7	盛开的花馍		146				

文化课堂

序号	微课视频	二维码	页码	序号	微课视频	二维码	页码
1	孔子的仁		11	2	养与敬		11
3	侍病		12	4	创意案例赏析		18
5	传统服饰的发展历程		107	6	秦汉服饰		108
7	元代服饰		110	8	上古神话体系		115
9	女娲神话		116	10	三皇传说		116
11	五帝传说		116	12	感生神话		116
13	洪水神话		117	14	英雄神话		117
15	神话的精髓		118	16	青龙与白虎神话		119
17	玄鸟与玄武神话		119				

目录

前　言
非遗故事
文化课堂
导　论 ·· 1

第一章　东方智慧·传统哲学与创意设计

第一节　儒家思想 ·· 10
第二节　佛教思想 ·· 18
第三节　道家思想 ·· 24

第二章　格物生巧·古代科技与创意设计

第一节　中医养生 ·· 32
第二节　《考工记》与《天工开物》 ································ 38

第三章　游云惊龙·汉字与创意设计

第一节　汉字的产生 ·· 44
第二节　文字字体的演变历史 ·· 45
第三节　汉字的结构及其演变精神 ·································· 49
第四节　汉字书法艺术 ·· 52
第五节　汉字字体设计 ·· 58

第四章　巍峨气象·传统建筑与创意设计

第一节　帝王宫殿与陵寝 ·· 62
第二节　古代园林与亭台楼阁 ·· 65
第三节　四合院与各地民居 ··· 68
第四节　古代桥梁与关隘 ·· 73

第五章　神工意匠·传统工艺与创意设计

第一节　传统雕塑 ·· 77
第二节　传统绘画 ·· 81
第三节　传统剪纸 ·· 91

第四节　玉器与瓷器 ·· 98
第五节　传统服饰 ·· 106

第六章　风雅流韵·古代文学与创意设计

第一节　神话传说 ·· 115
第二节　古代诗歌 ·· 125
第三节　传统戏曲 ·· 136

第七章　风土传情·民俗文化与创意设计

第一节　传统节日 ·· 145
第二节　婚嫁与丧葬 ·· 166
第三节　茶酒与烹调 ·· 173

参考文献 ·· 187

导　论

一、中国传统文化的特点

"文化"一词，古已有之。《说文解字》中对"文化"是这样描述的："文,错画也。象交文。""文"本义为花纹、纹理，引申义为美好和谐的事物。"化,教行也。教行于上,则化成于下。""化"本义为变易、生成、造化，其引申义则为改造、教化、培育等。"文"与"化"并联使用，较早见之于战国末年"文明以止,人文也。观乎天文,以察时变；观乎人文,以化成天下"。文化的核心就是人，文化是人的超越自然属性的理想和努力。简而言之，文化就是把人类社会中"美好和谐"的事物"化行"于一切人类活动，"以文化之"就是"文化"的要求。由此观之，美好和谐是文化的最高要求。

中国传统文化是中华文明演化而汇集成的一种反映民族特性和人文风貌的民族文化，是千百年来中华儿女的智慧创造结晶，是中华各民族世世代代传承发展的、具有鲜明民族特色的、内涵博大精深的悠久文化，是中华民族历史上各种思想文化、观念形态的总体表征，是通过不同的文化形态来展现的各种民族文明、风俗、精神的总称。

中国传统文化历史悠久、博大精深、包罗万象。首先是思想、文字、语言，之后是六艺——礼、乐、射、御、书、数，再后是生活富足之后衍生出来的农学、医学、建筑、绘画、书法、音乐、武术、曲艺、节日、民俗、服饰、饮食等。传统文化是与人们生活息息相关的、融入人们生活的、人们享受它而不自知的东西。

中国传统文化在五千多年的积淀和发展中呈现出鲜明的特点：从历史角度来看，它具有悠久的持续性，强大的生命力和凝聚力；从经济角度而言，它是以自然经济为基础的农业文化，重农轻商；从政治角度来说，它是忠君爱民的官本位文化，是专制主义和民本主义相结合的产物，既尊君、又重民。从社会结构来看，它又是以家族为本位的宗法文化，重群体、轻个体。从社会意识层面来说，它主张入世，反对出世的伦理文化，重人、轻神。从学术思想角度来看，它是以经学为主导的儒家文化，重人伦、轻自然。

（一）历史层面

中国传统文化具有悠久的持续性、强大的生命力和凝聚力。

中国传统文化源远流长、历史悠久，这是世界学者一致公认的。世界古代四大文明发源地，只有中国传统文化硕果仅存，而且持续不断，具有强大的生命力和凝聚力。

几千年来，中国传统文化以汉族为主体的农耕文化，随着中华民族的融合、发展，其文化的内涵也在不断充实、更新。中国传统文化是在汉民族文化基础上，不断地吸收了境内各民族和不同地域，如楚、吴越、巴蜀、西域的文化而形成的，具有丰富的内涵。中国传统文化的融合力和凝聚力，是其强大生命力和延续力的内在基础。中华悠久文化形成的客观条件与其相对封闭的地理环境相关。

（二）经济领域

中国传统文化是以自然经济为基础的农耕文化，主张重农轻商。过去几千年来，中华民族的主体——汉族广大农民，主要从事农业生产，"日出而作，日入而息"，辛勤地耕耘在黄河、长江流域的东亚土地上。农业一直是国家的命脉，历代统治者都强调以农为本，重农轻商，广大的群众也都向往"耕读传家"，从而逐渐形成社会风尚。"一分耕耘，一分收获"的农耕生活，使人们领会"重实际而黜玄想"的务实精神，终于形成了我们的民族性格。还有安土重迁、乐天安命的观念也是农业文化的必然产物。在长期、简单的农业再生产实践中，体验到必须遵循自然规律，形成了循环往复的观念、恒久的意识。周而复始、天长地久成了人们的习惯追求。还有中国传统的民俗和节庆也是和农业文化紧密相连的，如农历中的二十四节气，有着浓厚的农业文化气息，这与西方国家的节庆（一般与宗教紧密相关的情况）存在极大差别。

（三）政治角度

中国传统文化是忠君爱民的官本位文化，重权势，轻财利。这是专制主义和民本主义相结合的产物。忠君思想是传统农业宗法社会的必然产物。官吏成为社会中最重要的特殊阶层，吏治的好坏成了政治的核心问题。分散的小农经济，需要有核心组织来抵抗外敌和应对自然灾害，要求有中央集权的统治来巩固国家的安定和大一统局面。同时，统治者也要依赖以农民为主体的广大人民安居乐业，维护国家的长治久安，"民为邦本"的思想也就必然产生。人们不仅把希望寄托在贤君、明主身上，更直接地寄托在清官、良吏身上，深恶痛绝那些贪官污吏。官吏是皇权统治的最直接的体现。我国从周代起就有"以吏为师"的传统，实行"官师合一"。秦统一后，为了加强思想控制，在全国确立了"以吏为师，以法为教"的吏师制度。宋代的包拯、明代的海瑞，历来是人民称颂的清官典型。吏治的好坏，往往是历代统治的试金石，官吏是统治国家的关键所在。腐败的吏治，既无法实现"民为邦本"，也严重影响百姓忠君的实现。官吏能爱民如子，则标志着太平盛世的到来，官逼民反，则意味着社会动乱的来临。从隋唐科举实行以来，人们"学而优则仕"的认识不断加强。士农工商，出仕当官被认为是社会上各业之首选，读书人的最好出路就是当官致仕。出仕则有权有势，不仅光宗耀祖，而且为发财提供了机会。这种官本位文化是中国几千年来专制主义的产物，一直延续到近代，影响深远。人们常说"君子争权于朝，小人争利于市"，争权夺利均为人所好，而传统文化中权势重于财富。

（四）社会结构层面

中国传统文化是以家庭为本位的宗法文化。重家庭，轻个人；重群体，轻个体。中国古代社会是按宗法关系形成家庭制度，加上中国自然经济长期延续，农村社会中主要是由家族和邻里乡党组成，构成了国家的基础，给宗法文化的形成提供了社会基础。从我国的很多地名中可以看到，冠上家族姓氏的地名随处可见，如石家庄、张家口等。中国社会的宗法制度是根深蒂固的，以宗族为本位的宗法文化渗透和统治了社会生活的所有层面。以父亲为主的家长制，在家族中拥有极大的权力，甚至包括立法权、司法权，有"家法""族规"，族长有权进行审判。长子继承制在皇亲国戚中也不例外。

在中国传统民风习俗中，修建宗族祠堂、祖宗坟墓，祭奠祖先，编修族谱、家谱，保存家族历史档案，如此等等均被认为是家族大事，个人必须认真遵守。这些都为巩固和加强宗法文化起了重大作用。

（五）社会意识角度

中国传统文化是强调尊天、重人、天人合一的伦理文化，主张入世，反对出世思想。在中国原始宗教中，也曾有对天命鬼神的崇拜，但在殷周以后，宗法道德伦理观念成为维系社会的重要纽带，神权思想的垄断地位逐渐被削弱了。中国历代统治者也曾利用各种宗教、神权作为加强统治的工具,如土生土长道教的兴起,佛教的传播和改造。但是,中国历史上始终没有出现宗教统治一切的局面。不像欧洲、西亚、南亚的一些国家,宗教中的神权拥有至高无上的权威,这确实是中国传统文化的重大特征。

在中国传统文化中,也尊重天意,但更重视伦理,认为天理和人道是统一的。例如,孔子主张"敬鬼神而远之",汉代儒家董仲舒认为"天人感应""天不变,道亦不变",宋明理学提出"存天理,灭人欲"。人们常说要讲天理、良心,天理和伦理是统一的,"天人合一"思想深入人心。

中国传统文化主导思想是入世的,而非出世的、非神的。中国人把"人文初祖"黄帝作为崇拜的偶像,黄帝传说为中华民族的祖先,而非超人的神。中国传统文化中,历代坚持无神论的大有人在。南朝的范缜著《神灭论》,公然和统治者的佛教思想进行尖锐斗争。在传统文化中,主要是运用伦理道德来规范人们的言行,如主张"修身、齐家、治国、平天下",而不是靠神权的威力来控制人们的言行。

(六) 学术思想领域

中国传统文化受儒家文化影响,体现出重人伦、轻自然的倾向。儒家文化统治了中国传统社会数千年,这是众所周知的事实。儒家学说首创于春秋战国时期的孔子、孟子、荀子等人,并整理出了"六经"(《诗》《书》《易》《礼》《乐》《春秋》)传世。至汉武帝时,接受大儒董仲舒提出"罢黜百家,独尊儒术"的主张,"六经"便成为儒家的经典。宋朝理学家将儒家经典扩大为"十三经"。经学被列为经、史、子、集四大部类之首,其中经学著录近两千部之多。儒家文化传统以重人伦、轻自然为特点,强调以人为核心,贯穿于哲学、史学、文学艺术各个领域。人文学科的研究成就是非常大的,而对自然科学和技术领域的探讨则相对薄弱,这直接导致我国近代科学技术发展的相对滞后。

中国传统文化中教育,"四书"(《论语》《孟子》《大学》《中庸》)、"五经"("六经"中《乐》失传)被列为必读课本,在科举考试中被列为必试科目内容。人们的思想长期被禁锢在这些经学教条中,否则被认为"离经叛道",身败名裂。古代一些封建统治者大兴"文字狱",残酷镇压,实行专制文化统治,直到清代越演越烈。

中国传统儒家文化中,以伦理道德来规范人们的言行,主要教条有"三纲"(君为臣纲、父为子纲、夫为妻纲)、"五常"(仁、义、礼、智、信)、"四维"(礼、义、廉、耻)、"八德"(忠、孝、仁、爱、信、义、和、平);以及妇女的"三从"(从父、从夫、从子)、"四德"(孝、悌、忠、信)。这些教条都是儒家经典内容最通俗、最简单的概括。运用这些教条来规范人们的伦理关系(包括君臣、父子、夫妇、兄弟、长幼、朋友之间的人际关系)。这些教条一直深深制约着人们的思想和言行。人们常说:精忠报国,以孝治天下,仁爱为本,仗义疏财,克己复礼,仁义值千金。

中国传统文化的上述这些特征构成了一个完整的文化体系,从各个领域或方面互相影响、相互制约。在经济领域中,以自然经济为基础的农业文化,必然要求在政治领域中形成忠君和爱民相结合、专制主义和民本主义相辅相成的官本位文化;在社会结构中,必然形成的家族为本位的宗法文化;在社会意识中,必然是重人、轻神,入世而非出世的伦理文化。从而集中反映在学术思想上以经学为主导的儒家文化。

面对积淀深厚、独具风采的中国传统文化,我们的责任是在传承的基础上将传统文化与现代化的高速发展有机结合,"推陈出新""古为今用""推动中华文化走向世界"亟待解决。

二、中国传统文化与现代设计

21世纪,人们生活在一个被设计所包围的地球村中,从所用的产品到居住的城市,从衣食住行到休闲娱乐,无不渗透着设计的魅力。虽然全球化必然带来对传统价值观和民族认同的

冲击，必然带来对传统文化的冲击，但设计活动的全球化并不意味着设计风格的同一化或民族认同的失落。传统和历史是不容割断的，设计如果脱离了传统，失去了民族性，那么不仅失去了本民族消费者的认同感，也在全球化经济和文化进程的推动下失去了民族身份和民族特色。

何为设计？设计不是一种个人行为，作为文化大概念的一个有机组成部分，设计体现了历史积淀下的人类文化心理和当今社会的文化状况。设计作为一门对主客观世界的反映、综合、提炼、凝结、升华的科学体系，除了面对其自身以外所产生的一切迅猛变化，还因为外力的作用而使现代设计的发展过程呈现出一种复杂的状态，不断增强了其从内涵到外延在建设、发展、变革等方面的时效性和紧迫性，并使之在变革过程中的任务与目的得到确定与加强。

中国传统文化主要体现在思想观念上，属于精神文化现象，而设计是物质形态的创造，属于物质文化现象，两者相互渗透、相互影响。《易经·系辞》曰："形而上者谓之道，形而下者谓之器。""器"是人类通过物化设计思维创造的一种文化载体，它是有形的、具象的物质，是文化传承的具体体现。同时，文化也创造了设计，使设计成为社会文化的缩影，并使"器"上升为"道"，形成一种相对有形物体的、无形的、抽象的精神观念。以文化为本位，以生活为基础是现代设计的准确定位。从根本上说，当代设计就是各种文化在具体设计作品中的凝结和物化。设计不是简单的造物，而是创造出演绎时代、民族的文化根性，是孕育着人的丰富情感以及强大功能性、审美性、经济性的和谐整体。

21世纪是人类经由群体本位、个体本位逐步走向类体本位，向着一体化迈进的新世纪。当然，人类走向共存的道路并不平坦，多元文化的冲突、碰撞、融合，使得民族性与全球化成为现代设计面临的两大课题，设计的民族认同也越来越受到人们的重视。人们对传统文化如何走向现代设计给予了前所未有的关注。

从艺术发展的历史经验来看，任何设计创作都离不开传统理念，现代设计只有以传统文化艺术为依托，不断创新，才能提升创作品格，显现出独有的风格魅力和精神意蕴，从而在现代与古典的契合中孕育出具有中国特色的美的作品。清朝纪昀有一句话："国弈不废旧谱，而不执旧谱；国医不泥古方，而不离古方。"人们不可能抛开现有的文化体系去创造全新的学说，但也不能固守"旧谱""古方"。因此，中国现代设计应立足传统文化，在设计中既要尊重民族的独特性，又要反映现代人的内在精神追求。应不断寻找传统艺术文化的气韵精髓，以独特的感悟力将其融入现代艺术设计之中，为现代设计赋予时代内涵和精神气质，在创新中不断发展进步；同时，要坚持民族性与国际化的接轨，在交流中进步，在进步中发展。

（一）传统文化艺术与现代设计水乳交融

传统文化艺术往往包含极其深刻的社会文化内涵和社会心理积淀。中国传统文化讲求"形""神""意"，现代设计则主张个性、时尚、潮流。前者含蓄而内敛，后者张扬而个性；前者传达美的意蕴，后者突显视觉冲击。两者的有机契合，不仅是传统文化传承的需要，也是现代设计提升文化品格的精神需求。

1. 民族性是设计文化的生存之本

传统民族文化潜移默化地影响着现代设计。艺术是由人所创造的，而恰恰是人在民族文化的肥沃土壤中植入了"时代性""地域性"特别是"民族性"的印记。没有纯粹意义上脱离了社会属性的人，因此也就不会存在脱离了"种族、环境、时代"背景的设计者。传统民族文化是经过历史考验所创造出的物质文明与精神文明的总和，它具有不可逆的传承性。传统民族文化以其博大的文化底蕴、独特的审美意境以及特有的表现形式，潜移默化地影响着现代设计者，成为其思维本源，成为其创作灵感取之不竭的源泉。

设计从来不是纯粹的个人行为，一个设计师必须以"传统"为鉴来阐述他们的设计。艺术是世界性的,也是民族性的。从审美接受角度来看,独特的民族艺术形式所形成的陌生化的审美意识形式可以给艺术欣赏者带来审美愉悦感,激起他们艺术上的共鸣,真正地实现艺术无国界。从东西方文化的角度来看,传统文化是一个国家或民族伴随其独特的生产和生活方式,在长期的历史发展中逐步形成的,是现代设计发生、发展的必要条件。设计艺术的现代感很大程度上是相对于传统意义的继承和发展,是内在于民族文化的历史性演进,并以传统化的多样性来丰富的。

2. 现代设计以传统艺术为依托

传统艺术元素蕴其意,现代设计彰其形,两者巧妙地结合,这不仅是传承与发展传统文化意识的必由之径,也是引导设计出具有主张性、时代性、国际性的现代设计的关键。丰富瑰丽的传统艺术宝库为现代设计者提供了异彩纷呈的艺术素材,在一定程度上弥补了现代设计所缺少的对民族精神的表达。梁启超先生有言"以界他国而自立于大地",也就是要求设计师有意识地将传统的民族文化纳入设计中去,用现代的审美观念和设计理念对传统艺术元素加以改造、提炼和运用,以传统的文化积淀与现代的设计手段相结合,创造出雅俗共赏且具有深厚文化气息的现代设计文化。

中国传统向来推崇以和为贵、和气生财、家和万事兴的处世哲学,而最能形象生动地表述出这一哲理的形象之一,则要属"太极图"。阴阳鱼合抱、互含,两条鱼的内边衔合得天衣无缝,两条鱼的外边为正圆。通过这个"太极图",先贤讲述了这样一个道理:在一个统一体中,凡是有利于对方的,便有利于整体和谐与统一,也就必然有利于自身,这个"太极和谐原理",无论个人之间、家庭之间、民族之间、国家之间乃至人类与自然之间,都是广泛适用的。在设计这个概念中,这种形式称之为"互让"。也正是因为太极图所蕴含的深刻意义,联合国选定中国传统太极图案作为2001年8～9月在南非举行的反对种族主义世界大会的会徽。设计者对太极图案进行了艺术加工,将黑白两色的阴阳两极增加了不同层次的灰色作为过渡,象征着各国人民虽然种族、文化及地域不同,但在这个世界里他们却能取长补短、和睦相处。这个标志不仅是把中国文化推向世界,更重要的是把中国一向主张和平共处的原则和团结友爱的民族精神传播于世界。

(二)现代设计是对传统艺术美的传承与发展

1. 现代设计是传统美的蕴意的延续

含蓄而隽永的中国传统文化是中国传统艺术的主导思想。不注重西方式的轮廓、比例精准的直白与平实,中国的传统艺术更多的是传达一种形神兼备的美的意境,讲求情景交融的美的意境的延伸,在审美情趣上形成特有的自由、无限的空间意识,构成中国韵味的艺术精神世界。"味外之旨,韵外之致",其中蕴含着的就是中国式的含蓄与典雅,曼妙地将富含蕴意的艺术设计提升为精神层面的心灵感悟,其独特的文化蕴意与欣赏者产生情感的交流和共鸣。如中国画的"似与不似",以其形延其意,取其神,意蕴深长又富含特有的古典气韵。现代设计则更多地融入了现代的思维、节奏,凭借着创新的个性与特色,将传统的文化因素有机地注入现代设计之中,在现代文化内涵中延其传统之神韵,创其现代之特色,打造出现代设计的市场、文化价值,经过历史的品味而经久不衰。

如2008年奥运会会徽"中国印",就成功地运用了"篆刻"这一中国特有的传统文化元素,将"京"字以篆体韵味的形式对汉字字体及流畅的书法进行了深刻的把握,刻画出了一个舞动的神态,向全世界传递了"新北京、新奥运"的概念。

2. 现代设计是传统美的创新与超越

现代设计是现代审美情趣和社会经济文化取向的综合体现,是高新技术与文化艺术的高度融合,也是传统艺术的创新与超越。现代设计要立于长足发展的不败之地,就要在吸纳传统艺术文化因素基础上不断创新,探求现代设计的发展,延续古典韵味美,以创新的思路彰显古典与现代的完美结合。

2008年北京奥运会火炬的设计就是传统文化艺术与现代设计美的契合。中国式的写意手法、"渊源共生,和谐共融"的"祥云"图案传递着具有代表性的中国文化符号,传统的纸卷轴造型和立体浮雕式的工艺设计高雅华丽而内涵厚重,既将中华民族悠久的历史文化元素浓缩在极具现代科技色彩的奥运火炬之中,又创新性地把古典韵味与现代科技有机结合,形式创新而又特色鲜明。

(三)在现代艺术设计中加强对传统文化的发展和创新

传统与现代始终是一个有机的整体,是由动至静、由静至动的不断双向运动的过程。在现代设计中,要做好与传统文化的有机融合,使其不断创新与发展。

1. 现代艺术应保持传统文化的意蕴,在创新中求发展

对待民族传统艺术,要重在继承和发扬民族精神和民族性格的内在实质,从传统风格、传统艺术中汲取精华进行创造、深化和发展,让传统艺术元素成为现代设计的新的创意点和启示点。在现代设计中,要积极寻找与传统文化内涵、精神的结合,在思路上形成一种文化的默契,体现出传统文化独有的意蕴,使现代艺术既有时代气息,又有民族内涵。另外,现代艺术设计对传统文化的运用一定要注意把握历史性与时代性的统一,要正确把握继承和创新的关系。传统文化艺术是一定时代和历史条件下的产物,在借鉴时应取其精华、去其糟粕,巧妙地将传统文化的精髓应用到现代设计中。不断创新现代设计,把握好其精神实质,用全新的观念把传统艺术发扬到现代艺术设计中来,使中国传统文化遗产在传承中实现新的超越。

2. 创新现代设计应融合民族性,面向国际化

国际化是民族化的进一步发展和提升,是不同民族在未来发展中的共性。要注重民族性与世界性的统一。随着时代的发展,应当看到我国的现代艺术设计无论是对内对外的影响,还是创新程度,与国际现代艺术设计优秀作品还有一定的差距,缺乏独立性和国际竞争力。新形势下要求现代艺术设计不仅要兼具信息化、视觉化和现代化,还要通过国际交流来促进传统与现代的融合与创新。21世纪的到来,将促使中国设计者去创立一个全新的中华民族设计体系,在设计中做到传统与现代、民族与世界的完美融合,既体现出民族个性,又在一定程度上能够表达出现代设计所需世界性的共性,更好地与国际文化接轨。

三、创意及其特点

创意是创造意识或创新意识的简称,也作"剙意"。它是指对现实存在事物的理解以及认知,所衍生出的一种新的抽象思维和行为潜能。汉代王充的《论衡·超奇》中说:"孔子得史记以作《春秋》,及其立义创意,褒贬赏诛,不复因史记者,眇思自出于胸中也。"郭沫若的《鼎》中提到:"文学家在自己的作品的创意和风格上,应该充分地表现出自己的个性。"创意是一种通过创新思维意识,从而进一步挖掘和激活资源组合方式,进而提升资源价值的方法,是一种凸显个性创造的内核。

从人类发展的角度来看,创意起源于人的创造力、技能和才华。"创"即创新、创作、创造……将促进社会经济发展;"意"即意识、观念、智慧、思维……人类最大的财富,大脑是打开意识的金钥匙。因此,创意来源于社会又指导着社会发展。人类是创意、创新的产物。类人猿首先想到了造石器,然后才动手把石器造出来,而石器一旦造出来,类人猿就变成了人。人类是在创意、创新中诞生的,也在创意、创新中发展。自人类诞生开始,"创意"就开始左右着人类的发展,那个时候没有"创意"两字,人类的每一次发明、创造都是在一定的环境、压力、生存需求下产生的,否则,面对自然界,人类应对突发灾害最原始也是唯一的办法,只有像其他

动物一样,用疯狂奔逃来躲避。语言的创意让人类变成了高级动物,而直到人类发明、制造、运用了工具,并在这个开拓性的技术过程中深化了思考,驾驭了语言,才真正与其他动物有了质的区别。所以,创意是一种突破,产品、营销、管理、体制、机制等方面主张的突破。创意是逻辑思维、形象思维、逆向思维、发散思维、系统思维、模糊思维和直觉、灵感等多种认知方式综合运用的结果。要重视直觉和灵感,许多创意都来源于直觉和灵感。

创意设计就是把再简单不过的东西或想法不断延伸,给予的另一种表现方式。创意设计包括工业设计、建筑设计、包装设计、平面设计、服装设计、个人创意特区等内容。创意设计除了具备"初级设计"和"次设计"的元素外,还需要融入与众不同的设计理念——创意。

从词源学的角度考察,"设"意味着"创造","计"意味着"安排"。英语"Design"的基本词义是"图案""花样""企图""构思""谋划"等,词源是"刻以印记"的意思。因此,设计的基本概念是"人为了实现意图的创造性活动"。它有两个基本要素:一是人的目的性;二是活动的创造性。把创意融入设计中,才算是一款有意义的创意设计,人们的生活需要创意。

创意设计是通过一定的造型形态来表达设计意图的创造性行为,除了包含物质技术的内容外,它还是一种高层次的艺术思维活动,这种思维活动不可避免地受到文化因素的深刻影响。传统文化和创意文化是相辅相成的,传统文化为创意文化的发展提供了丰富的资源,创意文化的发展离不开传统文化的历史积淀,离不开对传统文化的继承。可以说,没有对传统文化的继承,创意文化就是无源之水、无本之木。

作为中国的首都和世界著名的历史文化名城,北京有着丰富的历史底蕴和文化内涵。北京具有3000多年的建城史,又是元、明、清等朝代的都城,积淀了雄厚而又独具魅力的中国传统文化。作为明、清两朝的帝都,它拥有按照传统的"天人之学"设计而成的结构对称、方正典重的宫殿街衢;作为文化中心,它拥有众多著名大学和文化机构,也拥有全国规模最大、数量最多的文化艺术品市场;而以四合院为代表的平民建筑,更展示出一种东方传统文化的情调和人生境界。可以说,皇家文化、士大夫文化和平民文化是北京最重要的文化形态。从传统文化对创意文化的意义而言,这三种文化是创意文化的巨大资源和宝贵财富,是创意文化的根本出发点和精神源泉,也是创意文化借鉴和吸取的主要内核。代表北京文化传统的具体载体,如皇宫王府、胡同、四合院、民族服饰、明清家具,甚至是如舞龙、风筝、春联等的年节时令,以及如评书、相声、双簧、数来宝、太平歌词、抖空竹、耍中幡等京味曲艺,无一不流淌着民族文化的血脉,无一不成为一种永远留存在所有中国人骨子里的东西。这种文化底蕴就是创意文化巨大的艺术之源,无论是形式还是内容,北京文化传统都给了创意无穷的启示和帮助。世界上,创意文化发达的城市都十分注重对本民族优秀文化的发掘。英国在世界范围最早提出"创意产业"一词,并积极利用本国传统文化发展创意产业。英国电影学会、旅游协会、历史学会、博物馆学会、考古机构、古建筑保护机构、文化建筑管理机构等传统文化组织不仅大力发扬自身的传统精神,而且机构之间的相互合作也促进了文化创意产业各行业的发展。可以说,传统文化支撑了创意,为创意提供了深厚的文化内涵。

反过来,我们也必须看到:传统文化的弘扬,一个重要的渠道就是依托创意文化产业。创意文化产业的"创意"并不是对传统文化的简单复制,而是依靠创意人才的想象力,借助高科技对传统文化资源的再创造。只有把现代创意理念融进传统文化之中,传统文化才能得到新的发展。否则,传统文化就会僵化,甚至丧失。我国传统文化资源十分丰富,但由于缺乏好的创意,致使很多文化资源都被闲置和浪费。美国的动画片《花木兰》风靡世界,日本的《三国志》系列动漫产品热销全球,而这些文化产品均取材于我国的传统文化。可见,"越是民族的,越是世界的"。文化资源丰富的优势不会自然地转化为创意文化发展的优势,只有借助现代高科技,对传统文化资源经过合理的再创造,才会产生具有丰厚的传统文化底蕴的文化产品,我国的创意设计只有合理融合了自己的传统文化,才能更好地弘扬传统文化,从而被国际受众接受。

四、现代设计的国际化趋势——创意元素与传统文化元素

从 21 世纪初,艺术设计开始强调文化传承、创造能力、民族个性在设计中的重要地位。由东方人特有的文化背景所形成的特殊审美情趣,使现代设计从根本上离不开中国传统文化元素的滋养,我们的现代设计也呈现出与中国传统文化良好交融的态势。

现代设计的发展是双向的:一方面,设计日益国际化,人们力图使设计语言成为一种跨越民族、国界的世界语;另一方面,为了在国际中保持自己的个性,每个国家的设计师都在寻找着自己民族的创作源泉。所以,这也为我们发展本民族设计提供了可能性,为民族元素的发展提供了一个大舞台,进行多种探索,找到民族图形与世界沟通的交点。

2008 年北京奥运会的开幕式正是中国传统元素与世界沟通创意的杰作。29 个巨大的脚印,沿着北京的中轴线,从永定门、前门、天安门、故宫、鼓楼一步步走向鸟巢。焰火组成的脚印,代表了中国古代四大发明之一——火药。因为火药的发明,推进了世界文明的发展。从始至终的中国画卷设计,不仅表现了同样是中国四大发明的纸,而且还展现中国的文房四宝——笔、墨、纸、砚。水墨在画卷中渲染舞动着,给世界观众带来了柔美的中国艺术享受。丝绸之路、郑和下西洋跃然纸上,讲述了中国的历史又展现了与世界交流是中国人民从古至今的心愿。通过奥运会开幕式的表演,我们认识到,在现代设计中,这种设计囊括的范围是广泛的,真正成功的民族作品,应该既有民族特色,又融合了现代意识,是民族与世界的综合体。

伴随着国际贸易的发展和商品的全球化,许多国际知名品牌开始了全球推广的时代,在华的国际知名品牌越来越多。为了立足中国市场,争取中国消费者,这些知名品牌在广告设计上采取本土化策略,广泛采用中国元素视觉符号推销自己的商品,将这些诞生于西方的、本身凝聚了浓重西方文化色彩的产品介绍到中国。更重要的是,这些广告的目的是使中国人从心里接受并喜爱他们的产品和他们的文化。正如好莱坞的电影一样,它们不仅仅是一种娱乐,更是对美国式价值观的宣传。对于国际品牌而言,以中国人熟悉的形象来宣传他们的产品,让中国人在接受他们商品的同时,不知不觉中也接受了他们的文化和价值观。

因此,中国元素在国际广告中的应用,并不是自觉地宣传中国文化,这与国内企业的广告应用中国元素有着本质的不同。国内企业的广告应用中国元素视觉符号,更多的是要传达悠久的中华文化。比如北京奥运会、上海世博会系列广告及会徽、吉祥物的设计以及相应的赞助商的广告设计等,使兵马俑、生旦净末、孔子、甲骨文、祥云等中国的传统符号频频出现于各种媒体,使国人更自豪和自信,让外国人对中华民族更加了解和认同。

应用中国元素的国际品牌广告设计,大多数是在中国面向国人发布的,主要是在华的国际知名品牌,这就是入乡随俗,是取得当地人信任的有效方法。诸如可口可乐、麦当劳、肯德基、上海通用、宝洁等著名企业,其广告设计在中国元素符号的表现上,更多的是展现了一种文化融合,使自己的产品和中国的元素达到一种水乳交融的境界,广告效果极佳。可口可乐公司是一家极重视广告的国际企业,如今它在全球每年广告费超过 6 亿美元。可口可乐作为外国品牌,非常重视在华广告,是国际品牌中较早运用中国元素符号进行创意设计的企业之一。1997 年,可口可乐公司就推出了春节电视贺岁广告。其贺岁广告选择了典型的中国元素,如对联、木偶、剪纸等中国传统艺术,通过贴春联、放烟花等民俗活动,表现出浓厚的中国传统文化气息。此外,可口可乐还积极关注北京"申奥"、中国"入世"等国人关心的大事,并以极具中国特色的视觉符号来进行广告设计。可口可乐产品包装的主色为红色,以及名称翻译的喜庆意义,都暗合了中国人趋吉避凶、祈福求祥的传统文化心理,所以,可口可乐在中国元素的运用上确实是得天独厚的,再加上广告中频繁出现中国元素,极大地促进了中西方文化的融合和中国文化的宣传。这是国际品牌广告中对中国元素的应用比较成功的范例之一。

而麦当劳的广告创意,也可以说是融合中西方文化的典范。2004年,麦当劳基于在全球快餐业受到的挑战,要极力改变以往"麦当劳大叔"的形象,以贴近青年人的审美观。为此,麦当劳公司在德国首发了"我就喜欢"的全球广告活动,而中国是其全球化广告活动的一个重要组成部分。除了在电视广告中启用王力宏这位知名华人歌星,还大量地运用中国特色的视觉符号来表现"我就喜欢"的广告主题。但与可口可乐不同的是,麦当劳是以中国元素的符号形式,如京剧、大红灯笼、龙凤图案、筷子、鸳鸯、蝴蝶、仙鹤、秤砣、瓷器等视觉符号,传达当代世界青年人张扬个性、我行我素的叛逆精神。而这种"我就喜欢"的个性主张虽然在当前中国青年人中有一定的市场,但强调谦虚、含蓄、注重集体的文化传统毕竟还是我国社会的主流。所以,麦当劳在借用中国元素的同时,宣传了西方文化和部分当代中国文化,体现了东西方文明在当代的融合,同样也在中国市场受到欢迎。

伴随着中国的逐渐强大,以中国元素为符号表现中西文化融合或西方文化精神的国际品牌的创意会越来越多。以积极、健康的中国元素形象地传达悠久的中华文明,向世界展示真正的中华,才是中国传统文化未来得以长久发展的关键。

第一章 东方智慧·传统哲学与创意设计

第一节 儒家思想

儒家文化是民族精神的代表,不仅蕴含了中华民族的生活准则、生存智慧和处世方法,也具有因革损益、趋时更新的品格,它的基本元素具有超越时空的意义和价值。文化创意是具有创造性的文化意识,是民族文化创新性的体现,同时也是文化创意产业的灵魂。在当前全球文化产业蓬勃发展的大趋势下,儒家文化会因其丰富的精神资源和独有的文化气质,成为文化创意的动力和源泉,并实现符合时代发展需求的文化重构。儒家文化博大深邃、内容丰富,为文化创意提供了丰富的资源。

儒家的哲学思想、伦理道德、价值观念、教育思想和政治思想等是儒家文化的核心,几千年来对中华民族的生活方式、思维方式、价值观、道德观等产生了极深的影响,培育了中华民族尊老敬贤、中正宽厚、重信守义的道德品质和积极进取、自强不息的精神品格。这些都是文化创意作品中表现思想性和民族性的核心内容。

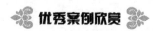

上海嘉廷酒店标志(见图1-1)

图1-1 上海嘉廷酒店标志

设计内涵分析:如图 1-1 所示,此标志具有丰富的文化内涵。它由两个面对面行礼的"人"字组成,体现了儒家思想的核心内容——"礼",有"以礼待客""礼尚往来"等意思,准确契合了上海嘉廷酒店的企业文化内涵。

孔子的仁

文化知识疏解

一、基本思想

"仁"是孔子思想体系的理论核心。它反映了孔子(见图 1-2)的哲学观点,也是孔子社会政治、伦理道德的最高理想和标准,对后世产生了深远的影响。

在孔子的时代,"仁"的概念已被广泛应用。"仁"的含义大致包含以下三点:

一是体现在家庭中的父子关系上,即"爱亲",如"爱亲之谓仁"(《国语·晋语一》);二是体现在君臣关系上,即"忠君",如"逃死而怨君,不仁"(《国语·晋语二》);三是体现在国家与国家的关系上,即"不以强凌弱",如"背大国,不信。伐小国,不仁"(《左传·哀公七年》)。孔子在以上含义的基础上,提出了内涵丰富的"仁爱"思想。之后,儒家"仁爱"思想经过了孟子(见图 1-3)"亲亲而仁民,仁民而爱物"(《孟子·尽心上》)的阐发,吸收了唐代韩愈"圣人一视而同仁"(《原人》)的博爱,融合了北宋张载"民,吾同胞;物,吾与也"(《西铭》)的大胸怀,达到了明代王阳明"仁者以天地万物为一体"的最高境界。至此,儒家的"仁爱"思想就形成了以"亲亲""仁民"和"爱物"为基本内涵,以"君子人格"为实践基础和载体的完整体系。"亲亲""仁民"和"爱物"是"仁爱"思想的基本内涵,同时也是"仁爱"思想在践行过程中的三个层次。

图 1-2 孔子

(一)亲亲

第一个"亲"字是动词,包含"孝""敬""尊""养"四个方面。"孝"体现在"三年无改于父之道"(《论语·学而》)等;"敬"表现在"至于犬马,皆能有养,不敬,何以别乎"(《论语·为政》)等;"尊"表现在"生,事之以礼;死,葬之以礼,祭之以礼"(《论语·为政》)等;"养"表现在"色难"(《论语·为政》)等。

第二个"亲"字是名词,这里专指父母。

"亲亲"是"仁爱"的基础。"君子务本,本立而道生。孝弟也者,其为仁之本与?"(《论语·学而》)"仁之实,事亲也。"(《孟子·离娄上》)"亲亲,仁也。"(《孟子·尽心上》)"亲亲"是"仁爱"思想在践行过程中的第一个层次,它是与"仁民"相对而言的。要想正确理解"仁爱"中的"亲亲"思想,就必须考虑构成中国传统社会的两个根基性结构:一是以血缘为基础的宗法家族社会关系结构;二是以家庭式小农经济为基础的社会经济结构。宗法血缘关系是"亲亲"的心理基础,家庭式小农经济则是"亲亲"的物质基础,如果脱离了心理基础和物质基础去理解"亲亲"的含义,必然会导致狭隘的"唯亲论"。

图 1-3 孟子

另外,一些学者认为,"亲亲"只是"仁爱"思想的一种具体表现形式,反对将"亲亲"拔高为"仁之本"。我们应该将"亲亲"与"仁民"和"爱物"放在一起理解,作为"仁民"和"爱物"的基础和前提。

养与敬

侍病

(二) 仁民

所谓"仁民",就是"爱人"。"樊迟问仁,子曰:'爱人'。"(《论语·颜渊》)"弟子入则孝,出则弟,谨而信,泛爱众,而亲仁。"(《论语·学而》)以及"仁者爱人"(《孟子·离娄上》),都是对"仁民"的阐述。"仁民"是在"亲亲"的基础上,逐渐向外延伸,超出了亲情范围的"泛爱众"。"仁爱"的实践始于"亲亲",但是并没有终于"亲亲"。由"亲亲"至"仁民",不仅体现了"仁爱"思想在实践中的由亲而疏、由近而远的量的变化,而且包含了质的飞跃。

因为"仁民"最大限度地表现了人的本质和主体性意识,所以,"仁民"是"仁爱"思想在实践中的重点,也是人之所以为人的原因。孟子曾经指出:"人之所以异于禽兽者几希,庶民去之,君子存之。"(《孟子·离娄下》)君子所保留的正是"仁民"之心。显然,孟子将"仁民"视为人的本质,"仁民"也是人类主体性意识的体现。"仁民"是对"人的发现",标志着人类主体性意识的自觉。

"仁爱"涉及人与人之间的普遍性关系,是其在伦理范畴上的一个基本特征,这就要求人们广泛性地爱一切人。孔子曰"博施于民而能济众"(《论语·雍也》),孟子曰"仁者无不爱也"(《孟子·尽心上》),韩愈说"博爱之谓仁"(《原道》)以及张载说"民,吾同胞"(《西铭》),这些都肯定了"仁民"对象的普遍性特征。

(三) 爱物

所谓"爱物",就是"爱自然",是指把仁爱的精神推及自然万物,将人与自然万物融为一体,最终实现"天人合一"的理想。"爱物"的精神在孔孟时期已有所体现,如孔子曰"子钓而不纲,弋不射宿"(《论语·述而》),孟子曰"仁民而爱物"(《孟子·尽心上》)。发展到宋明时代则达到了"万物一体"的最高境界,如"物,吾与也"(《西铭》),"仁者以天地万物为一体"(《二程遗书》)。

"爱物"是"仁爱"思想实践过程中的最高层次。"爱物"是人类的主体性意识向自然界的拓展,体现了将自然万物纳入人类的主体性意识的范围。这种"万物一体"的思想好像是消融了人的主体性,其实不然,"万物一体"是对人类主体性意识在更高层次上的认可。"爱物"不只体现了人类容括天地万物的大爱,正如宋代大儒二程所言:"若夫至仁,则天地为一身,而天地之间,品物万形为四肢百体。夫人岂有视四肢百体无不爱者哉?"这体现了人类对维系万物生长所承担的责任。如明代王阳明所言:"仁者以天地万物为一体,使有一物所失,便是吾仁有未尽处。"

"仁"体现在教育理念和实践上,就是有教无类。春秋时代学在官府,孔子首先开设私学,弟子不论出身贵贱敏钝,都可以来学习。"仁"在政治上的体现,强调德治。德治的精神实质是"泛爱众"和"博施济众","爱人"就是"仁"的基本内容和实质,而这种"爱人"又是推己及人,由"亲亲"而推及泛众。

我国历史上有很多关于仁爱的故事:

食马人报恩救秦穆公

《史记·秦本纪》记载,秦穆公曾在外出时丢失了他的骏马,他亲自前去寻找它,却发现良马被生活在岐山之下的300多个饥民杀死并吃掉了。官吏要抓住这些吃马人,准备严惩。秦穆公却说:"我听说吃骏马的肉不饮酒的人会丧命。"于是,立刻依次赏给他们酒喝。

过了三年,晋国攻打秦穆公并围困了他,秦穆公亲自参战,结果被晋军包围,穆公受伤,面临生命危险。这时岐山之下偷吃良马肉的300多人,飞驰着冲向晋军,"皆推锋争死,以报食马之德"。于是他们突破了围困,秦穆公终于能够解除危难战胜晋军,擒获晋惠公后回师。

杏林春暖

三国时,有仁爱之名的吴国名医董奉治病不收诊费,只要求被治愈者在他住所周围种植几株杏树。数年后杏树蔚然成林,收获之后,又将所得用以救治贫民或流亡路过者。后人便以"杏林"作为医界或诊所的代名词,现在还常见以"杏林春暖"的匾额或锦旗来赞颂有成就的医生。

"义"是孔子评判人的思想、行为的道德原则之一。义:原指宜,即行为适合于礼。清代段玉裁注《说文·言部》曰:"谊、义,古今字,周时作谊,汉时作义,皆今之仁义字也。"义有君子义与小人义之别,君子义为大我,小人义为小我。大我,即为大众、为社会。义是中国古代社会中一种含义非常广泛的道德范畴,本义是指公正的、合理的、应当做的。孔子最早提出了"义",孟子进一步阐释了"义"。孟子认为"信"和"果"均须以"义"为前提,他把"义"看作儒家最高的道德标准之一。后来,儒家把"义"和"仁""礼""智""信"放在一起,称为"五常"。其中"仁义"成为封建社会道德的核心标准。儒家经典中有很多相关论述。如《论语·里仁》:"君子之于天下也,无适也,无莫也,义之与比。"又如:"君子喻于义,小人喻于利。"《孟子·离娄下》:"大人者,言不必信,行不必果,惟义所在。"

"义"是做人的气节,"义"是一种至高的道德观,就是指道义以及符合道义的行为。自古以来,"义"一直是中国人所崇尚的一种精神。"义"的界限为是否取不义之财;"义"的气节是能否主持公正;"义"的境界是敢不敢为正义献身。子曰:"饭疏食饮水,曲肱而枕之,乐亦在其中矣。不义而富且贵,于我如浮云。"(《论语·述而》)这句话的意思是,吃的是粗食,喝的是凉水,睡觉时弯着胳膊作枕头,依然有不少乐趣。通过干不正当的事而得到的财富和地位,对我来说就像是天上的浮云。可见,孔子对"义"的界限非常明确。

"义"在中国传统文化中极为重要,是历代古人非常重视的一种道德修养。"义"与"仁"关系相当密切,从某种意义上讲,"义"的内隐是"仁","仁"的外显是"义"。在古代,常常将"义"与"利"相对而言,子曰:"君子喻于义,小人喻于利。"孟子认为,在"生"和"义"不可兼得的情况下,要"舍生而取义"。

"义"是需要决断的,瞬间的取舍,是判断一个人道德高尚或道德沦丧的分水岭。在中国历史上,关于"义"的故事不胜枚举。

李元纮不畏强权

太平公主是武则天的女儿,手握重权,骄横跋扈,没有人不怕她的。然而,李元纮却并不畏惧。李元纮,唐京兆(今陕西省西安市)人,性格刚毅,不畏权贵。他在担任雍州司户期间,太平公主的家奴强行抢占某寺院和尚的磨石,打官司打到了李元纮那里,李元纮判决太平公主的家奴将磨石归还给寺院里的和尚。窦怀贞担任雍州长史,害怕太平公主的权势,故而催促李元纮改变判决。谁知,比芝麻官还小的雍州司户李元纮却在判词的后面用大字写道:"南山或可改移,此判终无摇动。"他毫不畏惧强权、主持公正的态度,便是义的气节。

巨伯轻生重义

汉代有个读书人叫荀巨伯,因他的朋友生了大病,他千里迢迢来探望朋友。很不巧,刚好有一伙胡人强盗到他朋友居住的地方抢夺财物,村庄里所有的人都跑掉了。朋友就劝荀巨伯:"这里太危险了,你赶快走!"荀巨伯却说:"我远道来探望、照顾你,如何可以舍你而去?这样败坏道义的事我做不出来。"

荀巨伯走到屋外,跟那些强盗说:"我的朋友有疾病,我不忍心抛下他,宁愿用我的性命来换取朋友的生命!"因为他很真诚,讲道义,不畏生死,结果连强盗都为之感动。强盗头目就对同伙说:"我们皆是无义之人,怎么可以来抢夺这个义的地方?"于是下令手下全部撤走。荀巨伯的大义凛然化解了这次灾祸。

子贡守孝

古人谓君臣、父子、兄弟、夫妇、朋友五种人伦关系为"五伦"。在"五伦"关系以外,还有一伦关系很重要,就是师生关系。古时候,人们对老师非常尊敬,所谓"一日为师,终身为父"。所以,师生关系与父子关系是同等重要的。古代对老师的丧礼都是守丧三年,跟对父母完全一样。

孔夫子一生教学,在他去世的时候,学生们很感念老师的恩德,在老师墓旁搭个棚子,整整守孝三年。而其中有一个学生守了6年,就是子贡(见图1-4)。因为夫子去世的时候,子贡在其他国家做生意,等他回来时,丧礼已经结束。子贡觉得非常遗憾,守孝三年以后,他自己又加三年,整整守了六年。对于老师,子贡认为理应如此。

图1-4 子贡

羊左之义

春秋时候,楚元王崇儒重道,招贤纳士,天下人才闻风而至。西羌积石山有一位贤士左伯桃,自幼父母双亡,勉力读书,胸怀济世之才、安民之志,但一直没有出仕。后来听说楚元王慕仁为义,遍求贤士,左伯桃乃携书一囊,辞别乡中邻友,经奔楚国而来。迤逦来到雍地,时值严冬,雨雪霏霏,寒风刺骨,左伯桃衣裳尽湿。

天色渐晚,他望见远处竹林里的茅屋之中,透出一点光亮。左伯桃大喜,忙跑到这茅屋前去叩门求宿。不想,屋主也是一介书生,名叫羊角哀,自小也是父母双亡,平生只好读书,立志报国救民。二人谈得十分投机,可谓相见恨晚,便结拜为异姓兄弟。

左伯桃见羊角哀一表人才,学识又好,就劝他一同到楚国去谋事,羊角哀也正有此心思,遂带了一些干粮一起往楚国而去。他们晓行夜宿,眼看干粮将要用尽,天又降大雪,道路难走。左伯桃兀自思量,这点干粮若供给一人食用,勉强尚能到得了楚国。他知道自己学问不如羊角哀渊博,便情愿牺牲自己,去成全羊角哀的前程。想罢,他便故意摔倒地下,叫羊角哀帮忙搬块大石来坐着休息。等羊角哀把大石搬来,左伯桃已经脱得精光,裸卧在雪地上,冻得只剩一口气,羊角哀大恸而号。左伯桃叫他把自己的衣服穿上,把干粮带走,继续前行去楚国谋事,言毕即死。

羊角哀来到楚国,得由上大夫裴仲荐于元王,元王召见羊角哀时,羊角哀上陈十策,元王大喜,拜羊角哀做中大夫,赐黄金百两,绸缎百匹。羊角哀弃官不做,要去寻左伯桃的尸首。寻着之后,羊角哀为左伯桃香汤沐浴,择一块吉地安葬,并留下守墓。

不想,此地与荆轲墓相隔不远,相传荆轲因刺秦王不中,死后精灵不散。一夜,羊角哀梦见左伯桃遍体鳞伤而来,诉说荆轲的凶暴。羊角哀醒来之后。提剑至左伯桃坟前说道:"荆轲可恶,吾兄一人打不过他,让小弟来帮你。"说罢,自刎而死。是夜,狂风暴雨,雷电交作,隐隐闻喊杀之声。至天明,发现荆轲的坟爆开了。

消息被楚元王知道之后,感其义重,给他们立了一座忠义祠,立碑记其事,至今香火不绝。

《说文》:"豊,行礼之器也。"依据甲骨文的字形,"豊"字上面像一器物盛有玉形,下面是"豆"(中国古代的一种礼器,形状像豆,用以承酒、盛肉或其他食品的器皿),故"丰(豊)"本义是盛有贵重物品的礼器。

"礼"是孔子及儒家的政治与伦理范畴。孔子把"仁"引入"礼"中,把传统礼治发展为德治,当然,他并没有否定礼治,孔子的德治正是对礼治的改造和继承。在长期的历史发展过程中,"礼"作为中国古代社会的生活准则和道德规范,为中华民族精神品质的培养发挥了重要作用。

"礼"的核心意义包括两点:尊重和克己。定公问:"君使臣,臣事君,如之何?"孔子对曰:"君使臣以礼,臣事君以忠。"(《论语·八佾》)有些人断章取义,脱离前一句,片面理解后一句,认为儒家宣扬的是臣对君的愚忠思想,而没有理解孔子所说的"臣事君以忠"是以"君使臣以礼"为前提的。《孟子》中进一步阐释:"君之视臣如手足,则臣视君如腹心;君之视臣如犬马,则臣视君如国人;君之视臣如土芥,则臣视君如寇仇。"孔子只讲了君臣之间以礼相待的情形,而孟子则大胆地说出了另一种相反的情况:如果君不以礼待臣,那么臣同样不必以忠事君。儒家思想中的"礼"必须是以相互尊重为基础的。

再看"克己"。儒家不提倡苦行僧式的生活,也不反对通过合理的追求满足个人的欲望,但是儒家认为对欲望的追求要适度。士大夫以"八佾舞于庭"被孔子认为是不可忍之事,这并不是因为孔子迂腐,而是他认为士大夫行天子之礼是僭越,这种行为超出了士大夫身份允许的范围。所谓君子虽然爱财但取之有道,然而以"道"的方式取得的财物终究是有限的,而不加以控制的人的欲望则是无尽的。当今时代,人们对物质的追求不用再受等级制度的限制,但依然必须将自身的欲望克制在合理范围之内。

程门立雪

宋代著名的儒学家程颐(见图1-5)、程颢,被后世称为"二程",他们是洛阳伊川人。二程的学说后来被南宋朱熹继承并发展,后世称为"程朱学派"。当时有两个人,杨时和游酢,想向二程求学,表现得非常恭敬。杨时、游酢二人,原来是拜程颢为师的,程颢去世以后,他们两个人都已经40岁了,而且已经考取了进士,但是他们还是希望拜程颐为师,继续求学。下面的故事就发生在杨时和游酢初次到嵩阳书院,登门拜访程颐的那一天。

据说,有一天,杨时和游酢一起来到嵩阳书院拜见程颐,恰巧遇上程颐老先生正在闭目养神,坐着假寐。实际上,程颐很清楚有两个客人来访,他打算不说话也不动,不理睬他们。杨时、游酢生怕打扰了老先生休息,只好恭恭敬敬,站立在一旁,一声不吭等待程老先生睁开眼。就这样等了很长时间,程颐才好像大梦初醒似的,接见了杨时、游酢二人。当时,程老先生装作一惊说道:"啊!啊!二位早在此乎!"意思是说你们俩还站在这儿没走呢。当时正是冬天,那天天气非常冷,也不知什么时候,天开始下起了雪,门外的积雪足有一尺多深。

图1-5 程颐

"程门立雪"这个典故,说的正是宋代学者杨时与游酢拜程颢、程颐为师求学的事,在当时读书人中流传很广。后来,人们用"程门立雪"一词形容尊敬师长、诚恳求教。

汉字中的"智"是形声字,从知从日,知亦声。"知"义为"说得准""一语中的";"日"指"日子""每天"。"知"与"日"联合起来,表示"每天都能一语中的"。其本义为:聪明一世、一生聪慧。儒家的思想充满智慧,智是孔子的认识论和伦理学的基本范畴。

(樊迟)问知,子曰:"知人。"樊迟未达。子曰:"举直错诸枉,能使枉者直。"樊迟退,见子夏,曰:"乡也吾见于夫子而问知,子曰:'举直错诸枉,能使枉者直',何谓也?"子夏曰:"富哉言乎!舜有天下,选于众,举皋陶,不仁者远矣。汤有天下,选于众,举伊尹,不仁者远矣。"(《论语·颜渊》)

这段话的意思是，樊迟问什么是智，孔子说："智是善于了解别人。"也就是说，如果你懂得很多知识，如生物化学、天文地理，那么你就一定拥有大智慧吗？不一定。真正的智慧有一个重要的标准，就是面对人心，你拥有什么样的判断力。

人性中没有绝对的善与恶，谁也不能说某一个人就是十全十美的大善人，也不能说某一个人就是十恶不赦的恶毒小人。其实，人性中的各种元素在不同的温度、不同的土壤、不同的环境中，或善或恶，在一定环境的作用下都会有所释放。提拔正直的人，让可能不是那么正直的人在正直的人的影响、感召下，把美好的一面展现出来，使其变得正直。孔子说，这就是知人的一个目的。

智是知人，知人后要用人，善用人就能成就大事业。那么如何知人呢？孔子给了我们具体的方法。子曰："视其所以，观其所由，察其所安。人焉廋哉？人焉廋哉？"（《论语·为政》）这段话的意思是，孔子说："要了解一个人，可以看他为什么要做这件事，观察他到底是如何去做的，还要看他做这件事的时候是怎么想的。如此，这个人怎么还能隐藏得住呢？"

"视其所以"，是指要了解一个人就要看他做事的动机和目的。动机决定手段。苏秦为自己扬名于天下而"锥刺股"，周恩来为中华之崛起而读书，易牙为篡权而杀子做汤取悦于齐桓公，而齐桓公正是因为没有洞察易牙做事的动机，才重用了小人，最终导致自己惨死。

"观其所由"，就是看他一贯的做法，看整个行动的经过。君子、小人都可以爱财，但君子和小人的做法不同。小人可以偷，可以抢，甚至可以杀人越货。君子却不会这样做，即使唾手可得的钱财，君子也要依照道获得，如果不符合道，君子是绝不会拿这些钱财的。评判一个人，不在乎他做什么、做多大、做多少，而是要看他怎么做的。官做得很大，却是行贿得来的，钱赚得很多，却是靠坑蒙拐骗得来的，那也为人所不齿。所以，了解一个人，要看他做事的经过和使用的方法。

"察其所安"，就是说要看他平时做人安于什么，也就是平常的涵养。有人安于逸乐，有人安于贫困，有人安于平淡。安于平淡的人，什么事业都可以做，因为他不会被事业所困扰。今天发了财，他不会觉得自己的钱多了而睡不着觉；如果穷了，他也不会感到钱少了对他的威胁。有些人有工作时，精神很好，没有工作时，就心不能安，可见安心最难。

除了以上三点，孔子还告诉我们另一个知人的方法："人之过也，各于其党。观过，斯知仁矣。"（《论语·里仁》）人所犯的错误，分很多类型。只要看一个人的过错，就能知道他是一个什么样的人。人的一生，其路漫漫，谁能无过？真正的君子不是不犯错，而是能从过错中洞察人心。有的人犯错是因为软弱，有的人犯错是因为轻信，有的人犯错是因为善良。

秦西巴纵麑

大夫孟孙在打猎的时候，费了很大劲，才捕捉到一只小鹿。于是，他高兴地让自己的手下秦西巴将它带回去煮了吃。

秦西巴在回去的路上，发现小鹿的母亲，也就是那只母鹿，一直跟在他后面，并不时发出阵阵哀鸣声。秦西巴于心不忍，便把小鹿放了，母鹿和小鹿一块高兴地跑回了山林。

孟孙回来，知道自己好不容易捉到的鹿被秦西巴放跑了，勃然大怒，把他痛责一顿，然后把他赶走了。

但是一年以后，孟孙又将秦西巴招来并委以重任，要他担任自己儿子的老师。有人问他为什么要这样做。孟孙说："他既然不忍心小鹿遭难，又何况对人呢？"

秦西巴因为先前放鹿的过失反而更得到了孟孙的信任，这正是由于他内在的仁爱。

不仅观察一个人犯错的原因可以了解一个人，观察一个人犯错后的态度也可以帮助我们了解一个人。

子贡曰:"君子之过也,如日月之食焉;过也,人皆见之,更也,人皆仰之。"(《论语·子张》)

人们面对过错的时候,怎么去观察他们,有一点很重要,就是他们犯错以后的态度。用孔子学生子贡的话说,君子不是不犯错,但君子犯的过失,就如日食月食一样。他的过失,人人都看得见;他改正了过失,人人都敬仰他。

孔子教给我们知人的方法,也就是获得智慧的方法。真正有智慧的人,虽然从外在因素来说是可以学的,但内心必须要有自己的酝酿,就是自己的心灵智慧能够达到什么样的境界。我们来看看孔子的境界:"毋意、毋必、毋固、毋我。"

"毋意",即不主观臆断,不尊重客观事实而妄下结论。"毋必",即不报必然的期待,对一件事情不能抱有这样的心态:一定要按照怎样的思路去做,一定要得到怎么样的结果。"毋固",即不固执己见,尊重客观规律,尊重它的变化,然后去找它的客观走向,而不是固执于心。"毋我",即让自己达到浑然忘我的境界,真正完成对客观事物的判断。

周处改过

晋代时有个人叫周处,他年轻时,强悍暴躁,任性使气,被乡亲们看作是一大祸害。当时,义兴的河里有一条蛟龙,附近的山上有一只白额虎,一起侵害百姓。义兴的老百姓把他们称为"三害",而在这"三害"当中,周处被认为是最厉害的。于是,人们说服周处去杀死猛虎与蛟龙,其实,大家是希望三个祸害相斗,最后只剩下一个才好。周处听了劝说,就去杀死了老虎,又去斩杀蛟龙。蛟龙潜在水中,有时沉没,有时浮起,周处跟蛟龙一同浮沉了几十里,打斗了整整三天三夜。三天过去了,义兴的老百姓都以为周处死了,于是奔走相告、互相道贺。而周处最后却杀死了蛟龙爬上了岸。回乡后,周处听说乡亲们都认为自己已经死了而为此庆贺的事情,这才明白大家原来也把自己当成了一个大祸害,所以,他有了改过的想法。于是,他到吴郡去找陆机和陆云寻求指点。当时陆机不在,只见到了陆云,他就把全部情况告诉了陆云,并说自己想要改正错误,提高修养,可又担心自己年岁太大,最终不会有什么成就。陆云说:"古人珍视道义,认为哪怕是早晨明白了圣贤之道,晚上就死去也甘心,况且你的前途还是有希望的。并且人就害怕立不下志向,只要能立志,又何必担忧好名声不能显露呢?"周处听后从此改过自新,最终成为一名忠臣。

扁鹊论医术

扁鹊是与华佗齐名的天下神医,他真正的长处并不只在于高超的医术,而是他对自己和他人所保持的清醒认知。

扁鹊拜见蔡桓公,一望便知其病,自从这个故事在民间传开后,扁鹊的医名便传遍了列国。一天,魏文王向扁鹊询问道:"听说你家中有兄弟三人都精通医术,那么究竟谁的医术最高呢?"

扁鹊答道:"大哥医术最高,二哥稍次之,而我是兄弟三人中医术最差的。"

魏文王非常惊讶,问道:"但你却是兄弟三人中最出名的,这又是为什么呢?"

扁鹊答道:"我大哥治病,是在病情还没有发作之前治疗,因为普通人都不知我大哥能在病发之前就发现疾病,并及时把病根清除掉,于无形之间默默地积累德行。因此,他的医术人们根本无法知道,他的名气自然也就没办法传播开了,只有我们家里人清楚他的本领。"

"至于我二哥的医术,他最擅长在病情初起时为患者治疗,并且及时在疾病产生危害之前把疾病清除掉。普通人都认为他只会治疗那些轻微的小毛病。因此,他只是在本乡小范围内有些名气。"

"我与大哥、二哥不同,我治疗的病例,大多是在患者病情已经很严重的时候才进行治疗。人们都看见我在患者的经脉上放血或扎针,在患者的皮肤上动手术或者敷药,能够眼见目睹整个操作过程。因此,人们都认为我的医术很高明,所以我的名气也就在全国传开了。"

二、名言选读

1. 子游问孝。子曰:"今之孝者,是谓能养。至于犬马,皆能有养。不敬,何以别乎?"(《论语·为政》)

2. 子夏问孝。子曰:"色难。有事,弟子服其劳;有酒食,先生馔。曾是以为孝乎?"(《论语·为政》)

3. 子曰:"君子喻以义,小人喻以利。"(《论语·里仁》)

4. 富贵不能淫,贫贱不能移,威武不能屈。(《孟子·滕文公下》)

5. 恻隐之心,仁之端也;羞恶之心,义之端也;辞让之心,礼之端也;是非之心,智之端也。(《孟子·公孙丑上》)

6. 人者仁也,亲亲为大。义者宜也,尊贤为大。(《礼记·中庸》)

7. 夫义,路也;礼,门也。惟君子能由是路,出入是门也。(《孟子·万章下》)

项目设计剖析

齐鲁银行标志(见图1-6)

图1-6 齐鲁银行标志

山东,齐鲁之地,齐鲁文化集中体现为山与水的文化,也是仁和智的文化。子曰:"智者乐水,仁者乐山;智者动,仁者静;智者乐,仁者寿。"(《论语·雍也》)此标志的设计由蓝色和橙色两部分组成,在空间中构成了一个方形,内部形成一个孔,表现了金融业的行业特性。同时,这一设计用抽象的方式来体现标志上下两部分的完美结合,构成方形的大地,代表融汇南北;标志中间的图形像一条河,横穿齐鲁大地,寓意贯通东西,也象征齐鲁银行通过电子银行与营业网点,在更广大的范围内实现通存通兑,进而汇通天下,体现了齐鲁银行跨区域发展、走向全国的远大目标。

标志的两部分也像叩在一起的两只手,代表齐鲁银行和客户的合作依存关系,体现了银行要为客户提供全方位的周到服务,使客户的资产保值、增值。整个标志简洁大气,易于记忆,视觉冲击力强,金融行业特性突出,是齐鲁文化底蕴与现代商业银行形象的完美结合。

第二节 佛教思想

佛教在两汉时期传入我国,随后不断发展。中国的民间艺人和艺术家对印度的佛教艺术进行吸收、融合和再创造,最终形成了具有中国特色的佛教艺术,这使佛教更容易在中国传播和发展。

佛教在教化社会方面起到了积极的作用，传入中国以后，佛教思想潜移默化地融入百姓的日常生活中，改善了当时社会的某些风俗习惯。佛教经过在中国的长期发展，形成了丰富多彩的佛教文化。佛教在中国历史上培育了很多杰出的思想家、教育家、文艺家、旅行家等，其中优秀的代表有玄奘和鉴真。玄奘被鲁迅先生比作"中国的脊梁"；鉴真为中国和日本的文化交流做出了巨大贡献。

从文学方面来讲，佛教经典的翻译，为中国翻译史开了先河，被翻译成汉语的佛经本身就是瑰丽典雅的文学作品。《维摩诘所说经》《妙法莲华经》《百句譬喻经》等佛经对我国晋唐代的小说创作起到了促进作用。禅宗思想和般若学说使陶渊明、白居易、王维、苏轼等文学巨匠的诗词创作受到了许多启发。

从艺术方面来讲，我国现存的佛教寺塔有很多是中国古代建筑艺术的精华，许多宏伟的佛教建筑已经成为地方独特风景的标志。龙门、敦煌、云冈、大足等地的石刻已经成为世界艺术宝藏的重要部分。

另外，生活中常用的一些语汇，如"抖擞""实际""世界""不可思议""平等"等，都源自佛教。如果完全抛开佛教文化，那么恐怕汉语的词汇也没有现在这么丰富了。

优秀案例欣赏

中国联通标志（见图1-7）设计内涵分析：此图采用的是"盘长"的造型，它源自佛教八宝，是"八吉祥"之一。标志取"盘长"蕴含的"源远流长，生生不息"的寓意。沿用这一吉祥寓意，让现代企业的设计减少了商业气息，增加了文化气息和亲和力。

图1-7　中国联通标志

文化知识疏解

一、基本思想

（一）缘起性空——佛教思想的核心

佛教所阐述的道理非常多，它的教义源自"缘起论"，即世间万物和现象的产生都由关系和条件决定。"缘"即事物存在的原因或条件，"缘起"即世界便是在这种关系中按照一定的条件而产生、变化和消亡的，世界上一切事物都处在一种互相依存的关系中，世界便是在此种关系中依照一定的条件而变化生灭的。《中阿含经》说："若此有则彼有，若此生则彼生；若此无则彼无，若此灭则彼灭。"赵朴初把它归纳为"无常"和"无我"两项："无常"即物质是运动的，世间没有永恒的事物，因果相续，生灭相续，无限延伸；"无我"即世间万物是互相联系、互相作用的，一切事物包括物质的和精神的均是众缘和合而成的，因此就不会有独立存在的自我，既然不可能独立存在，所以一切自然表现为"空""假象"，宇宙也就不会存在万有之主宰了。

《楞严经》说："譬如琴瑟箜篌琵琶，虽有妙音，若无妙指，终不能发。"这寓意着琴声是众多因素合成的。而苏轼却以《琴诗》解读："若言琴上有琴声，放在匣中何不鸣？若言声在指头上，何不于君指上听？"琴声本无自性，它是琴、琴谱、指头、听觉、传播途径等众因素组合成的，这就是对"无我"概念的形象解释。

缘起理论集中表现为八个字，即"色即是空，空即是色"，这句话来自《般若波罗蜜心经》（简称《心经》），是所有佛经里最难理解的部分。《心经》讲，理解这句话就"能除一切苦，真实不虚"。

"空"是指事物没自性，并不是不存在，那些认为"空"就是不存在的看法是庸俗肤浅的；

"色"是指人类的认知系统能够感受到物质与精神的现象。这八个字的要点有两个：第一个是世间没有永恒的事物，所有物质都是不断运动和变化的，一切现象均是过眼烟云；第二个是所有现象都是众多事物的组合体，是各种力量互相作用的聚合点，个体就是"相"即"色"，整体就是"无相"即"空"，说的是个性与共性、个体与整体的关系。个体为整体的表现形式，整体存在于个体中，个体蕴含着宇宙的一切信息。对此，佛教和道教有共同点，庄子在《逍遥游》中讲："天地与我并生，而万物与我为一。"既然能够"并生""为一"，物与我没有分别，因此个体自然无自性，"色即是空"了。当然，应该承认个体是有表相的，而这个表相却是假象，平常人只看到了这个假象，却看不见宇宙全息的真相。"色相"并不是不存在，但是修持者应当通过事物的表相时时刻刻感受宇宙的全息。《金刚经》中说："不可以身相得见如来，何以故？如来所说身相，即非身相。佛告须菩提，凡所有相，皆是虚妄，若见诸相非相，即见如来。"这段话表达得非常明白，如果强调表相个体，就跳不出"我"的束缚，又怎么能解脱呢？所以"菩萨应离一切相……不应住色生心，不应住声、香、味、触、法生心，应生无所住心"。"色"和"空"是互相依存、互相转化的对立统一体。

佛教中的"色"和"空"是对立的统一体，这同道教中的"有"与"无"，以及现代科学中所说的质量与能量是同一个道理。色、有、质量的物质结构是空间；空、无、能量就是时间。空间和时间是物质存在的客观形式，物质在时空中运动，在空间中表现为"有"和"色"，在时间中表现为能量的耗费，表现为"空"与"无"，正如《道德经》所讲的"此二者同出而异名"。有与无一体，色与空一体，时空一体，阴阳一体，形影一体。当二者对易时，我们称之为"常道""平常心""混沌"和"伊甸园"。但是，对易是相对的，不对易却是绝对的。当它们不对易时，人类常常只以自己所具有的感知器官去感觉"色"或"有"的一面，而看不到"空"或"无"的一面，因此往往陷入痛苦之中。在这里，"空"与"无"并非不存在，它们只是现有人类这一套眼、耳、鼻、舌、身尚不能认知而已，与哲学上所讲的"唯心主义"并非一回事。物质不灭，能量守恒，但物质运动形态可以转换。色与空既对立又统一。

佛教认为世上的任何事物都不能永恒地存在，均是按照一定的条件存在和消亡的，都会经历一个"成、住、坏、空"的过程。在人生中即表现为生老病死，此种状态即为空。空是事物不断变化的状态和本性，人们对事物的观念在本质上不具备完全的真理性，这种认识也是空。

菩提本无树

惠能少孤而艰难困苦，于市卖柴为生。及闻一客诵《金刚经》而心有所悟，遂赴五祖处学法。

一日，五祖唤诸门人总来："吾向汝说，世人生死事大，汝等终日只求福田，不求出离生死苦海，自性若迷，福何可救？汝等各去自看智慧，取自本心般若之性，各作一偈，来呈吾看。若悟大意，付汝衣法，为第六代祖。"

众人只等神秀作偈，神秀偷偷在墙上书一偈曰：

"身是菩提树，心如明镜台，时时勤拂拭，勿使惹尘埃。"

五祖令门人炷香礼敬，尽诵此偈。但亲告神秀曰："汝作此偈，未见本性，只到门外，未入门内。如此见解，觅无上菩提，了不可得。"

惠能虽不识字，一闻此偈，便知未见本性。托人亦书一偈曰：

"菩提本无树，明镜亦非台，本来无一物，何处惹尘埃。"

一众皆惊。五祖观后将鞋擦了偈，曰："亦未见性。"因应无所住，而生其心，既然清静何必有偈，五祖之境界举手投足赫然而生。

"菩提本无树"：菩提是个觉道，又有什么树呢？若有树，那菩提就变成物，而有所执着。

菩提本来什么也没有,你说你觉悟了,但觉悟是个什么样子?是青色?黄色?红色?白色?你且说个样子出来,看看它是无形无相的。

"明镜亦非台":你说心如明镜台,其实根本没有个台,若有个台则又有所执着,所谓'应无所住,而生其心',怎么还要有个台呢?

"本来无一物":本来什么都没有,也没有一个样子,也没有一个图,或一个形象,所以根本什么也没有。

"何处惹尘埃":既然什么都没有,尘埃又从哪里生出呢?根本就无所住了。五祖以鞋擦偈:心本不生不灭,遇境似有境灭还无。心之所以有挂碍、有尘埃,只是因为心对世界万事表面的相有所住。故人会有烦恼,进而产生贪嗔痴,无法明心见性,得到真正的自在。要知道,世界上万物都是终须败坏的。所以是虚妄的,不是永恒的,不应该用太多的血心去留恋它。所谓万物皆为我所用,并非我所属。心无所住,无所挂碍,即是无心无尘。

五祖的意思是"应无所住,而生其心",要没有一切执着,也就是佛经所说的意思:"一切众生,皆有如来智慧德相,但以妄想执着,不能证得。"这就教人没有执着,你执着它做什么?你执着它将来是不是就能不死呢?到你死时又执着些什么?菩提本无树,明镜亦非台。佛性常清净,何处有尘埃?

(二)三法印——世界存在的形式

三法印即"诸行无常、诸法无我、涅槃寂静"。凡是符合这三个原则的,就是佛正法,就像是世间的印信,用来证明,所以名为法印。这句话源自《杂阿含经》卷十:"一切行无常。一切法无我。涅槃寂灭。"

"诸行无常"是说凡是世间法,时时在生住异灭中,过去有的,现在发生了变异,现在有的,将来最终会归于幻灭。意思是说世间所有事物,都在瞬间迁流变异,没有常住不变的。有为诸法都是无常,众生执着地认其为实,认假为真,而生诸多妄想,或者祈求长生不老,或徒劳地粉饰色身,不能领悟"亘古不变",仍不能避免"刹那生变",无常,正是人世间的自然法则,这才是"真常"。领悟变化无常正是生命的特征,在一切境遇中,随遇而安,在悲智双运中,最终感悟到生命的真谛。想获得幸福,就要从真理入手。真理要从心入手,心要从悟入手,悟要从观照无常入手。能够观照就会有大慈悲心,因为能够观照无常,就不会有得失的观念。这样,一旦失去什么,也不会感到痛苦,因为你已经知道——这就是无常。

"诸法无我"是说在任何有为无为的诸法中,没有我的实体;所谓我的存在,只不过是相对的生理和心理的幻象。这是指世间诸法,无论有为、无为,都是缘起幻有,并没有恒常不变、独立存在的实体或主宰。凡是我的物都是为我所用,并非为我所有。如果真有我,为什么我的心绪、生死自己都不能掌控呢?可见我无法主宰我所有,有我就生对立,而我执是所有人的通病,只有放下我执,才能找到真永存。精神也是一样会消灭的,就是说常恒的精神主体是不存在的。既然世间的一切都是变幻莫测的,那么它就不值得我们去追求。但是,世俗之人因为无知,错误地把"无常"与"无我"的东西当成有常、有我的东西来追求,这必然会陷我。只有了解了无我,才能与世界和平共处。

"涅槃寂静"是说涅槃的境界,灭除所有生死的痛苦,无为安乐,因此涅槃是寂静的。这是指无生无灭、身心俱寂的解脱境界。如果离开了涅槃思想,佛教就会形同生灭的世间法,只能称其为劝善,不能够领会因性本空、果性本空的非因非果的至深奥义。尚未入正信的人,经常以为涅槃就是死亡,这是非常严重的误解。如果像他所说的,那么死亡又成为另一个生命的开端,岂不是生死未了?众生长劫轮回之苦,乃是受业力所牵,做不了主。只有佛陀理解涅槃的真意,认为它死了就不会再生,不生就不灭,盖已打破无始无明,彻见本来面目,这正是佛教最可贵之处。

寒山拾得忍耐歌

稽首文殊,寒山之士;南无普贤,拾得定是。

昔日寒山问拾得曰:世间谤我、欺我、辱我、笑我、轻我、贱我、恶我、骗我、如何处之乎?拾得云:只是忍他、让他、由他、避他、耐他、敬他、不要理他、再待几年你且看他。

寒山云:还有甚诀可以躲得?

拾得云:我曾看过弥勒菩萨偈,你且听我念偈曰:

老拙穿衲袄,淡饭腹中饱,补破郝遮寒,万事随缘了。

有人骂老拙,老拙只说好;有人打老拙,老拙自睡倒;

涕唾在面上,随它自干了,我也省气力,他也无烦恼。这样波罗蜜,便是妙中宝。若知这消息,何愁道不了。

人弱心不弱,人贫道不贫,一心要修行,常在道中办。世人爱荣华,我不争场面;名利总成空,贪心无足厌。金银积如山,难买无常限;

子贡他能言,周公有神算,孔明大智谋,樊哙救主难,韩信功劳大,临死只一剑,古今多少人,哪个活几千。

这个逞英雄,那个做好汉,看看两鬓白,年年容颜变,日月穿梭织,光阴如射箭,不久病来侵,低头暗嗟叹,自想年少时,不把修行办,得病想回头,阎王无转限,三寸气断了,拿只那个办。

也不论是非,也不把家办,也不争人我,也不做好汉,骂着也不言,问着如哑汉,打着也不理,推着浑身转,也不怕人笑,也不做脸面,儿女哭啼啼,再也不得见。

好个争名利,转眼荒郊伴。我看世上人,都是精扯谈,劝君即回头,单把修行干,做个大丈夫,一刀截两断,跳出红火坑,做个清凉汉,悟得长生理,日月为邻伴。

(三)四圣谛——终极目标

四圣谛就是佛教所说的绝对正确的四个真理,分别是苦谛、集谛、灭谛、道谛。

(1)苦谛:指世间是苦果。苦就好像病,此乃世间的苦果,也是生死的流转。我们需要知道所有的病,才能医治这些病。苦谛的意思就是指现实世界里充满了苦。

佛教将人生所有的苦总结为八种:生、老、病、死(这些是肉体上遭受的四种痛苦)、怨憎会、爱别离、求不得、五取蕴。后四种分别是指遇到自己所憎恨的事情或人,怨恨交加是苦;与自己所爱的人或物分别会痛苦;自己的欲望不能得到满足会带来痛苦;追求永生却得不到而产生痛苦。这些是精神上遭受的四种痛苦。

(2)集谛:意思是业和烦恼是苦的根源。我们需要知道病苦的根源,把它断除。这便是世间的因果,也是生死的流转,但是它指出了人们生死流转的缘由。佛教认为苦的原因在于造业(以往所思所为的积存)、烦恼(贪、嗔、痴)与渴爱。这些皆出于"无明",也就是把虚幻不真实的东西当作真实的目标去追求,因而生出了无尽的苦。

(3)灭谛:意思是解脱和证果。众生时时刻刻都在病苦中,我们要知道没有病苦的快乐是什么样的,要认识什么样的人是无病苦的,要证知怎样才算是没有病。这指出了世间的果,即解脱、清净的境界——涅槃。灭谛是指消灭烦恼与生死之累,即有余涅槃与无余涅槃。消除贪嗔等烦恼与善恶诸业,就能够不再经历三界中的生死,但是还会有现在残存的色身,叫作有余依涅槃;如果灰身泯智,连现有的果报色身也抛弃了,就叫作无余依涅槃。意思是说消除烦恼和痛苦,只有灭除了渴爱所带来的痛苦及烦恼,才能够达到涅槃的境界。

(4)道谛:意思是离苦的道路。修道的方法就好像是良药,人们应该修炼学习。这是指出了世间的因。佛教认为人们通过学习,能够掌握一些修道的方法,通过坚持不懈地修行,最后就可以解脱生死。消除烦恼得到解脱的途径和方法,是"八正道",就是正见、正思维、正语、正业、正命、正精进、正念、正定;简说成"三学":戒(遵守戒律)、定(要通过禅定、止散乱心)、慧(又译"般若",即明了佛理)。后来,大乘佛教又把三学发展成为六度,就是布施、持戒、忍辱、精进、禅定、智慧。

吃茶去

有一个僧人到赵州从谂禅师所在的地方。僧人曰:"新近曾到此这里么?"曰:"曾到。"师曰:"吃茶去。"又问僧人,僧人曰:"不曾到。"师曰:吃茶去。"后院主问曰:"为什么曾到也曰吃茶去,不曾到也曰吃茶去?"师召院主,主应诺。师曰:"吃茶去。"

佛教文化是中国传统文化的重要组成部分。在中国文化史上,先秦有诸子百家,而汉魏以后活跃于社会的主要是儒、释、道三家。佛教和儒家、道家一起构成了支撑中国人精神的稳定的信仰体系,渗透于中国社会生活的各个方面。

二、名言选读

1. "色不异空,空不异色。色即是空,空即是色。"(《心经》)
2. "一切有为法,如梦幻泡影。如露亦如电,应作如是观。"(《金刚经》)
3. "诸法因缘生,我说是因缘;因缘尽故灭,我作如是说。"(《造塔功德经》)
4. "此有故彼有,此生故彼生;此无故彼无,此灭故彼灭。"(《杂阿含经》)
5. "一切行无常,生者必有尽,不生则不死,此灭最为乐。"(《增一阿含经》)
6. "凡所有相,皆是虚妄。若见诸相非相,则见如来。"(《金刚经》)
7. "归元性无二,方便有多门。"(《楞严经》)
8. "我昔所造诸恶业,皆由无始贪嗔痴,从身语意之所生,一切我今皆忏悔。"(《普贤菩萨行愿品》)
9. "若人造重罪,作已深自责;忏悔更不造,能拔根本业。"(《佛为首迦长者说业报差别经》)
10. "觉悟世间无常。国土危脆。四大苦空。五阴无我。生灭变异。虚伪无主。心是恶源。形为罪薮。如是观察。渐离生死。"(《佛说八大人觉经》)
11. "一即是多,多即是一。"(《华严经》)
12. "人身难得,如优昙花。得人身者,如爪上土;失人身者,如大地土。"(《涅槃经》)

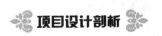

易初莲花企业标志(见图1-8)

图1-8 易初莲花企业标志

"莲花"在佛教中表示由烦恼到清净,表现的是清净的功德与清凉的智慧。莲花生在污泥中,绽开于水面上,有"出淤泥而不染"的寓意。莲花是泰国佛教圣花,象征着吉祥,"易初"是正大集团创始人谢易初先生的尊名。易初莲花最早是在泰国创建的,它是世界500强企业泰国正大集团的一个下属企业。在泰国,佛教盛行,取这个名字,是为了体现正大追求社会与集团事业的共同发展。

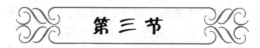

道 家 思 想

在中华民族灿烂辉煌的历史文化宝库中,闪耀着一颗神秘璀璨的星斗,这就是纵横阴阳两界的天地之道——老子及其道家思想。2000多年过去了,老子深邃的哲学思想仍然如雷音大响回荡在四海八荒,仍然渗透在我们灵魂的深处。在世界历史上,老子是最神奇的人物之一,不知他生于何年,死于何处,甚至连他准确的姓名也不知道,他唯一留给我们的是一部凝聚了古代智慧的《道德经》(又称《老子》)。这部巨著不只包含了浩瀚宇宙诞生的奥秘和运行的规律,也包含了人类社会管理的天机和人类提高自身精神境界的秘籍。《道德经》已经是世界发行量第二的巨著,它影响了亿万人的思想。老子的哲学与古希腊哲学共同构成了人类哲学的两大高峰,老子也因为他的哲学思想被誉为"中国哲学之父"。后来,老子的思想由庄子传承,并与儒家思想和佛教思想共同构成了中国传统文化思想的内核。

太极八卦书架(见图1-9)

设计分析:如图1-9所示,此书架由道家的太极图设计而成,突出了道家对世间万物的探索脉络。道家认为,最初混沌一体的宇宙由"道"产生,这便是"道生一";然后由此浑然一体的"一",继续分离出了两种基本的物质,就是阴性物质与阳性物质,即"一生二";后来世间的万事万物均与阴阳两种物质有关,"法于阴阳",再由此阴阳构成新的东西,即含有阴阳的共同体,道家把它叫作"三";阴和阳存于一体中,方能构成生命,构成世间万物,这便是"三生万物"。阴阳之间的关系在太极图中反映出来:阴阳互为根基,白圈表示阴中有阳,黑点表示阳中有阴。负阳抱阴,负阴抱阳,独阳不长,孤阴不生。

图1-9 太极八卦书架

一、基本思想

(一)道法自然

"道"是老子(见图1-10)及道家思想体系的核心。老子曰:"道生一,一生二,二生三,三生万物。"(《道德经》第四十二章)他认为世间万物均由道生出。关于道,《道德经》中有多种阐释:第一,道的特征是"无状之状,无物之象"。《道德经》第二十一章中讲:"道之为物,惟恍惟惚,惚兮恍兮,其中有象;恍兮惚兮,其中有物。"第十四章又讲:"是谓无状之状,无物之象,是谓惚恍。"第二,道是世间万物的本原。第二十五章中讲:"有物混成,先天地生。寂兮寥兮,独立而不改,周行而不殆,可以为天地母。"第三,道是无。第四十章讲:"天下万物生于有,有生于无。"这里所说的生于"无"就是生于"道","道"即是"无"。

老子主张自然界与人类社会均是不断变化的。他观察到世间所有事物都存在相互矛盾的两个对立面,比如有与无、刚与柔、强与弱、祸与福、兴与废等,它们均是相互依存、相互联系的。因此说:"有无相生,难易相成,长短相形。"又说:"贵以贱为本,高以下为基""祸兮福所倚,福兮祸所伏"。这表达了对立双方的同一性。老子还认为对立面并非一成不变,它们会向相反的一面转变,他说:"正复为奇,善复为妖""曲则全,枉则直,洼则盈,敝则新,少则得,多则惑"。老子承认这种转化,但是他强调"圣人之道,为而不争""以其不争,故天下莫能与之争"。

图1-10 老子

老子的辩证思想在军事上得到运用,成效突出。在战术上,他提出"以奇用兵",还需注意"将欲弱之,必固强之""将欲夺之,必固与之"。在战略上,他主张"柔弱胜刚强"的思想,他指出世间没有比水更柔弱的东西了,但是攻坚的力量却没有什么东西能胜过它。这种战略思想确实可以防止盲目骄傲,但是也具有很大的片面性。

《道德经》用"道"来解释世间万物的演变。"道"具有"独立不改,周行而不殆"的永恒含义,同时它是客观的自然规律。《道德经》一书中蕴含了大量朴素的辩证法观点,比如它认为任何事物都具有正和反两个方面,"反者道之动",并且两面能够向自己的对立面转化,"正复为奇,善复为妖""祸兮福之所倚,福兮祸之所伏"。《道德经》中包含了哲学、政治、教育、文化、艺术、逻辑、审美等许多方面的内容。

老子思想的核心内容是通过认识事物的本质和规律,从而使主观世界和客观世界达到默契与和谐,教导人类自觉依照自然界的规律行事,最终实现人与自然的和谐、与社会的和谐、与他人的和谐、与自己内心的和谐。总而言之,老子的思想便是和谐之道。

在中国历史乃至世界历史上,各个时代的统治阶级如果能采用和谐之道,就能够把国家治理得兴旺发达,让人民过上富足安康的生活,推动社会稳定进步;相反的,如果统治阶级不能采用和谐之道,就会导致战火连连,民不聊生,社会动荡不安。在我国唐朝的贞观年间,唐太宗李世民将老子奉为先祖,将道教奉为国教,施行和谐、和平、和善的内政、外交策略,采用和谐之道治理国家,成就了世代赞誉的贞观盛世,创造了人类文明发展史上的一个奇迹。

不可言传的技艺

北宋时期,有个康肃公陈尧咨,他多才多艺,不仅擅长书法,射技更是超群,因一箭穿过钱币的孔而远近闻名。当时天下无人能与之相比,他也常常因此而自夸。

一天,陈尧咨在自家院子里练射箭,一个卖油老翁由此经过,他放下担子站在一旁,斜着眼观看,很长时间了还没有离开。老翁看到陈尧咨射出的箭,十有八九能穿过钱孔,只是微微地点点头。

陈尧咨见此,便问卖油的老翁,说:"你懂得射箭吗?我射箭的技艺很出色吧?"

老翁说:"这也没有什么特别的秘诀,只不过是熟练罢了。"

陈尧咨听了以后,气愤地说:"你怎么敢小瞧我射箭的能耐!"

老翁说:"我凭借多年倒油的经验,自然懂得这个道理。"

说完,老翁就取过一个葫芦,使它站立在地上,然后拿一枚铜钱盖在葫芦的口上,接着,慢慢地把油倒进勺子，再高高地举起勺子，使油穿过铜钱的孔倒入葫芦里，再看铜钱却一点也没有沾上油。

老翁笑着说："我的这点手艺也并没什么特殊的秘诀，只不过是熟练罢了。"

陈尧咨看后无话可说，只能笑着送走了老翁。

这个小故事让我们明白了一个道理：不管是陈尧咨射箭的技艺，还是卖油翁铜钱不沾油的手艺，都是无法言传的，实际上这便是老子所说的道，这个道是无法用语言表述的。可以这样说，卖油翁和陈尧咨施展技艺时，内心感觉到的"无"，就是他们高超技艺的根源。心中"无"产生了"有"，这种"有"即是"无"的表象，卖油翁倒油能够不沾湿铜钱的事实，便是老子所说的"有无相生"。

（二）无为而治

"无为"是道家思想的核心内容，它大概有五层哲学含义：

第一层：依照事物的自然规律行事，不争，就是无为。

第二层："无为"即能够放下，有所不为。只有有所不为、有所舍弃，才可以集中精力有所作为，这就是道家的执一、贞一、守一的观念。

第三层："无"即甲骨象形字和大篆金文里的"乐舞"；"为"即研究学习。"无为"的意思是让人们学习的同时而能了解其中的快乐。

第四层：道家认为法律是对人的严重束缚，必须全部舍弃，主张"顺其自然"；法家却主张必须用法律来惩治人，认为人的本性是顽劣的，必须用权威来治理天下。

第五层：道家学说中的"自然"概念包含两个方面，就是"无为"和"有为"。只有自然无为的自然才是真正的自然，因为只有建立在自由意志之上的道德才是真正的道德，才是道家所提倡的"道常无为法自然"。

《道德经》的哲学思想：无人为之为，实际上就是没有主观臆断的作为，是所有顺应自然规律的行为。无为，即遵循客观规律的作为，这就是合理的作为，因此也就是积极向上的作为。《道德经》提出任何事都要"顺天之时，得人之心"，而不要违反"天时、地性、人意"，不要凭借主观想象和愿望行事。

在《道德经》里，老子还阐述了如何采用无为而治来治理国家的方法。

众所周知，秦始皇实行暴政。秦朝时，如果家里有人要出门，家人常常会叮嘱："在外面千万不能犯法，你一个人犯了法，全家人都会受到牵连。"秦始皇的暴政致使民不聊生，因此全国各地百姓纷纷起义反秦，很快秦朝就灭亡了。

与秦朝不同，汉朝统治者采用了老子无为而治的方法来治理国家，国家很快五谷丰登，人民过上了富足的生活。汉朝时，如果家里有人要出门，家人总会叮嘱："在外面千万不能犯法，我们的太平日子来之不易。"不需严法酷刑，人民自然受到教化，因此国家强大、人民富足。

秦汉两个朝代的管理方法迥然不同，效果也相差甚大，这充分证明了老子无为而治的思想在治理国家时非常有效。这一思想，对于个人内心思想的修炼也起到了重要作用。事物处在自然无为的环境下，就可以遵循自身的规律自由进化、发展，人本身和人类社会都是这样的。如果人按照某一种主观想法干预或改变事物的自然形态，人为干预事物的发展过程，最后的结果则是揠苗助长，以失败告终。所以，有智慧的人会采用无为之道来养生和治世。

（三）上善若水

水是世间万物之源，是所有生命的源泉。先贤老子早在2000多年前，就已经从物质和精神两个方面，认识到水对于人类的重要性。

《道德经》第八章里说道："上善若水。水善利万物而不争，处众人之所恶，故几于道。居善地，心善渊，与善仁，言善信，正善治，事善能，动善时。夫唯不争，故无尤。"

在《道德经》一书中,水因为自身具有的特殊属性,成为一个非常重要的喻体,老子在文中多次提到水、江海、甘露、川谷等与水相关的意象,用水为喻,充分论述他的处柔、虚静、守雌的人生观,水几乎承载了老子所要表述的一切美德。

总体说来,水有以下四种美德:

第一,对于人类,水有至善之功。老子讲"上善若水。水善利万物而不争。"这句话翻译成现代文就是说:"极善的人就好像水一样,水善于滋养世间万物但不和任何事物相争。"水作为一种自然资源,对于世间众生的意义是不言而喻的,没有水就不会有生命。据说人可以不吃饭而活七天,但是如果不喝水却坚持不到三天。水不但能让人们日常直接饮用,而且滋养天下万物、灌溉良田,有了水植物才能生长,有了水动物才得以繁衍,有了水世界才能变得生机勃勃、欣欣向荣。水不仅孕育了人类的生命,而且作为重要的能源,水还在不断改变着人们的生活。水力发电作为新型的环保能源,在现代社会里扮演着越来越重要的角色。另外,水还以其千姿百态,飞泉、小溪、湖泊、大海等,带给人们无穷的审美享受。因此,水对于人类的贡献确实是太大了。

我们可以看到,水虽然具有至善之功,但它却默不作声地流向低处,心甘情愿处在最谦卑的地位。因此,水的第二种美德便是至谦之德。老子曾经说:"水善利万物而不争,处众人之所恶,故几于道。"意思是说:"水善于孕育滋养万物却不与万物相争,它停留在大家不喜欢的地方,因为这样所以最接近于道。"原本"人往高处走、水往低处流"就是一个自然现象,但这一自然现象却揭示了一种极重要的美德,就是一个人即使居功至伟也依然要保持其善良谦虚的品质。老子意识到,身处高位的尊贵人物,自我意识很强,容易出现以自我为中心、唯我独尊、自以为是等不良心态,但常常也是这部分人容易被人嫉妒、被人攻击。因此,对于这部分人来讲,能像水一样谦下守虚是十分重要的。虽然某个时期某些人对人类社会的作用和影响会很大,但是如果这些人不懂得怎样韬光养晦,只是一味夸耀自己的功绩,很容易招来别人的厌恶和憎恨,最终给自己带来灾难。因此,《道德经》把"谦下"当作一条非常重要的处世原则,突出强调:"是以圣人欲上民,必以言下之;欲先民,必以身后之。是以圣人处上而民不重,处前而民不害。是以天下乐推而不厌。以其不争,故天下莫能与之争。"意思是说:"圣人如果想要领导百姓,首先必须用言辞向百姓表示谦下;要想领导百姓,必须把百姓的利益放在自己利益的前面。所以,虽然有道的圣人地位居于人民之上,但是人民并不会感到有沉重负担;虽然圣人居于人民之前,但人民并不会感到受害。天下的百姓都乐意拥戴这样的圣人而不会感到厌倦。因为他不会与人民相争,因此天下也就没有人能与他相争。"由此可见,老子所讲的理论不但适用于做人,同样也适用于执政。官者善于用人,就会礼贤下士,善于听取下属的意见,就会谦下而不骄。但是,独尊、独断就是非常有害的了。老子告诫人们:"不自见,故明;不自是,故彰。"不自我表扬,反而能显明;不自以为是,反而能彰显是非。守虚戒盈,甘处柔弱,才能够保持常德,立于不败之地;不固执己见,不自以为是,才能明察万物。

水的第三种美德是有至大之量。所谓"江海之所以为百谷王者,以其善下之,故为百谷王",就是说江海之所以能够成为百川河流所汇集的地方,正是由于它善于处在低下的地方,因此能成为百川之王。老子很喜欢以江海来比喻人处下居后的品质,同时也用江海象征人博大包容的气度。其实一滴水可以说是相当渺小的,只要阳光一照射,它马上就会蒸发,但是由于水的谦卑,它永远往低处流,不断地聚集,最终变成了大海。即使世界上最宽广的是海洋,海洋也永远不会拒绝其他水滴的加入,正是海纳百川的这种包容和气度,才成就了海洋的浩瀚。作为人也应该学习海洋这种包容的涵养和气度。自古以来,无数的历史事实证明,只有那些善于吸纳人才、宽容异己的帝王将相,才能有所作为,三国的曹操、汉朝的刘秀正是其中的典范。

水的第四种美德是有至柔之刚。老子讲:"天下莫柔弱于水,而攻坚强者莫之能胜,以其无以易之。弱之胜强,柔之胜刚,天下莫不知,莫能行。"意思是说:"遍观天下没有什么东西比水更加柔弱了,但是攻坚克强却没有什么东西能比水更强。弱胜过强,柔胜过刚,天下人没有不知道的,但却没有人能实行。"表面看来,这句是一个奇怪的悖论。水是天下最柔软的东西,但同时又是天下最能攻坚克强的东西,一滴水不断地滴落,竟可以凿穿金石;就算是用最锋利的宝剑,不管如何砍也砍不断水流,所谓"抽刀断水水更流"便是这个道理,其根源正是水的坚持与汇集。一滴水,只要坚持不懈,就能穿透石头;一滴水,只要坚持不懈,就能锈蚀宝剑;一滴水,只要不停集聚,就能汇集成强大的力量,无坚不摧。

回顾以上所讲的水的四种美德,我们不难发现一个逻辑上的联系,这就是首先要努力创建对社会有用的功德,施行至善,但是有了功德却不高高在上、洋洋得意,而要保持谦卑的低调姿态,因为有了这样谦虚恭谨的态度,继而就会有一个宽容开阔的胸怀,接着又在这样海纳百川的肚量中不断积累知识能量,最后这样不断地积累汇集终于会产生巨大的力量。世间所有人经过如此的人生修炼过程,不仅可以安身立命,而且必将有所成就。

胯下之辱

历史上有一个著名的故事——"胯下之辱",主人公正是韩信。

楚汉争霸之际,刘邦与项羽争夺天下。刘邦为布衣出身,项羽却是楚国贵族,两个人争斗到旗鼓相当时,均想将韩信争取到自己的阵营里。韩信是一个军事奇才,谁争取到他的支持,就会在争霸中占到优势。

最终刘邦派人成功地劝服了韩信,在韩信的支持下,刘邦在垓下困住项羽,项羽四面楚歌,走投无路,刎颈自杀。

韩信幼年就失去了父母,主要靠钓鱼换钱维持生计,一位靠漂洗丝绵为生的老妇人经常周济韩信。因此,韩信屡次遭到周围人的冷遇和歧视。有一次,一群恶人当众羞辱韩信。其中一个屠夫对韩信道:"看你长得又高又大,又喜欢带刀佩剑,其实你胆子小得可怜。如果你有本事,就用你的配剑来刺我呀?你敢吗?量你也不敢,从我的裤裆下钻过去吧!"韩信自知势单力薄,硬拼肯定吃亏,于是,压抑内心的怒火,低头从屠夫的裆下钻了过去。史书上称"胯下之辱"。

前人的智慧值得我们思索,大丈夫能屈能伸、能刚能柔,就源自韩信这一典故。

与此相比,《水浒传》中有个"青面兽"杨志,就没有韩信的韧度。他因一时冲动,受不了牛二的纠缠,一刀把其杀了。当时杨志感到很痛快、很解恨,但是不久,官府就逮捕了他,杨志不得不因杀人罪而去坐牢。

(四)大智若愚

"知者不言,言者不知。"(《道德经》第五十六章)

老子的这句话,就是要告诉我们应该学会糊涂的智慧。

说话是一门学问,也是一门艺术,说得不多不少刚刚正好,是一门非常考究的功夫。世界上最难做到的事情可能就是糊涂了。"难得糊涂"这句名言蕴含着相当深的哲理。明明知道的事情却要故意装作不知道,看得非常分明的东西却要装作看不见,这确实是一件很难的事情。

伐 树

齐国的隰斯弥去拜访大臣田成子,田成子请隰斯弥登上他家的阳台,远眺四周。

他们分别向东、西、北三个方向遥望,都是一片辽阔,可以看到非常远的地方,并且景致都很美,但是向南边眺望,却是大树参天,茂盛葱郁,挡住了田成子的视线。而那个地方正好是隰斯弥的家。对此,田成子并没有向隰斯弥说什么,但是其用意却是很清楚的,隰斯弥已经敏感地察觉到了这一点。

隰斯弥回家以后,马上开始思虑,他想,田成子在齐国掌握实权,这样的人自己得罪不起,而为了讨田成子的欢心,就必须伐掉大树。于是,隰斯弥开始安排工人砍伐树木。可是,工人们刚砍了两三下,隰斯弥突然叫大家停下来,他改变了主意,不砍大树了。家臣们都觉得很奇怪,就问他为什么。

有个家臣问:"刚才那么急着要砍掉这些大树,现在怎么又不砍了,这究竟是为什么呢?"

隰斯弥不慌不忙地答道:"有一句谚语说:'知道渊中之鱼的人是最不幸的。'你想,田成子怀着极大的野心要篡夺齐国的大权,他自然是要随时提防别人的,肯定怕别人看透了他的想法。假如我让他知道我已经洞察了他内心的企图,他肯定不会放过我。假如我把大树都砍掉了,他就会发现他的心思被我知道了,要知道,能洞察对方的心思却没有说出来,是非常危险的。现在我不砍这些大树,就没有危险了。"

家臣们听了恍然大悟。最后,那些大树就被留下来了。

古人认为,要做一个真正智慧的人,既要察,又要有度,"好察非明,能察能不察之谓明"。什么是"能不察"呢?即在一群人中,只有你自己洞察了某件事的本质,而又偏偏有人不愿意你将事实的真相说出来,于是,你只好装作不知道,以免遭到不测。

中国人自古就有一条训诫:看破而不说破。糊涂并不是无知,而是人类隐藏着的智慧;糊涂并不是无能,而是人类一种还没有被启动的潜能。与人相处,有时要学会装糊涂。

"难得糊涂"是清朝乾隆年间郑板桥的一句名言,也正是他为官与做人的自况。实际上,郑板桥是个明白人,他看破官场腐败,辞官返乡,以写诗作画为生,潇洒度日,以怪闻名。虽能看破,但是就不说出来或者做出来,这是一种揣着明白装糊涂的智慧。

老子教给我们一种境界,叫作大成若缺,大盈若冲。最完美的东西,却要留有一点空缺,非常充盈的东西,却要留一点空隙,这样才能有一种生命的张力。

总之,拙中有巧,巧中有拙,用大智若愚的心态生存在当今社会,做人就要带一份憨、一份痴,不害人也不被人害,既保住了自己,也成全了他人,何乐而不为呢?

杨修之死

三国时,杨修是曹营的主簿,他思维敏捷,敢于直言,经常冒犯曹操。

曹操曾造了一所花园,造成后,曹操前去观看,没有说好也没说不好,只是拿笔在门上写了一个"活"字。杨修见了说:"门内添活字,乃阔字也。丞相嫌园门阔耳。"于是工匠重新翻修。曹操再次看后很高兴,但是当知道是杨修分析了解他的意思后,内心很嫉妒杨修。又有一次,从塞北送来一盒酥饼。曹操在盒上写了"一合酥"三个字,放了在台子上。杨修进来后看见了,竟然拿来跟大家分着把酥饼吃掉了。曹操问为什么这样做?杨修答道:"你明明写了'一人一口酥'嘛,我们哪敢违背你的命令呢?"曹操虽然笑了,但内心却十分厌恶杨修。

还有一次,刘备亲自率兵攻打汉中,惊动了许昌,曹操就率领40万大军来迎战。曹刘两军在汉水一带对峙。曹操屯兵数日,进退两难,恰巧有厨师端来鸡汤。曹操看见碗底有鸡肋,就有感于怀,正沉吟的时候,夏侯惇入帐询问夜间号令。曹操随口说道:"鸡肋!鸡肋!"于是,他便把"鸡肋"作为号令传了出去。行军主簿杨修知道后,就叫随行军士收拾行礼,准备回程。夏侯惇大惊,把杨修请到帐中细问。杨修解释道:"鸡肋者,食之无肉,弃之有味。今进不能胜,退恐人笑,在此无益,来日魏王必班师矣。"夏侯惇听后很信服,于是营中各位将军纷纷收拾行李。曹操知道后很生气,斥责杨修造谣惑众,扰乱军心,就把杨修杀了。

凡此种种，皆是杨修的聪明犯着了曹操的忌讳；杨修之死，是由于他的聪明才智。后人有诗叹杨修，其中有两句是："身死因才误，非关欲退兵。"这是很切中杨修之要害的。

杨修之死给我们留下了重要的启示：才不可露尽。杨修是绝顶聪明的人，也算爽快，并且才华横溢，其才盖主。这就犯了曹操的大忌。事不要点破，譬如鸡肋，曹操正苦思于此，不知如何解脱，杨修捅穿了这层薄纸，就是羞辱了他。

所以，好话不要说尽，力气不可用尽，才华不可露尽。一个人要善于隐藏自己的锋芒，这样才能长久，才能厚积薄发。

《道德经》是一部读不完的书，它的魅力将走过今天，走向未来，启迪一代又一代的华夏儿女，把和谐的思想传播到世界的每一个角落。

二、名言选读

1."以正治国，以奇用兵，以无事取天下。吾何以知其然哉？以此：天下多忌讳，而民弥贫；民多利器，国家滋昏；人多伎巧，奇物滋起；法令滋彰，盗贼多有。故圣人云：'我无为，而民自化；我好静，而民自正；我无事，而民自富；我无欲，而民自朴。'"（《道德经》第五十七章）

2."道可道，非常道。名可名，非常名。无，名天地之始；有，名万物之母。"（《道德经》第一章）

3."上善若水。水善利万物而不争，处众人之所恶，故几于道。居善地，心善渊，与善仁，言善信，正善治，事善能，动善时。夫唯不争，故无尤。"（《道德经》第八章）

4."天下之至柔，驰骋天下之至坚。无有入无间，吾是以知无为之有益。不言之教，无为之益，天下希及之。"（《道德经》第四十三章）

5."天下莫柔弱于水，而攻坚强者莫之能胜，以其无以易之。弱之胜强，柔之胜刚，天下莫不知，莫能行。是以圣人云：'受国之垢，是谓社稷主；受国之不祥，是为天下王。'正言若反。"（《道德经》第七十八章）

6."知人者智，自知者明。胜人者有力，自胜者强。知足者富。强行者有志。不失其所者久。死而不亡者寿。"（《道德经》第三十三章）

7."大成若缺，其用不弊。大盈若冲，其用不穷。大直若屈，大巧若拙，大辩若讷。静胜躁，寒胜热。清静为天下正。"（《道德经》第四十五章）

 项目设计剖析

水滴壶（见图1-11）

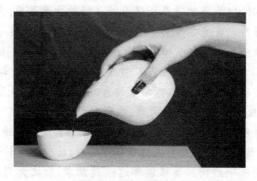

图1-11 水滴壶

"水滴壶"荣获了2009年德国红点设计奖，是中国内地第一个获得此项殊荣的家居品牌

和骨质瓷产品。这种壶是专为普洱茶设计的。老子说"上善若水",人类的文明总是与水相互联系;孔子云"逝者如斯夫",时间和水一样无形,我们无法把握,它们会在与好友饮茶的过程中消逝。形似水滴,拿着壶似乎便是将无形的水掌握在手中了。水滴壶上虽然没有具体的中国符号,但是精神性的元素在场,无形的水也是可以表现的元素。当然,是现代技术支持它放弃把手,突破了一般壶的形式规则。

阴阳盘(见图1-12)

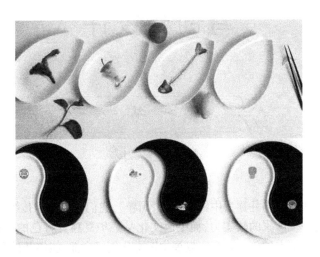

图1-12　阴阳盘

阴阳盘体现了和谐的社会来自包容的心,天地、日月、男女、黑白、东西、善恶……人类智慧在方寸之间延伸。

项目设计实训

1. 某市某区新成立一所小学,以"知礼、仁爱、博学、进取"为校训。请你为这所小学设计校徽,要求校徽形状为圆形或方形,图标要表现出校训中体现的教育理念。

2. 一家国际家纺公司,他们设计产品的款式是简约与优雅相融合的。请以"和而不同,大美之美"为主题为该公司设计一个活动标志。

第二章 格物生巧·古代科技与创意设计

第一节 中医养生

中医、武术、书法和京剧并称为中国的四大"国粹",它们都是中国传统文化重要的组成部分。文化彰显的是一个国家的软实力,而中医文化又是华夏独具特色的一种文化,所以我们将中医文化作为一个基本的创意元素。发展中医文化创意产业,能够帮助我们树立民族的自尊心和自信心,激发我们的自豪感,并且能够让我国的中医文化走出国门、走向世界,最终为全世界人民的身体健康做出更大的贡献。

山东东阿阿胶(见图2-1)

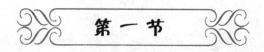

图2-1 山东东阿阿胶

设计内涵解析：

气血充盈是美容养颜的一个根本因素,桃花姬阿胶糕有着滋阴养血、养颜美容、增加免疫力的功能,它已成为都市白领滋补养颜的一个首选佳品。

阿胶是由纯正的驴皮熬成的胶块,尤以山东省东阿县所产的最为著名,已有2000多年的历史了。药圣李时珍曾在《本草纲目》中说："阿胶,《本经》上品。弘景曰：'出东阿,故名阿胶。'"这便是对东阿出产的阿胶作为正宗地道品牌的一个肯定。

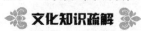

一、中医基础理论

（一）阴阳学说

阴阳是古人对宇宙万物两种相反相成的性质的一种抽象,同时也是宇宙间对立统一和思维法则的一个哲学范畴。《易传》曰"一阴一阳谓之道""乾坤一元,阴阳相倚"。

古人俯察、仰观取类比象,便是从大自然中各种对立又相关的现象,如天地、东西、日月、昼夜、南北、寒暑、男女、左右、上下等抽象现象,归纳出了"阴阳"的概念。

阴阳说早在夏朝便已形成,认为阴阳这两种相对的气便是天地万物的源泉。阴阳相结合,万物在生长,在天形成了风、云、雷、雨、电等各种自然气象;在地形成江河、山川等大地形体;在方位上则是东、西、南、北四个方位;在气候上则为春、夏、秋、冬四个季节。天之四象,而人有耳、眼、口、鼻与之对应;地之四象,人又有气、血、骨、肉与之对应,人有三百六十个骨节以应对周天之数。所以,天有四时,地有四方,人有四肢,指节可以观天,掌纹可以察地,天地人合一。

(二)五行学说

五行学说是我国古代劳动者创造出的一种哲学思想。它用日常生活中的五种物质:水、木、金、火、土元素,作为构成宇宙间万物和各种自然界现象的一个基础。五类物质之间各有不同的属性。比如,木有生长、发育的属性;火有炎热、向上的属性;土有和平、存实的属性;金有肃杀、收敛的属性;水有寒凉、滋润的属性。五行学说把大自然中一切事物的性质归结成这五大类的范畴。

这五种元素在天上形成了五星,即为水星、木星、金星、火星、土星,在地上就是水、木、金、火、土这五种物质,对于人就是仁、义、礼、智、信这五种德行,在生活中也有彼此对应的部分(见图2-2),五行既能相生,也会相克。

五行	金	木	水	火	土
五脏	肺	肝	肾	心	脾
六腑	大肠	胆	膀胱	小肠	胃
五气	燥	风	寒	暑	湿
五窍	鼻	目	耳	舌	口
五体	皮毛	筋	骨	脉	肉
五志	忧	怒	恐	喜	思
五味	辛	酸	咸	苦	甘
五音	商	角	羽	征	宫
五声	哭	呼	呻	笑	歌
五色	白	青	黑	红	黄
方向	西	东	北	南	中
生化	收	生	藏	长	化
季节	秋	春	冬	夏	长夏

图2-2 五行分解图

(三)天人合一

我国中医哲学主张天人合一,认为人是自然界的组成部分,人的日常生活习惯应该符合自然界的规律。传统中医学说把人的五脏六腑器官在12个时辰里的兴衰连接起来看,形成了一套极为严密的子午流注经络学说,如图2-3所示。比如子时胆经当令,胆汁分泌在人们熟睡中完成,推陈出新,为身体制造新鲜血液。巧妙运用子午流注开穴法,便于调理身体。

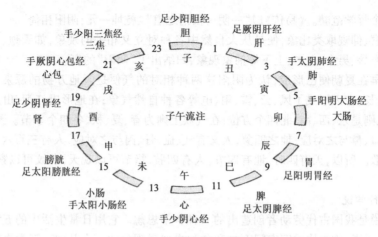

图2-3 子午流注经络图

(四)经络学说

经络是指经脉和络脉的总称,是人体联络脏腑肢节,运行全身气血,沟通上下内外的通道。经脉是经络系统中一个纵行的主干线,大多数循行在人体的深部,并且有一定的循行路线。络脉是经脉的分支,它有网络之意。络脉深浅都有,但大多循行于较浅的部位,有的还浮现在体表。络脉纵横交错,遍布全身,无所不至。

经脉和络脉之间相互联系,遍布全身内外,形成了一个纵横交错的立体的联络网,把人体的五脏六腑、肢体官窍以及皮肉筋骨等组织紧密地联结成一个有机的整体,从而保证了人体生命活动的正常进行。巧妙运用经络可以起到防病、治病的作用,例如,如图2-4所示为眼部主要穴位治疗功能图。

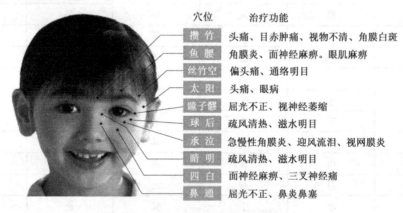

图2-4 眼部主要穴位治疗功能图

二、中医辨证与诊治

(一)中医辨证

中医诊病的方法归为"四诊"——望(望色)、闻(闻味)、问(问情)、切(切脉)。根据"四诊"判断疾病的类型称为"八纲"——阴、阳、表、里、寒、热、虚、实。"四诊"与"八纲"的诊断是判别一个中医医术高明与否的标准。

(二)中医诊治

1. 针灸与穴位

针灸:用针和灸两种方法来刺激特定的穴位,以达到温通经脉、调节气血和消除病因的目的。

穴位：人体的脏腑器官和经络之气输入并散发于体表的部位，人体通过经络联络腧穴和脏腑来支撑生命的继续。

针灸是将外界刺激，通过腧穴注入，然后经由经络来达到相关的脏腑。

2. 穴位与养生

在人类漫长的生活实践中，中医思想和技术已经渗透于人们的生活中，通过运用生活中的中医穴位常识，可以达到养生、缓解疾病的目的。比如，脖子不舒服、落枕或有颈椎病的人可常按摩后溪穴。嘴或眼睛跳动，如果是嘴和眼睛的左部跳，就揉左侧的后溪穴；如果是嘴和眼睛的右边跳，就揉右侧的后溪穴；冠心病、呕吐、恶心、晕车等可以按揉内关穴，对改善心脏的供血、女性怀孕期间的呕吐、晕车以及失眠等问题的效果非常好。膻中穴具有清肺止喘、活血通络、宽胸理气、舒畅心胸等功能，《黄帝内经》说"气会膻中"，也就是说膻中能够调节人体全身的气机。如心脏不适、心跳加快、呼吸困难、头晕目眩时，可按膻中穴，能够提高心脏的工作能力，使症状得以缓解。

三、中医与养生

（一）中医养生理论

中医养生理论主要包括预防观、整体观、平衡观和辨证观。

1. 未病先防、未老先养的预防观

早在《黄帝内经》里就提出了"上工治未病"的理念。它喻示人们自生命起始就要注意养生，要在健康或者亚健康的状态下，事先采取养生保健的措施，才能够起到保健防衰及防病于未然。这种防微杜渐、居安思危的哲学思想是中国文化的精华，也是中医药奉献给全人类的超前、先进的思维。

2. 天人合一、形神兼具的整体观

中医养生，强调人、自然和社会环境的协调统一，讲究体内气机升降，生理与心理的协调一致。人是自然界的人，也是社会的人。生物因素、社会因素、心理因素是影响人们身体健康与疾病的主要因素，这是自古至今人们就已经感觉到的一个客观事实。人们要健康生活，就不应该对它熟视无睹。首先要加强适应不利因素的能力，并且积极有效地利用那些有利于自身的因素。

3. 调整阴阳、补偏救弊的平衡观

在人体正常的生理状态下，阴阳应保持相对的平衡。阴平阳秘，精神乃治。如果出现一方的偏衰，或者一方的偏亢，就会让人体正常的生理功能紊乱或出现病理的状态。人体的养生不能离开协调平衡阴阳的宗旨。养生特别要注重五个方面的平衡，分别是人和自然的平衡、人和社会的平衡、人体内阴阳的平衡、人体内脏腑的平衡以及人体内气血经络的平衡。

4. 动静有常、和谐适度的辨证观

生命之所以在于运动，是因为运动是生命存在的特征，人体内的每一个细胞时刻都在运动着。常说流水不腐，户枢不蠹，只有保持经常性的运动，才能够促进健康，预防疾病的发生，以求延年益寿。但如果运动过度，也势必伤害身体。繁殖得越快或者运动得越快的物种，生命周期则越短。

（二）中医非药物养生方法

中医非药物疗法的历史悠久，自古至今，医者应用针灸、气功、拔罐、推拿等方法进行养生和治病的实践可谓源远流长。中医的理论认为，经络在人体的生理上是特别重要的，如果经络不畅通，就不能够发挥其联络与传导的作用，如果脏腑器官的功能不能够协调，营、卫、气、血将不能顺畅，不通则痛，不能协调便会出现或加重病变。因此，使用非药物性的一些养生方法，能够改善经络的生理作用，以达到防病和治病、强健体魄，是养生方法的重要一环。

1. 针灸养生法

针灸是我国的一项重要发明，《黄帝内经·灵枢·针经》和《黄帝内经·素问》在汇总前人文献的基础上，以阴阳脏腑、五行、腧穴、经络、气血、精神、五志、六淫、津液等作为基础理论，以针灸作为主要的医疗技术，使用整体观点、人体与自然界相应观点和发展变化观点，阐述了人体的病理、生理、防病治病和诊断的要领及原则，一举奠定了针灸学的基础理论。

经脉在人体内具有"行气血，营阴阳，濡筋骨，利关节"的作用，所以养生保健都必须要求经气流通。人的机体有很多疾病的发生发展都和经脉有关，因为经脉是病邪转变的一个途径，它又是血脉瘀阻的所在。

2. 推拿养生法

推拿，就是用手在人的穴位、肌肉和皮肤上按摩，从而达到保健与治病的目的。既可以自己按摩，也可以他人按摩。推拿在几千年前就受到人们的喜爱与重视，因为其可以治病、防病和健身益寿，在中国有着悠久的历史。

3. 拔罐养生方法

拔罐是用竹罐、陶瓷罐、金属罐、玻璃罐等作为工具，一般利用燃烧加热的方法，排除罐内的空气，使罐内形成负压，让它吸附于人体经脉的一定部位的体表或者腧穴，起到调整阴阳、调节脏腑疏通经络、散寒除湿、扶正祛邪、行气活血等作用。它是养生和防病治病的一种物理治疗法。

早在马王堆汉墓出土的帛书《五十二病方》中就记载有各种腧穴的拔罐法，经历代医家的改进与发展，现如今演变为百姓常用于养生的最简便方法之一。

4. 刮痧养生

刮痧，是利用刮痧板蘸上刮痧油后反复刮动，摩擦患者某处的皮肤，以达到疏通血脉或者刺激经络腧穴，作为养生和防病治病的一种有效的方法。它通过反复刮拭经络穴位的良性刺激，从而发挥营卫之气的作用，使得经络穴位之处充血，以改善局部的微循环，提高血液的流动率，实现祛除邪气、舒筋理气、祛风散寒、活血化瘀、疏通经络、消肿止痛、清热除湿等作用，以增强机体自身潜在的抗病能力与免疫机能，最终达到扶正祛病、治病防病的目的。

5. 气功养生

气功是以呼吸的调整、意识的调整（调形、调心、调息）和身体活动的调整作为手段，以强身健体、开发潜能、防病治病作为目的的一种有效的身心锻炼方法。

气功的种类很多，主要分为动功和静功两类。动功是以身体间的活动为主的气功，比如导引派就以动功为主，强调和意气相结合的肢体操作；而静功是身体不运动，只靠意识和呼吸的自我控制进行的气功。大多数气功是动静相间的。

项目设计剖析

1. 设计作品《康美之恋》

作品《康美之恋》，讲述的是康美药业公司老板和老板娘当年创业时的故事，同时加以爱情元素拍摄而成，剧中的景色秀美，场景取自广西桂林（见图 2-5）。

这无疑是一则非常成功的影视广告。首先，它用一首歌火了一个广告，在情感的诉求方面大大提升了"康美药业"的知名度。与其他广告不同的是，这则广告淡化了广告中的商业气息，却仍旧达到了广告的效果，让人们在美妙的场景和音乐中，潜移默化地记住了康美药业。

这就是《康美之恋》的不同凡响之处。

图2-5 《康美之恋》

另外,这则广告中的歌词就是文案,其画龙点睛的一句歌词是"康美情,长相恋,你我写下爱的神话",激情又略带沧桑的优美旋律让人们不禁记住了"康美",并且向人们传达了一个永不衰老的传说。它起到的效果比名人更简单直白,也更容易让人接受与记住。

同时,影片当中营造的那分富有诗意和唯美的氛围,主要体现在以下两个方面:

其一,选择桂林拍摄,世外桃源般的景致,加上曼妙的音乐旋律,即刻给人一种秀色可餐、心旷神怡的享受。

其二,故事的情节主要是讲述一对恋人演绎相互爱恋和共同创业的故事。由影视明星任泉和李冰冰作为主演,是该影片拍摄成功的一个重要因素,他们能更好地吸引人们的眼球,起到很好的明星效应。整个故事情节和画面都营造出一种古香古色的味道,如男子采药、配药而女子熬药、晒药,他们进行着一系列精细而又严密的制药程序。最后是康美药业的正式开张和男女主人结婚的双喜临门的圆满结局。这恰好融合了我们中国传统文化的创意,也展现出了康美药业的企业文化。通过影片里康美制药的精细工序,也向观众展现出了一些产品信息,达到了广告的传播效果和目的。

站在目标受众的角度分析,这种唯美的广告样态更能引起受众的情感共鸣。那些生活在城市中或是乡村中的人们,看到这如诗画般的仙境,清新秀美的山水风景,加以天籁般的旋律,不仅表现了人们对自然界的向往,还满足了寻求纯真内心的那份意境。这是一则非常具有典型元素的中国广告,它符合我们中国人的思维方式和文化认同。

2. 冬虫夏草含片

号称中国冬虫夏草第一品牌的福临门冬虫夏草含片登上了央视广告(见图2-6),这充分说明了冬虫夏草对一个品牌的建设达到了一个新的高度,也让人们对冬虫夏草的吃法有了新的理解。

图2-6 冬虫夏草含片

冬虫夏草又叫虫草或者冬虫草，是我国独特的强壮滋补药材，主要产自青海省海拔3500～5000米的高寒地区。它与人参、鹿茸被合称为中药三大补品。《本草从新》（1757年）中便有"冬虫夏草甘平保肺，益肾，补精髓，止血化痰，已劳咳，治膈症皆良"的记载。我国的传统医学认为，冬虫夏草味甘、平，入肺肾经，功能益肾、肺，补虚损，止咳嗽。

如今，人们越来越注重健康，所以时下各类型的保健品、保养品风行，而冬虫夏草含片是其中当之无愧的首选产品之一。说到冬虫夏草，人们大都了解它的功效甚多，冬虫夏草含片便是采用极其珍贵的药材制作而成，因其食用简单而备受推崇。

项目设计实训

1. 根据以下经典文句提供的信息，设计一则养生宣传海报：

少思虑以养心气，寡色欲以养肾气；
常运动以养骨气，戒嗔怒以养肝气；
薄滋味以养胃气，省言语以养神气；
多读书以养胆气，顺时令以养元气。

木有根则荣，根坏则枯；
鱼有水则活，水涸则死；
灯有油则明，油尽则灭；
人有精则寿，精干则夭。

慎风寒，节饮食，是从吾身上却病法；
寡嗜欲，戒烦恼，是从吾心上却病法。

2. 为"仁斋堂"家庭中医馆做一套室内设计方案。

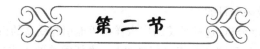

第二节

《考工记》与《天工开物》

中国传统设计是怎么产生的？为何产生？设计的主体及本体是什么？设计的目的和意义何在？这些都是涉及中国传统设计的本源、本体和价值等基础性层面的问题。要对这些问题做出解答，必然要从最基础的层面去寻找答案。

文化知识疏解

一、《考工记》的结构体系及其基本原理

（一）《考工记》概述

《考工记》是中国传统设计理论的源头文献之一，它出现于战国时期，是记载政府经营手工业各种工种标准规范和制作工艺的文献。这部文献不仅记载了齐国手工业各工种的制造工艺和设计规范，还保存了先秦时期大量的手工业生产技术与工艺美术资料，另外还记有一些生产管理和营建制度。这些都反映了当时的一些经营理念和思想观念。

（二）何为考，何为工？

对于目前的设计学界来说，"考工"是一个既熟悉又陌生的词汇。

1. 工

按照《说文解字》:"工,巧饰也。象人有规矩也。""古文工从彡。"《段注》:"有规矩,而彡象其善饰。"这是一个会意字,表现的是人手中持规矩的形象。其最原始的含义即人(匠人)持规矩(工具)进行物质生产和制作。

然而,它与一般性的生产活动不同,这是具有一定装饰性的生产活动,也就是"彡"在字中所代表的含义。因此,从这个字中,可以分离出三个关键的要素:人、规矩与装饰。

2. 考

"考"字,古作形。《说文解字》:"考,老也。""从老形,丂(kǎo)声。其最原始的含义为敲击。所以,在造字之初便决定了"考"字的使用方式——动词,有一个动作的对象,也是目的的实现对象。"考"有两种基本的含义和使用方式,即"考/敲"与"考/查"。前者是指具体的动作,后者则为具体动作的抽象引申。而在抽象引申使用中,其作用对象可以为具体的人、制度、物,也可以为抽象的思想。在本书中,主要取"考/查"之义。

3. 考工

"考"与"工"结合在一起,便构成了本小节主题词——考工。在"考工"这一组合中,"考"为动词,主要作为考查、考校的含义使用,"工"则是"考"的目标。

在"考工"这个语境中,人既包括实际生产的执行者——百工,也包括生产的管理者——工官。"考工"是指对百工的考课,涉及百工的技艺、能力,包括百工在生产中对产品质量的控制,也就是对手工生产成果的考核。对这些问题的控制与管理体现为制度,而制度主要是由工官来执行的。因此,工官是"考工"的主体,百工是被考课的对象,要接受工官的监督和考察,同时接受监督的还有百工的产品。工官对百工的监督与考核,其最终目的还是保证产品的质量。

(三)观象制器:中国传统设计的基本原理

"观象制器"是中国传统设计的理论基础,是"考工"设计理论的核心。

《考工记》中第一条就引用了《周易》的"观象制器","太昊伏羲氏,始取《易》象以制器"。这实际上是在解决设计的本源问题。

依据这种解释,设计最初来自圣人的创造。这些圣人包括伏羲、神农氏、黄帝、尧、舜等一些古圣明君。圣人创造设计的依据是《易》象,即八卦。然而,古圣君王为什么要创造这些器物呢?其目的是利天下、济万民。

然而,社会是发展的,人的需求也在不断发生着变化,圣人所创之物未必能符合时代的需求,因此必然会产生器物的发展问题。这带来了"观象制器"理论的进一步发展,分别表现在"观""象""制""器"四个方面。

1. 观

最初,"观"就是看、观察,是通过眼睛对自然万物的观察与观看。此时之"观",是一种生理行为,是人类维持生存进行生活的基本技能。

当设计进入匠人制造阶段,"观象制器"中"观"的对象发生了改变,由对自然万物之"观"转变为对具体产品及其制作过程之"观"。此时,"观"的主体由"人"转变成"匠人"。

这一转变,将"观"固化在设计的范畴中,而不再是一般性的观察与观看,不再是维持个体生存的基本技能,而成为一种具有明确指向性的专业行为。"观"的这一转变,预示着设计将成为一种职业,一种可以通过观察、学习、训练就能胜任的职业。而这种观察学习,往往局限于家族内部、父子之间,也就是所谓的子承父业。匠人之"观"是一种耳濡目染学习与言传身教的体验。

指尖上的草编

2. 象

最初的"象"是指自然天象。看得多了,观察得久了,人们便发现在貌似杂乱无章的天象之中蕴含着某种规律。圣人根据这些规律总结出了卦象,于是,卦象便成了抽象自然规律的具象呈现。

制作之"象",是从圣人创造到匠人制造这一过程的转变中产生的。这一转变,不仅使"象"摆脱了卦象的抽象形式,展现为真实的产品,而且也使"象"摆脱了二维空间的束缚,扩展为三维空间的一个过程——制作过程。于是,"象"便成了匠人们可以观察、可以体验、可以参与制作的一个过程。

在这一过程中,"象"基本是付诸感官之"象",无须进行复杂的抽象思考。这决定了制作之"象"的世俗性,即使是普通的匠人,仅仅通过不断重复地观看与体验,也能实现对某一制作方法的掌握。

制作之"象",不仅包括制作的产品,也包括产品制作的过程。当然,制作产品所需的材料、制作过程中的技巧,都是制作之"象"的重要内容。

3. 制

在"观象制器"之初,"制"是指创造、发明。无论是伏羲氏的罔罟,还是神农氏的耒耜,都是前所未有的创造。当圣人将某种工具发明出来后,很快便投入应用,其实际效果在实践中得以检验。其中那些效果显著的创造会加以保留,并被不断复制,而那些效果欠佳的发明则被丢弃。那些加以保留并被不断复制的器物,便进入了另一个阶段——制造。

从中国传统设计的历史发展看,这是《考工记》的时代。制造与创造的不同,在于其按照既定的方法、程序进行。因此,"制造"主要表现为一套详细而准确的程序。这套程序对具体设计过程进行精准的控制,以完整地实现设计目标。

以《考工记》为例,这种过程控制体现在三个方面:材料控制、形制控制和质量控制。在制作之前先要选择合适的材料,然后根据具体规定进行器物的制作,主要表现为形制控制。制作完成的器物,还要根据具体规定进行质量检验,以确定是否达到了其功能要求。

4. 器

无论是"创造"还是"制造",其目的都是"器"。然而,此"器"非彼"器"。圣人观象制器的目的,是利天下、济万民。所以所制之器大多是生产工具,如罔罟、舟楫、耒耜、臼杵,这些"创造"都以满足基本功能为目的。然而,在"制造"中,"器"不再仅仅满足基本需求,而是有了更加详细的功能划分,以满足不同的需求。

在"创造"阶段,"器"的创造主要集中在"民用之器"层面,同时还包括少量的"军用之器"。然而发展到"制造"阶段,人的需求在不断发展,那些只满足基本生存、生活需求的器物,已经不能适应人们不断增长的欲望。这时必须创造一些新的东西,如"礼乐之器"。但是必须强调的是,"礼乐之器"的创造者是圣人,即所谓"圣人制礼作乐"。在圣人的"创造"之后,马上便进入了"制造"阶段。

从功能属性上来看,这三类产品基本上完成了中国传统器物的拼图:"民用之器"面向的是物质生活;"军用之器"面向的是战争与安全;"礼乐之器"面向的是社会秩序与和谐。

在此之后,"器"的发展,只能是在此基础上的进一步细化。如《考工记》之后出现的瓷器,尽管是一种全新的器物种类,但在功能上却并没有超出以上三种基本的功能划分。

(四)《考工记》的设计体系及作品

《考工记》与传统的物质生活,即传统生活中的"衣、食、住、行、用"密切相关,这些在《考工记》中都以"产品"的形式得以重现。

从现代设计学角度归纳,《考工记》的内容主要分为视觉设计、生活用具设计、建筑与环境设计、交通工具设计、器皿设计、家具设计、农业生产工具及机械设计、服装设计八个方面。

对其中部分具体设计作品介绍如下：

1. 视觉设计

严格地说，中国传统设计中并没有现代意义上的视觉设计。但是，在很多传统设计领域中却涉及了视觉设计的问题，即在设计中追求视觉效果，和由视觉效果带来的象征性。

如玺印，在中国传统社会中，玺与印是权力的象征。

据《汉书·百官公卿表》记载："相国、丞相，皆秦官，金印紫绶……太尉，秦官，金印紫绶……御史大夫，秦官，位上卿，银印青绶……"丞相的地位与权力是高于太尉的，太尉的地位与权力是高于御史大夫的，那如何来体现这种身份与地位的差别？最好的方法是从视觉方面加以区分。比如，首先从印章的材质材料方面入手进行设计，地位高的丞相用黄金配以紫色的绶带，地位稍低的御史大夫用白银配以青色绶带，这样在视觉上便一目了然了。

又如仪仗，它是古代皇帝举行登基、祭祀、出行等重大活动时，护卫所持的旗、扇、伞、兵器等器具的总称。

这些器具出现在帝王的仪仗队中，其实并不是因为其物质功能。侍卫们手执兵器，并不是为了随时准备杀敌；宫女们持握的伞扇，也不是为了进行遮阴纳凉。它们的存在，都是为了显示帝王的威仪。尽管这些器具具备一定的自身功能，但是在这样的环境中，其功能只体现于视觉层面。彩旗招展的队列、前呼后拥的卫兵、山呼海啸的叩拜，所有这些共同营造了一场壮观的视觉盛宴，以及随之而来的对皇权威严的顶礼膜拜。

在具体的设计中，仪仗、伞盖与幡幢的制作会用到大量的织物。从视觉设计的层面考虑，不仅要考虑织物上图案、花纹的设计，还要考虑织物本身及图案的色彩问题。在浩浩荡荡的仪仗队中，最先产生视觉冲击的并不是旗帜上的花纹、图案等一些细节，而是整体的色彩运用，因此，色彩设计也是要考虑的重要内容。

2. 生活用具设计

《考工记》中收录了大量与传统生活相关的器具，即使以现代人的眼光去审视这些产品，也会感到惊异。因为无论是从种类还是数量来看，这些产品都远远超出一般人的预期。通过这些设计，可以描摹出一幅生动的传统社会生活画卷。其中很多设计一直沿用至今，仍然在我们的生活中发挥着重要的作用，如扇子、梳子等；另外一些虽然随着技术的不断发展已经被淘汰，但是其巧妙的设计构思，让我们依然能感受到古人对生活的独特理解，如灯笼、汤婆等。

二、《天工开物》的设计理念及其作品分析

《天工开物》是世界上第一部有关农业和手工业生产的综合性著作，是我国古代一部综合性的科学技术著作，有人称它是一部百科全书式的著作，作者是明朝科学家宋应星。外国学者称它为"中国17世纪的工艺百科全书"。作者在书中强调人类要和自然和谐相处、人力要与自然力相配合。它是中国科技史料中保存最为丰富的一部，更多着眼于手工业，反映了中国明代末年资本主义萌芽时期的生产力状况。

《天工开物》全书共三卷十八篇，收录了农业、手工业，诸如机械、砖瓦、陶瓷、烛、纸、硫黄、火药、纺织、兵器、制盐、采煤、染色、榨油等生产技术。

（一）《天工开物》的设计理念

造物必然要受哲学观念的制约，物的型制、形态、尺度、结构与功能都会随着观念的不断演化而发生改变。对传统造物影响最大的便是中国传统哲学范畴中三大观念：天人观、天地观、道器观。

1. 天人观

天、人关系学说渗透于中国传统文化的方方面面，是富有中国传统思维特色的重要学说。对于天人的关系，宋应星在《天工开物》《谈天》《论气》等著作中均有明确的论述，坚持天的可知论与世界的物质论，强调人对自然界运行规律的认识与尊重，在顺应自然法则前提下，不违农时，发挥人工之巧，从而创造有用之物，并取物、用物有度，使人类生命与自然万物一起加以延续，生生不息。概括来说，宋应星的"天工开物"可以解释为"尊重天工，开物成务"。这一天工、开物的思想一直贯穿于《天工开物》著作的始终。

2. 天地观

原始先民生活在天地之间，日出而作，日落而息，在漫长的历史发展过程之中，天地的形成、形状与结构关系一直吸引着人们的注意力，人们开始思考天地如何形成，具有什么样的结构。《晋书·天文志》就记载了先秦时期关于天地结构的三种观点，文中说："古之言天者有三家，一曰盖天，二曰宣夜，三曰浑天。"宣夜说提出了"天无形质"的观点，这种观点只谈天，但是盖天说与浑天说都解释了各派对天地之间关系的论述。《晋书·天文志》里记载了关于盖天说的两种基本的观点，分别是"天圆如张盖，地方如棋局"的《周髀》家言与《周髀》观"天似盖笠，地法覆盘，天地各中高外下"。浑天说提到："浑天如鸡子，天体圆如弹丸，地如鸡中黄，孤居于内，天大而地小。"三种不同的学说，只有盖天说的"天圆地方"观得以保存下来，对中国传统文化产生了重要的影响。

3. 道器观

道与器是中国古代哲学的一对基本哲学范畴。

在观念层面，传统道器观随着儒家学说的平民化而被倒置，逐渐形成"器先道后""道为器生"的道器观。在我国明朝时，江南稻作器具在结构功能、使用方式、器具的型制等方面都体现了道器观。

百姓基本的生存需要离不开粮食的种植与加工，江南水稻种植需要运用到的耕种土地、水的灌溉、粮食的加工等多种器具，从动力源、结构功能方面，大大提升了生产效率，节约了体力，提升了稻米的品质，体现了"穿衣吃饭，皆是人伦物理""百姓日用为道"的道器观。

在制造器物层面，"中"与"至善"是老百姓常用的一道两体，它契合了成器之道中的"法仪之尊""能工巧施"。《天工开物》造物的各个工艺环节都体现出明代工匠在制器方面对"中"与"至善"的追求与对规范的遵循，使得明代造器工艺不断完善，出现了越来越多的美器。

(二)《天工开物》设计作品——"秦半两"青铸币的货币型制

设计解读：

如图2-7所示，本设计运用了"天圆地方的空间结构观"。

"天圆地方"是我国最早形成的较为原始朴素的宇宙观，是原始先民通过直观感知的认知方式所获得的"天圆地方"的空间结构。其起源可追溯到新石器时代"女娲炼石补天"的神话传说以及红山文化遗址中的方形与圆形祭台的发掘，这些都证明了该时期天圆地方观念的形成。

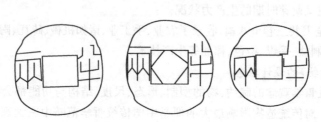

图2-7 "秦半两"青铸币的货币型制

在儒家思想中，"天圆地方"的宇宙观被赋予了天道、人道的文化意义，以及皇权与神权的政教思想。比如，北京天坛、地坛的建造，北京四合院的建造，中国古代铜钱的铸造，还有古代车轮舆的型制等，都充分体现了"天圆地方"的观念。

中国外圆内方的青铜铸币，从秦初统一货币，便形成了"秦半两"的货币型制，这种与"天圆地方"观念紧密相连的货币型制一直被使用至清末，其使用历程贯穿在中国整个封建王朝中，一直都没有型制方面的改变。作为一种货币符号，其顽强的生命力，来自除货币流通功能之外的神权与王权的象征意义，以及强化王权的功能价值。

项目设计实训

1. 一家名为"食草堂"的素食饭店刚刚成立，它主营素食养生菜式，运用中医养生原理，宣传独具中国特色的养生文化。请依据中医基础理论，为这家饭店设计一张宣传海报。

2. 分析康美药业广告作品《菊皇茶语》的创意亮点。

第三章 游云惊龙·汉字与创意设计

第一节

汉字的产生

众所周知,文字是社会文明的一部分。在我国,关于早期文明的起源有许多传说,人们在对其的高度崇拜下塑造了许多神话形象,并使他们具备着某一方面的超人特点,如神农氏、女娲、后羿、仓颉、伏羲等。其实,这都体现了先民对早期智慧的崇拜。

通过近年来的考古发现,从出土的大量文物中人们看见,在一些陶器上刻有一些奇怪的图形,由于这些图形能够描绘事物的形状,被称作象形字(陶文)。这些象形字的字体在结构上与甲骨文比较类似,但更具符号特征,在出现的时间上比甲骨文早了千年,由此人们认为这些"象形字"就是我国发现的最早的文字。

在原始社会,为了躲避野兽的侵袭和进行集体的生产劳动,人类只能群居生活在一起。在日常劳作和生活的过程里,为了交流思想、传递信息,产生了原始的语言。可这些语言根本不能保存下来,人们也不可能长时间地记在大脑中,更不能传播到远处,而人们又必须将这些信息保留下来或传递出去。为了满足这种交流的要求,一些原始的记录方法,如"结绳记事""契刻记事"就应运而生了。

一、结绳记事

在产生文字之前,人们为了帮助记忆,采用过各种记录方法,使用较多的是结绳记事和契刻记事。中国古文献中,有关结绳记事的记载也有不少。

比如,《周易·系辞下传》中记录:"上古结绳而治,后世圣人易之以书契。"后来,汉代郑玄在其《周易注》中也提到:"古者无文字,结绳为约,事大,大结其绳;事小,小结其绳。"从这些古文献的记载中可以看出,早期人们就是用这种方法来记录事件的(见图3-1)。

二、契刻记事

契刻是指在木片或石片上画图案。这种方法最早用来表明数字

图3-1 结绳记事

用。"契"就是在竹简或木片上画上一些图案,使其具有某种约定的含义(见图3-2)。原始部落的人们在达成某种约定关系时,就是利用这种方式作为凭证的。后来又在这个基础上进行不断改进,把"契"从中间劈开做成可以合在一起的两部分,一方拿一半,在进行交易时查看两块"契"的吻合度作为凭据。

从世界范围看,无论是结绳记事还是契刻记事,又或是其他类似的方法,各民族都有使用过的证明。即便是在现代,一些不发达的地区,比如南美洲的一些土著民族,仍在使用绳子打结或以不同颜色绳子记录发生过的事情。在我国南方的一些地方,直到宋代仍在用结绳记事的方法。

但早期的记事方法毕竟有着太多的缺陷,只能简单表示或记录数字的某种含义,既不能详细记录事件的发生发展过程,也不能像文字一样使人们进行思想交流,因此,它只是文字产生前的一个孕育阶段。

图3-2 原始的"契"

三、图画文字

由于结绳记事和契刻记事在使用上的局限性,人们不得不采用一些其他方法来记录事件,如用画画的方法来描绘事物的形状和人们的动作行为。《中国文字学》中说:"文字的产生,本是很自然的,几万年前旧石器时代的人类,已经有很好的绘画,这些画大抵是动物和人像,这是文字的前驱。"这说明早期人类在记录事情的时候就是通过画的方式,慢慢地,这些具有事物特点的图画演变成了字。比如,有人看见一只狼,就在地上画出狼的形状,大家看见后为这幅图画取名叫"狼";画一只兔子,人们称它为"兔"。时间久了,这样的图画被人们约定俗成,成为图画和文字之间的符号。这种方法被人们普遍接受,使用得越来越频繁,图案也越发简化,从而导致文和图的分家,图画文字慢慢发展为象形文字,这就是文字之初(见图3-3)。

图3-3 图画文字

四、仓颉造字

有关文字的产生有一个神奇的传说:据说文字是被一个叫作仓颉的人创造出来的。仓颉是黄帝的史官,在黄帝统一华夏族之后被委以重任——造字,因为黄帝认为过去的结绳记事方法已经不能满足日常记录的需要。仓颉领命之后专心从事这项任务的研究,但苦于没有思路,任务毫无进展。直到有一天,一件从鸟嘴里掉下来的东西给了他启发:那是一个印有动物蹄印的物件,猎人告诉仓颉这种蹄印是貔貅特有的。由此,仓颉抓住万物的特点来画图,从而造出来了许多像画的字,并将这些所谓的文字传授给各部首领。于是,文字就这样被人们认识并使用起来。

上述这些虽然都是传说,但却也不无道理,即文字从画中来。文字是人类社会文明发展到一定阶段的必然产物,也是原始先民在长期劳动实践中获得的,它不应是由某一个人单独发明创造的。

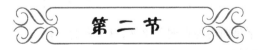

第二节

文字字体的演变历史

汉字的发展和演变,大致经历了如下的历程:由最早的甲骨文到秦代的篆书再到汉代隶书,之后成熟于草书、楷书、行书这三种字体(见图3-4)。发展到今天,人们常见和使用的仍是楷书、行书、草书三种,但在各种书法作品展中也能看到篆书和隶书的身影,这种变化是随着劳动生产和日常生活的需要而进行的演化。

从总体上看,汉字形体的演变大致可以分为两个阶段,即古文字阶段和今文字阶段。前一阶段是从殷商时期到秦汉,后一阶段是从汉代开始一直延续到现代。

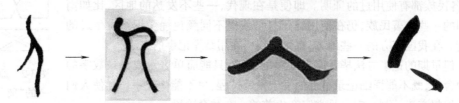

图3-4　甲骨文、篆书、隶书、行楷的演变过程

一、甲骨文与金文

甲骨文是商代出现的,由于它是刻在龟甲、兽骨上的文字而得名,最初是用来占卜并记录占卜结果的。那时候的人将龟甲和兽骨放在火中炙烤,然后观察其上的纹路,不同的纹路代表不同的结果,最后将结果标注其上,甲骨文就是这样来的。有的刻上的文字还要在刻痕里填满朱砂,但是由于年代久远,并且字体和当今相差太多,今人实难辨认。不过经考古发现的甲骨文有4000多个,经过当今的文字学家和考古学家分析,能够辨认的有近2000个。这些文字的特点是笔画繁复,亦图亦画(见图3-5)。

金文是在甲骨文之后出现的字体,顾名思义,这是一种铸造在青铜器上的汉字,又称青铜器铭文或钟鼎文(见图3-6)。现今发现最早的青铜器铭文是商中期以后出现的,笔画都很简单,近似于甲骨文。

图3-5　出土的甲骨文　　　　　图3-6　古兵器上的金文

最有代表性的金文字是西周的青铜器铭文,这种器物上的文字和甲骨文相比长且完整,字数最少也有数十字,而有的则有数百字之多。

刻在青铜器皿上的文字内容主要是记录部落间战争的爆发或期间的盟约、大臣的任命、国家的祭祀庆典之类的重大事件,主要是为了将这些结果长久地保存下去。现存字数最长的青铜器铭文是刻在"毛公鼎"上的,全文有500字之多(见图3-7)。

图 3-7　毛公鼎拓片

二、篆书

篆书按出现的时间先后可分为大篆和小篆。在西周后期,大篆出现。大篆的发展有以下特点:

第一,线条化。早期的文字一般笔画都是粗细不匀称的,发展到大篆这个时期,文字的笔画已经发生了改变,变得均匀,同时字形变得简化易写。

第二,规范化。字形结构越来越整齐,已经不再像图画,字形的波磔已经出现,是我国汉字的基本样式——方块字的基础。

大篆的真迹代表是"石鼓文",这是一种刻在像鼓一样的石墩上的文字符号。经考古发现这种文字是我国最早的刻石文字(见图3-8)。

小篆出现在秦始皇统一六国后。由于战国时期各诸侯国各自为政,发行自己的货币,使用各自的文字,各国间交往困难重重。秦始皇为了在统一的国家内统一人民的思想,进行了众多改革,其中文字的统一事项他交给了丞相李斯负责,李斯在金文和大篆的基础上改进出了小篆,当时也称为秦篆(见图3-9)。

石鼓文,战国
（403 B.C.—221 B.C.）大篆

图 3-8　石鼓文

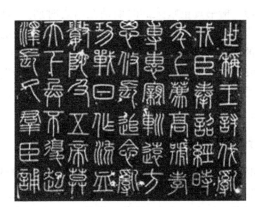

图 3-9　小篆

三、隶书

由于李斯改进小篆的写法苛刻,不易于认写,后人将其改进成了隶书。隶书相传是秦代程邈在狱中研究所得。他因得罪了始皇帝而被投入云阳狱中,在狱中研究了十年,改进小篆字体,创造了3000个隶书字体,最后被秦始皇认可并使用。

文字最终在西汉完成了由篆到隶的过渡,字体形状由竖长变成扁平,线条波磔也更加明显(见图3-10)。

隶书在产生和发展过程中主要可以分为秦隶和汉隶两种。秦隶出现在秦代后期,样式不够成熟,属于早期阶段;汉隶出现在西汉,已经是成熟的隶书字体形式。我们常说的隶书,是指汉隶中的一种形式,叫作"八分"隶书,它字形上优美柔和,便于书写,因此能得到长期的使用。隶书的出现使汉字的发展又前进了一大步,令汉字的字形更趋于方正。

图3-10　西汉《莱子侯刻石》

四、楷书

隶书发展到汉末,已经经过了200多年,等到了三国时期,由于隶书写起来还是不够方便,辨认也不是很简单,它的地位就开始下降,之后又出现了一种新的字体——楷书。

由于字体的演进过程是复杂而反复的,所以很难说楷书到底是谁创造出来的。现存的古文献中也没有对楷书的规则的限定标准,只有钟繇的《贺克捷表》作为最早的楷书作品被后世之人参考和学习。楷书真正繁荣的时期是在隋唐时期。隋代将南北朝文化兼容,至唐初期,政治稳定,经济繁荣,讲究中正的思想,影响到字体的发展,从而使规矩严谨的楷书迎合了广大士族阶级的心理,成为时代的正统。等到中唐时期,随社会思潮的发展,楷书字体的发展有了新变化,这个时期出现了以颜真卿为代表的书法大家,为楷书制定了新的标准(见图3-11)。

图3-11　颜真卿《多宝塔》

五、行书

魏晋时期,士族阶层的生活在极大程度上提倡"雅量",在艺术上追求的是中和居淡之美,具有一种隐逸的思想,表现在文字的书写上,除了中正的楷书外,还有飘逸的行书。

这个时期书法大家辈出,最有名的是"二王"王羲之父子,其中王羲之与朋友聚会之后兴致所至,创作的作品《兰亭序》,被后世称为"天下第一行书"(见图3-12)。

六、草书

汉字的字体发展总是在表意明确、易于区别的前提下,向简便易写的方向发展,而汉字简化的方向也和人类追求精神自由的方向相一致。

在盛唐时期政治、经济发展的顶峰状态下,人们追求的是一种自由的精神。在这种精神的影响下,文字的书写也向着潇洒、奔放的方向演进。这一时期流行草书这种肆意张狂的字体,代表人物是张旭和怀素和尚(见图3-13)。至此,中国的字体形式全部确定了下来。

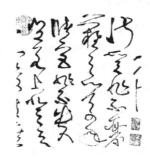

图3-12 《兰亭序》王羲之　　　　图3-13 张旭的草书

从汉字的发展及演变过程来看,篆、隶、楷字体的结构被赋予了更多的限定性,是一种不自由;相反,行书、草书的出现象征的是自由的精神。草书最大的特点就是在书写时便于作者把情绪和感受都安放到抽象化的线条中,从而使人在精神上得到解放。

第三节

汉字的结构及其演变精神

我国的每一个汉字都有其内在的生命力和想象空间,它们的精神经过了2000多年的演变,独具神韵。这种生命力的表现要借助人们所擅长的方法和工具,在笔画的构建里体现出一个个汉字灵活的筋骨血肉。

优秀案例欣赏

百川装饰事务所标志设计

深圳市百川装饰设计工程有限公司标志设计,其设计理念源于中国的窗花,圆形的镂空部分为企业名称首字——"百"巧妙变形而成,加深了受众对企业名称的印象,易于打造持久性品牌形象,再巧妙利用中国红的颜色,力争通过标志设计展示中国最具影响力的品牌(见图3-14)。

图3-14 百川装饰事务所标志

文化知识疏解

汉字的生命通过抽象的笔画使人们在想象中体会到客观形象的生命力。文字的书写对于点画线条就犹如建筑之于梁柱结构,每一个汉字都体现了一种梁柱构建的抽象化。中国建筑重视"梁"的搭建,有了梁,就能产生空间观念,实在的线条和虚无的空白都是汉字的组成部分。这就是所谓的有无相生、虚实相生。

一、对称和秩序

在建筑群的布置中强调中轴线,甚至整个城市的规划几乎都有中轴线,这是一种奇特的建筑结构方式,在世界上都是独一无二的。在城市的建设布局中,有了这条线,那些次要的排列线条才能体现一种秩序。比如唐代的坊、宋代的巷,都体现了一种主次秩序关系,都是根据建筑的重要性,划分不同位置。

中国文化体现的是人的生命特质。首先,人体是对称的,所以供人居住的建筑设计也要对称的。当然,建筑上对称是以中轴线为标志的,而中轴线则是一个观念上的存在,是一条隐含的、抽象的线。与此相似的建构方式,体现在汉字中的篆书、隶书、楷书三种字体比较接近的这种特点,因为它们的书写构建上也有一条隐含的对称线。

就以中轴线的"中"字为例,这个字用一个简单的长方形在中间搭建一条直线,就像对称的长方形建筑物,左右两边是对称的。我国的传统建筑代表——宫殿,从古到今都是遵循着这样的一种建造模式:一条中轴把一个个长方形串起来。例如故宫,如图3-15所示。

图3-15　故宫

二、秩序与无序

汉字的结构和布局特点是秩序,秩序是对情感的约束,它牢牢地将每个灵魂紧紧地禁锢在中心,显示出一种正统。

图3-16中记载的是宋代《三礼图》的理想王城建造,横平竖直、井井有条,体现了王城建筑的威严,是一种理想状态。这种模式借鉴到文字的书写中,开创了九宫格的书写布局(见图3-17),即将文字作为中心,由此向四周扩散,在严谨中体现出一种大气。

与此相对的,不少人认为真正伟大的秩序是不应该扼杀自由的。从这种意义上说,秩序也在制造着于不平衡中寻求一种生命的欢快。如图3-18所示,雪中凉亭的飞檐挑向了无尽的虚空,给人的心灵伸展在秩序之外腾挪了空间。

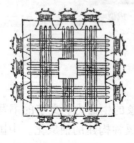　　

图3-16　三礼图　　　　　图3-17　九宫格　　　　图3-18　雪中凉亭

三、宛自天开

我国的私家园林与宫殿和民宅强调的秩序特点不同,它强调的是一种散淡的自由。我国汉字的形体与传统建筑有以下的对应方式:

(1)宫殿和民宅:楷书、篆书、隶书对应着儒家思想的体系,追求的是改变自然。
(2)园林:行书、草书对应着道家思想,象征着回归自然。

汉字布局与建造私家园林的思想相似。如黄庭坚的草书,布局往往不在一条直线上,却有堆叠假山的妙处,使他的书法独具神韵。图3-19为假山与黄庭坚的《诸上座帖》的布局对比。

图 3-19　造园与书法

四、生命的灵动

中国建筑中存在着一种飘逸之美,比如可以体现在屋脊造型上的曲线运用,在房屋的翼角上挑起长长的弧线,指向天空(见图3-20)。这种建筑风格在唐宋时代的建筑中尤为突出,被称为"凤的建筑"。

中国人向来崇拜鸟,其中鸟中之王的凤是人们对其崇拜的顶点,无论在物事器皿还是在服饰中都有大量运用。在象征王权的殿堂建筑中,更竭力体现了这种匠心,即常常采用一殿两阁的格局。这与西方传统建筑特点是完全不同的。

中国书法中的隶书,就体现了一种动态的姿势,仿佛每一个文字都长出了翅膀,准备着一飞冲天(见图3-21)。

图 3-20　凉亭

图 3-21　隶书作品

第四节

汉字书法艺术

书写汉字讲究技巧,因此,书写者的人文关怀也蕴含在里面。渐渐地,这种技巧生成了一种艺术形式,即汉字书法。当然,书法的演变也是随着汉字的发展而进行的。在汉字刚产生的时候,它与画相似而不像字。所以,当欣赏书法作品时不仅要用眼看,还要用心去体悟它的内在情志。

优秀案例欣赏

《兰亭序》是书法大家王羲之的代表作,他的文字风格飘逸、流畅,在整幅作品中下笔如神,字里行间透出一股如水般的潇洒和雄健笔力(见图3-22)。最为后人称道的是全文21个"之"的写法各不相同,却都灵动感人。

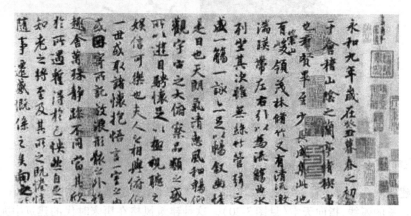

图3-22 《兰亭序》局部

文化知识疏解

一、书法的含义及其特点

(一)何为书法

书法并不是世界上所有文字都具有的书写艺术形式,只有汉字、阿拉伯文字、蒙古文字、日文、朝鲜文等少数几种文字在漫长的演变过程中才体现出了一种特殊的文化表现形式。本节只研究中国的汉字书法。

汉字的书法是中国汉字独有的,并且这种艺术大大影响到了周边国家的文字写作方式。广义上,书法是指根据文字的含义和字形的特点,用特殊的书写工具来表现文字美的一种书写规则;狭义上,书法只是指用毛笔创作书法作品时的技法,既包含文字的字体选择,也有如何运笔、如何构建优美的结构等内容。

汉字书法发展到今天享誉全球,是世界体验中国传统文化的一种绝好方式,被誉为"无言的诗,无形的舞,无图的画,无声的乐"。

(二)汉字书法的特点

"婉若银钩,漂若惊鸾""矫若游龙,疾若惊蛇",概括了汉字书法所表现的生命力以及人们对生生不息的宇宙精神的追求。同时,它还与中国其他门类的艺术(如诗、书、印、乐、舞)有着密切关系。

二、汉字书法的形成与发展

汉字书法是一门古老的艺术,从考古文物的发掘情况大致能看出,书法始于8000多年前黄河流域陶器文的书写,之后生成了甲骨文和金文这两种汉字的雏形,接着演变为较为成熟的大小篆和隶书,是方块字的始祖,最后定型于草书、楷书、行书这三种字体,并一直使用至今。

书法艺术的发展与中国社会政治、经济的发展同步,强烈反映出每个时代的文化风貌。纵观书法史的进程,基本有这样几个发展中的特色朝代,具备了"晋人尚韵,唐人尚法,宋人尚意,元明尚态"的风格。

(一)史前——书法的起源

最早书写出来的文字符号出现在陶器上,反映了原始先民们对自然物体和发生事件的描绘,由于当时的智力水平有限,这种符号体现的只是模糊的概念,并不具备明确的含义。最早出现的文字符号是在距今8000多年前,它具有远古先民们记录事件和图案装饰的功能,后世的文字都是在它的基础上演进发展而来的。而中国文字的真正起源是距今约6000年前出现的,著名的半坡遗址曾经出土过一些原始人类的遗物,比如彩陶、瓦盆等,有很多上面刻画着一些类似文字的符号,当然它们已经和最初的用来装饰用的花纹不同了,是真正意义的文字。

原始文字的书写,最早本着一种模仿的功能,抓住某个事物具体的特点,同时也表现了原始人类的审美观点,从这个意义上来说,这种书写已经算是书法了(见图3-23)。

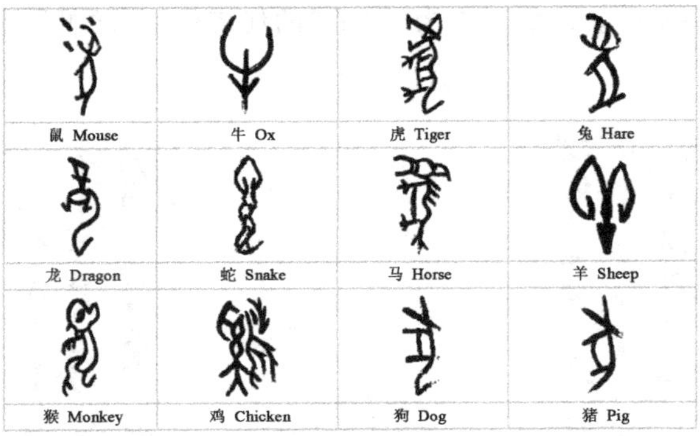

图3-23 原始文字

(二)秦代:开书法的先河

春秋战国时,各国文字都不统一,使国与国之间的交流受到了很大的影响,再加上各国的钱币、衡器等的制式和标准各不相同,严重地阻碍了经济发展和文化的进步。这种局面最终被秦始皇统一国家而改变。在建立了中央集权制国家之后,秦始皇做了许多重大改革,在文化协同发展的举措中,他任命丞相李斯主持对文字的改革,力争改变长时期各地区人们交流不便的情形,于是秦篆被创造了出来,它的基础是金文和大篆(见图3-24)。做出了伟大贡献的李斯是当时书写秦篆的代表书法家。

西汉时期,由于篆书写起来太过费时费力,并且许多人辨认起来很吃力,就由从事史书记载工作的史官将其改进为隶书,字体由纵变横,笔画简化,线条由圆转变为波磔,为进一步进化为楷书做好了准备。

(三)魏晋南北朝时的书法

三国时,隶书渐渐发展出楷书,楷书成为又一主体,也是在这个时期,楷书进入刻石阶段。《荐季直表》《宣示表》(见图3-25)是三国时期楷书的代表作品。

图3-24　泰山刻石　　　　　　　图3-25　《宣示表》

魏晋时,士族阶层对书法的发展起到了强大的推动作用,他们追求的是中和恬淡之美。人们普遍认识到书写文字有一种审美价值体现在这一文化创作里面。

最能代表这一时期书法创作特点的当属"书圣"王羲之,他的《兰亭序》写于一次春日的文人集会,笔画布局之中具有"翩若惊鸿,矫若游龙"的动态美,被誉为"天下第一行书"。其子王献之也是行书创作的大家,他的代表作《洛神赋》创造了"破体"与"一笔书"两种书法技巧,堪为书法史上的一大贡献。图3-26为"二王"的代表作"三希帖":《伯远帖》《快雪时晴帖》《中秋帖》。

a)《伯远帖》　　　　b)《快雪时晴帖》　　　c)《中秋帖》

图3-26　"三希帖"

南北朝时期的书法可分为两个流派,总体来说,北朝流行刻碑,而南朝的书帖更具特色。但不管是哪一流派都各具风格,北派代表作品有《张猛龙碑》(见图3-27),南派代表作有《真草千字文》。北朝褒扬先世,显露家业,多为刻石,风格上有北楷南行、北雄南秀的差异。

(四)隋唐五代:书学鼎盛

隋至初唐:隋统一后,将南北朝的文化艺术融合在一起,为唐代文化艺术的发展打下了坚固的基础。到了初唐,英明的君主打开了一种政治稳定、经济渐向繁荣、文化兼容并蓄的艺术发展环境。在这种良好的环境中,书法艺术也走向了一个新的发展高度。初唐的书法作品以楷书为正统,给人一种建朝初期的严肃感。

中唐时期:这是唐代经济最为繁盛的时期,因此也极大地带动了社会文化的繁荣。文人具有更多的自由发展空间,当时的书法艺术也与文人追求精神自由和个性解放的心理状态一致。因此,象征个性奔放的狂草(见图3-28)和稳中存性的行书很是流行,但楷书仍具有一片广阔的天地,著名楷书书法家颜真卿成为楷书界的一大代表。至此,全部书法文体都确定了下来。

图3-27 《张猛龙碑》

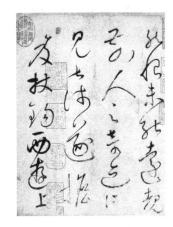

图3-28 狂草作品

补充资料:

怀素(725—785),盛唐时期著名的狂草书家,字藏真,法号怀素,永州零陵人。年少时对佛教思想特别感兴趣,后来终于出家当了和尚。但他性格独特,十分喜好饮酒,并且能在喝醉的时候将一手狂草挥洒到极致,因此成为一代狂草书家。他的运笔流畅奔放、苍劲有力,与同时代的另一位草书家张旭齐名,称"颠张醉素"。

晚唐和五代时期:晚唐时期,各地割据纷争渐起,大唐王朝的盛世局面被打破。开平元年,朱温称帝,建立后梁,后又经历了后唐、后晋、后汉、后周四个不断更替的朝代。南唐后主李煜的书法有一定造诣,如图3-29所示。由于各国国势衰弱和常年战乱,文化艺术也受到很大影响,造成了凋落衰败的总趋势,而唐代整饬严谨的书法风格已告结束。

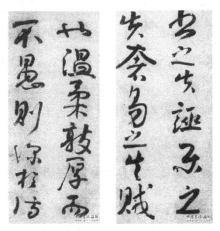

图3-29 李煜作品

(五)宋朝的书法:尚意

宋朝书法的发展在总体上具有一种写意的特点,这一特点也是受当时学界正统思想程朱理学的影响所致。如果说隋唐时期书法界崇尚的是写字运笔的章法，那么到宋代，则是以一种崇尚写意抒情的新面貌出现在世人面前的。文人的书法创作一般重视哲理性，这就要求其具备学识，即"书卷气"，同时也倡导个性化和独创性的创作特点，还要讲究性灵的抒发，注重对意境的表现。

宋代书法界颇具盛名的为"北宋四家"，即苏轼、黄庭坚、米芾和蔡襄。他们一改唐代以楷书为主的面貌，秉承的是一种文治潇洒的风格，但具体来看，他们的书法风格又各不相同：苏轼、黄庭坚、米芾的创作领域在行草、行楷，蔡襄则在楷书领域颇有心得，如图3-30 ~ 图3-33 所示。

图3-30 苏轼作品

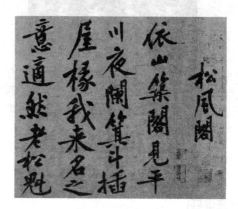
图3-31 黄庭坚作品

图3-32 米芾作品

图3-33 蔡襄作品

补充资料：

苏轼擅长行书、楷书，早年学习的是晋代和唐五代的名家，学成后加入自己特色，自成一家。他在运笔上跌宕起伏，字体丰腴烂漫。他曾自己说："我书造意本无法。"又说："自出新意，不践古人。"

黄庭坚喜好写大字行书，笔力苍劲，在字体结构上几乎每一字都会有一笔夸张的长画，形成中紧四散的结字方法。他是北宋书坛杰出的书法家代表，与苏轼共同成为一代书法风格的开拓者。

米芾的书法创作要求是在变化中达到统一，也就是说做到融合笔锋的露与藏，合理处置笔画线条的肥与瘦，注重行文结构上疏与密的搭配，重视整体布局兼顾细节的表现，在书写过程中讲究个性的发挥。

蔡襄擅长正楷、行书和草书，其风格端庄浑厚、秀丽柔美，令人有如沐春风的柔和之感。

(六)明代书法:尚态

第一阶段——明初期:"台阁体"盛行,严肃工整的小楷仍是这一时期的主要书法创作字体,"二沈"(沈度、沈粲)的书法被推为科举的典范。除此之外,明初书法家还有开国元勋刘基,他以行书和草书闻名;宋濂的小楷和宋克的章草也被同时期的文人所追逐和称赞。

补充资料:

宋克的书法风格讲究随意恣肆,有时气贯长虹,带着十分明显的"侠义"之气,有时又端庄遒劲。他早年学习时多从名家,在楷书方面学的是钟繇,行书上临"二王",草书宗皇象。他的小草和章草在当时名噪一时,为时人追捧。图3-34a为其小草作品,图3-34b为其章草作品。

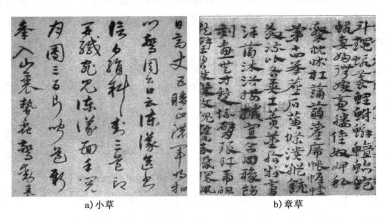

a)小草　　　　　b)章草

图3-34　宋克作品

第二阶段——明中期:崛起了"吴中四家",即祝允明、文徵明、唐寅、王宠四人,他们学习的是晋代和唐代的挥洒浪漫之风,书法特点开始向崇尚字态的方向发展。这与当时思想的解放有关,书法由此迈入崇尚个性化的新境域。

第三阶段——明末期:书法界追求的是振聋发聩的视觉效果,在运笔上讲究侧锋取势,挥洒自如之下形成满纸烟云。在这种书法风格的影响下,曾经建筑在先代基础上的传统书风逐渐被取代,这一时期的代表书法家有张瑞图、黄道周等。

(七)清代书法:抒情扬理

明末与清代的书法,以抒情扬理为特点,发扬理性与追求个性相结合,将正统的古典美学和崇尚个性的新美学并举。愤世嫉俗的风气在清初进一步发展,表现出内在生命和一种难以抑制的情绪。这种书法特点在"扬州八怪"的身上有很强的体现,如图3-35所示为郑板桥的《难得糊涂》。

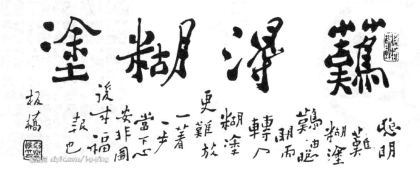

图3-35　郑板桥作品《难得糊涂》

第五节

汉字字体设计

语言是人与人之间交流思想和传达情感的手段,文字负载着记录语言的重任。语言主要通过声音作为传达和表现的方式,文字借字形和字意记录所观所想,中国的汉字将三者结合在一起,用形体、声音蕴含意义。意美达到心理审美;音美造成听觉审美;形美给人视觉的美感。字体设计正是将这"三美"结合在一起的设计。

优秀案例欣赏

设计内涵分析:图 3-36 是 2011 年海峡两岸举办汉字艺术节的宣传海报,将毛笔书法的基本笔法"永字八法"与京剧脸谱元素相结合,充满了浓郁的中国传统文化气息。

文化知识疏解

在现代设计中,为了表现某一特定的设计理念或引起人们视觉上的注意,往往会使用不同的艺术表现手法,根据汉字自身的含义将其进行富有独特韵味的修饰和改造,从而形成了极具视觉冲击力的字体形象。这种文字形象在一定程度上摆脱了字形和笔画的约束,可以根据文字的内容与视觉效果的需要,利用丰富的想象力,灵活地组织字形,并艺术地加以夸张,使文字更加醒目且具有感染力。具体的字体设计方法如下。

图 3-36　字体设计海报

一、表象装饰设计

此设计方法是根据一个字或一个词的意思,从文字笔画的形状特点进行变形,从而制造出半文半图的"图画文字"。这种方法设计出的字形在传达信息方面有直观的特点,具有"情态美"与"体势美",如图 3-37 所示。

图 3-37　表象装饰设计案例

二、意象构成设计

意象构成设计是指在文字的基本含义之下借助丰富的想象力,使文字的内涵通过视觉化的抽象手段将自身的意象和风格体现出来,从而将内在的意蕴和外在的视觉形式进行和谐完美地融合,让人一眼就看出设计的内在风格,如图3-38所示。

这种字体设计方式使设计作品蕴含了更多的现代设计思想,也赋予了文字本身意义之外的强烈思想和感情,它用丰富的想象力展示出变化的文字图形,远远超出了具体的"形似",进而形成抽象的"意"。

三、传统书法设计

中国传统书法早已有一套完美的书写技法与审美体系,完美的书法作品不约定图形排列形式,只求整体的协调。这在汉字字体艺术设计中运用非常多,如图3-39所示。

图3-38 意象构成设计案例　　图3-39 传统书法设计案例

四、现代书法设计

现代书法设计是近年来汉字文化兴起的汉字表现艺术,它既承用了传统书法艺术的书写方法,又融入了字体设计、图形设计、抽象绘画和构成艺术的处理形式,看起来既像书又像画,是汉字图形极富现代风貌的表现样式,如图3-40所示。

五、民间字体设计

在文人雅士创造了优秀的书法体并创作了无数书法作品的同时,民间的艺人也在他们的聪明才智中创造出了无数充满艺术表现力和视觉美的图形字体。这种设计形式和生产劳动、贸易流通等活动密切相关,是民俗文化

图3-40 现代书法设计作品

与日常生活形态的反映。在表现形式上具有浓郁的装饰性,效果十分丰富,比如蝌蚪文、鸟虫篆、剪纸文字、瓦当文、钱币文、年画字等。

1. 鸟虫篆

鸟虫篆是一种盛行在春秋中期至战国时期吴越、楚一带的一种特殊文字,分为鸟书和虫书(见图3-41)。鸟书的字形就像一只鸟,它将文字与鸟的形状融合在一起,也可以在字的笔画中添加鸟形状的笔画作为装饰,这种文字图形常常在一些兵器上作为装饰,当然其他一些容器、玺印上也有,在汉代礼器、印章乃至唐代碑匾上也可见。

虫书的样子更加奇特，它的笔画蜿蜒屈曲，笔画中间鼓，两端尖垂，就像一只弯着身体的虫子。虫书多装饰在室内的容器和士兵的武器上，在战国玉玺和汉代青铜器、屋顶的瓦当上也能看到它的身影。

2. 瓦当文

"屋瓦皆仰，两仰瓦之间，上覆半规之瓦，名为瓦当"，记录的就是瓦当（见图3-42）。一般来说，瓦当上都刻有文字和花纹，这种文字就叫作瓦当文（见图3-43）。瓦当文的字体多为小篆，但也有隶书的，字形富于变化，随势屈曲，挺拔苍劲。一片瓦当上的字数有多有少，有单字的，也有一片瓦当上十余字的，内容多是吉祥福语，如"延年益寿、千秋万岁"等，也有写宫殿、陵寝、庙宇、道路名称的，如"羽阳千岁瓦、兰池瓦"等。其中四字的瓦当文居多，如"百岁千秋""长乐未央"，也有字数多的，如"维天降临，延元万年，天下康宁"。

图3-41　鸟虫篆

图3-42　瓦当

图3-43　瓦当文

3. 钱币文

顾名思义，这是一种铸造在古钱币上的文字，主要显示的是钱币的流通时间，字体也随着朝代的变迁而改变，篆体和楷体是最常见的（见图3-44）。

图3-44　泰和重宝和咸丰通宝

4. 年画文字

在传统节日或婚庆期间，为装点喜庆祥和的气氛，或在日常生活中求福祉，民间流行贴年画。年画的内容多是人，如神仙、圣人等，与"福、禄、寿、喜"这些祥瑞字眼的组合。这种组合表现了民间艺术家对汉字的创意设计，也成为当今字体设计的宝贵来源（见图3-45）。

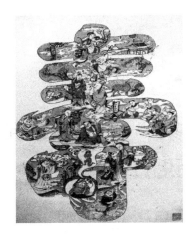

图 3-45　年画文字——字与画的结合

项目设计剖析

中国印——2008 年北京奥运会会徽（见图 3-46）

图 3-46　2008 年北京奥运会会徽设计

　　这枚会徽的造型融合了中国传统器物印章的特点和现代标志设计于一体，设计结构合理，图文搭配充满动态的神韵，含意为"舞动的北京"。主要是对汉字符号"京"的设计，颜色上选择了中国红这种传统印泥颜色，更加强了中国元素的表现。其整体看起来热情、奔放，充满生命力，具有美好未来希望的象征，也体现了北京举办奥运会的人文关怀色彩。

项目设计实训

1. 运用所学的知识为自己设计一张名片。
2. 选择恰当的表现季节的诗词，绘制一张书签。

第四章 巍峨气象·传统建筑与创意设计

第一节

帝王宫殿与陵寝

我国自古地大物博,历史文化源远流长,其中衣食住行的文化是很有代表性的,显示了传统文化的发展脉络。关于"住"的文化——建筑文化的发展独具一格,直接影响着当今中国社会的建筑审美特点。

我国是一个统一的多民族国家,由于各民族所在地的风貌和风俗习惯不同,形成了多种多样的建筑艺术风格,但由于受到汉族文化的影响,在建筑文化的某些方面也有着共同的特点,因此使得中国的建筑文化异于西方。我国的古建筑类型很多,如宫殿、民居、寺庙、园林等,都显示了古代劳动人民高超的技艺和智慧。不同的建筑类型有不同的风格,既表现了中国人改造自然的独特方式,又体现了与天地共处的精神。其中的建筑代表为帝王宫殿。

文化知识疏解

支配中国古代社会发展的哲学思想为儒、释、道三家,其中儒家思想最为核心,它体现在中国人的生活和劳动的方方面面。古代建筑文化自然也深受儒家思想的影响,形成的是一种讲究尊卑和秩序的风格。它用一种由中心向四周扩散的格式来具体体现,因此在传统建筑布局中都存在着一个中心,即中轴,由此可见,中轴上的建筑是重要建筑,其周围的建筑是次要的。这样的建筑结构表现了上位者唯我独尊的心理,如秦始皇陵、北京故宫和曲阜孔庙。

一、秦始皇陵

秦始皇陵修建于公元前246年至前208年,前后历时39年,是我国历史上第一座设计完善、规模庞大的帝王陵寝。内外两重夯土组成城垣,是都城的皇城和宫城的象征。陵冢位于内城的南部,呈覆斗的形状,高51米,底边周长1700多米。史料中记载,秦始皇陵中建有各式宫殿,陈列着多种奇异珍宝。在其四周分布着许多构造各异的陪葬坑和墓葬,其中有举世闻名的"世界第八大奇迹"——秦始皇兵马俑(见图4-1)。

秦始皇陵在地势上南依骊山,北临渭水,分为陵园区和从葬区两部分,陵园占地8平方千米,陵墓呈方形,墓顶平坦,腰部略呈阶梯状。布局上以封土堆为中心,四周分布众多陪葬。

图 4-1　秦始皇兵马俑

1. 仿建咸阳

秦始皇陵是我国历史上第一座皇帝的陵园,本着"事死如事生"的原则,仿照秦国当时的都城咸阳布局来建造,封土为中心,内外两重城垣,城垣四面设高大的门,形制为天子的三出阙,是国家颁布政教法令的地方(见图4-2)。

图 4-2　秦始皇陵效果图

宏伟壮观的门和寝殿建筑群,以及600多座陪葬墓、坑,构成了地面上秦皇陵墓的完整形态。

2. 构造特点

整个陵园分为四个层次,以地下宫城为核心,其他依次为内城、外城和外城以外,主次分明。秦始皇陵的地宫位于内城南半部的封土之下,相当于秦始皇生前的"宫城"。

其次是内城。内城是秦陵园的重点部分,内城城垣内的地下设施最多,尤其是南半部最为密集;北半部的西区是附属建筑区,东区是后宫众人的陪葬墓区。这种布局清晰地展现出南部的重点性和北部的附属性,尊卑鲜明,这两部均属于宫廷的范围。

再次是外城,即内外城垣间的城郭部分,西区的地面和地下设施最为密集,南、北两区尚未发现有遗迹、遗物。这种布局说明西区是重点区域,包含象征京城内囿苑和园寺、吏舍。与内城相比,外城的地位明显较低。

最后是外城之外的地区,包括三处修陵人员的墓地、砖瓦窑址及打石场等,北边有陵园督造人员的官署和郦都建筑遗址。这部分的地位最低。

3. 建筑影响

秦代"依山环水"的造陵观念对后代陵墓的修建产生了深远的影响。西汉皇帝陵墓,如高祖长陵、景帝阳陵、武帝茂陵等都是仿照秦始皇陵的风水思想选址的,以后历代陵墓的选址也基本上都继承了这种风水思想。

为了体现至高无上的皇家威严,也为了让自己在死后如同生前一样享有无上地位,秦始皇打破了之前人们祭祀先王不在墓地进行的传统。从他开始,第一次将祭祀用的寝殿建在墓地,将"寝"从宗庙里分出来,建在陵墓的边侧,使其活着的时候有"朝"和"寝"。死后也有"朝"和"寝"。这种形制对其后两千年的帝王陵寝制度产生了明显的影响。

二、故宫

北京故宫又叫紫禁城,它是明、清两代的皇宫,是我国传统建筑艺术的典型,也是现存世界上最大、最完整的古代木结构建筑群之一(见图4-3)。

图4-3 故宫

故宫始建于明代永乐四年(1406年),历经近15年的时间,才建成这座庞大的宫殿,距今已有600多年的历史。故宫的建筑规划及主要形式为"前朝后寝""左祖右社",最中心的宫殿有前朝三大殿:太和殿、中和殿、保和殿;后寝三宫:乾清宫、交泰殿、坤宁宫。

资料补充:

1. 前朝三大殿

太和殿就是人们所说的金銮殿,在故宫"三大殿"中居首位。它的台基高达5米,材质为汉白玉,显示了王权的至高无上。殿高36米,宽63米,面积为2380平方米。殿内正中一个大约2米高的地平台,上面设着象征帝王权力的金漆雕龙宝座,两旁立有蟠龙金柱六根。宝座正上方屋顶的藻井中悬有金龙衔珠,在天花板、房梁上都绘有"和玺彩画"。

太和殿后面是中和殿,这是一座单檐攒尖顶的方形殿。大殿四边各长21米,且都有三个房间。它的屋顶非常有特点,全部使用黄色琉璃瓦,四角攒尖顶,顶部正中有鎏金宝顶。这里是皇帝小憩的地方,有时候也在这接受内阁、礼部及侍卫等的朝拜。每逢各种大礼的前一天,皇帝也在此阅览奏章和祝词。

保和殿在中和殿之后,这是皇帝宴请王公贵族和文武大臣的地方。每逢除夕和元宵佳节,皇帝在此大宴群臣,场面甚是壮观。后来到了乾隆年间,三年一次的殿试也从太和殿搬到这里来举行。

2. 后寝三宫

乾清宫作为后宫规模最大的建筑,居后寝三宫之首。它本是明代皇帝的寝宫,从明初的皇帝朱棣至明末的朱由检,前后有14位皇帝曾在此居住。这里是明清两代皇帝的寝宫,平时处理政事也在这里,直到雍正以后才从此搬出。每年逢年过节,皇家在此举行家族宴,皇帝死后灵柩也停在此殿。

交泰殿在乾清宫后面,是明清时为皇后举办寿宴的地方。殿内存玉玺25块,西侧陈设乾隆年间造的自鸣钟,东侧为铜壶滴漏,清代的顺治皇帝在此下令禁止内官干预政事,并铸造了铁牌也立于此殿,时刻提醒后宫行事准则。

坤宁宫位于交泰殿后面,坐北面南,面阔连廊9间,进深3间,黄色琉璃瓦重檐庑殿顶。明代是皇后的寝宫。清顺治十二年(1655年)改建后,为萨满教祭神的主要场所。

作为皇城建筑,故宫从细节到整体都体现出封建皇室的权威。首先,就外观而言,故宫最引人注目的特点莫过于宫殿顶部的琉璃瓦,颜色分为青、黄、紫、蓝、翡翠等,无论哪种颜色都只准用在宫殿、王府、孔府的建筑上。民间倘若使用,就会被视作对王权的僭越,将受严惩。

除了琉璃瓦,陛石也是封建王权的象征。陛石是宫殿前的台阶,大臣们在觐见皇帝的时候只能远远地伏在陛石之下仰视,其象征着王权的威慑作用。

故宫最有特点的地方是其中轴对称的布局,从最南端的永定门开始,到北端的地安门,有一条长约7千米的中轴线,中轴线上的主要建筑是天安门、端门、午门及前朝三大殿,格局都是面阔九间、进深五间,表达天子为"九五之尊"的含义。

故宫宫殿内外的布局、各宫殿的名称传达了天人合一、克己复礼、阴阳调和的传统观念。不仅如此,故宫还严格贯彻了中国风水思想,其科学性和艺术性值得后人学习和研究。

第二节

古代园林与亭台楼阁

我们的祖先以一种富有情趣的方式构建了人与自然的和谐关系,这种关系是在人与自然的交流中产生的。自古以来,处理自然和人的关系一直是建筑设计中的重要问题,中国古典园林的设计在很大程度上能够启发当今的建筑设计。

北京香山饭店的院落设计

后花园是香山饭店的主要庭院,三面被建筑包围,朝南一面敞开,远山近水,叠石小径,高树铺草,布置得非常得体,既有江南园林的精巧,又有北方园林的开阔(见图4-4)。

图4-4 北京香山饭店的院落设计

非遗故事

秸秆的传奇

文化知识疏解

一、我国园林历史

我国传统园林的历史源远流长,有皇家园林和私家园林之分。早在商代,园林就已经有了今日的雏形,那时候称其为"园囿",在布局上只是圈一块地,养些野兽珍禽供贵族狩猎。

在秦汉时期,皇家园林在结构上形成了"一池三山"的形式,这种形式一直沿用到清朝。在西汉的后期,表现文人诗情画意的私家园林初步形成了。

隋唐、宋代时,园林的发展到达了一个高峰,宋代建成了著名的四大皇家园林——宜春苑、玉津园、琼林苑、金明池,并称"东京四苑"。

元、明、清三代是我国古代园林的成熟期,皇家园林由大到精,功能多,园内的建筑形式也很丰富,亭、台、厅、廊、榭的造型十分别致,可赏可用。此外,扬州、苏州一带的私家园林在这个时期也趋于完美。

二、皇家园林颐和园

颐和园,前身为清漪园,地处北京市西郊,距城区15千米,占地约290公顷[一],毗邻圆明园。它是在昆明湖、万寿山的基础上,仿照杭州西湖吸取江南园林的设计手法,建成的一座大型的山水园林。它也是现今保存最为完整的一座皇家行宫御苑,有"皇家园林博物馆"之称。

清朝乾隆皇帝继位前,在京郊一带建了四座大型皇家园林。乾隆十五年(1750年),乾隆皇帝为孝敬其母孝圣皇后,动用400万两白银在西郊将其改建为清漪园,形成了长达20千米的皇家园林区。咸丰十年(1860年),清漪园被英法联军焚毁。光绪十四年(1888年)进行重建,改称颐和园,作为皇家消夏游乐之地。

万寿山(见图4-5)和昆明湖是颐和园的两个主要组成部分,各种形式的园林建筑3000多间,基本分为行政、生活、游览三个部分。在结构上,颐和园与故宫一样,也是中轴对称的形式,中轴线上最有特点的建筑是佛香阁。佛香阁在万寿山的山顶,除它之外,中轴线上的建筑还有"排云门""二宫门""德辉门""众香界"以及"智慧海"。

颐和园园内山有万寿山,水有昆明湖,在湖上有小岛,岛上有桥,均仿照西湖进行布景(见图4-6)。在昆明湖的周围有彩绘长廊围绕,廊上有8000多幅画,人们可以边赏景边品画。

图4-5 万寿山

图4-6 颐和园的造园

颐和园的另一特色是建筑风格多样,它的建筑特点显示出多民族国家兼容并蓄的文化包容性。除昆明湖外,另一处仿照江南建筑样式建造的景观是苏州街,街上的民宅富有生活气息,满足了北方皇室对南方民间生活的向往。

一 1公顷=10000平方米。

三、私家园林拙政园

苏州的拙政园是典型的官商大宅代表，最初是由明代正德初年(16世纪初)的一位官场失意还乡的御史王献臣所建造。它是苏州最大的古园林建筑，也是我国四大名园之一(见图4-7)。

图4-7　拙政园

随着朝代的更替，拙政园的主人几经更换，园内景致也几度兴衰，直到中华人民共和国成立后，苏州园林局对其大加修整，使中、西、东三部合而为一，成为统一而又各有特色的名园。

拙政园的建筑布局，其东部称"归田园居"，是因明崇祯四年(1631年)园东部归侍郎王心一而得名。后由于归园早已荒芜，又全部新建，样式以平冈远山、松林草坪、竹坞曲水为主，配以山池亭榭，具有疏朗明快的风格(见图4-8)。

拙政园的中部是其精华所在，造园特点以水池为中心，亭台楼榭都是临水而建，有的亭榭直出水中，是江南水乡的特色。

以荷香比喻人品的"远香堂"是拙政园中部的主体建筑。它在水池南岸，隔池与东西两山相望，池中遍植荷花，山上林荫匝地，两山溪谷间有小桥和亭。西部水面迂回，依山傍水建以亭阁且布局紧凑。因被大加改建，形成了工巧、造作的艺术风格，起伏、曲折、凌波而过的水廊、溪涧是苏州园林造园艺术的佳作(见图4-9)。

图4-8　归园

图4-9　远香堂

从总体上看，拙政园的园林特点有以下三点：

一是以水见长。林木葱郁，水色迷茫，景色自然。池与湖的搭配，形成园林独特的个性。茅亭、竹篱、草堂与自然山水融为一体，简朴素雅。

二是庭院错落。与苏州其他园林一样，庭院占地面积较小，但通过园中园、多空间的组合及空间的分割渗透，突破了空间的局限，有小中见大的效果，获得了丰富的园林景观。

三是花木为胜。如倚玉轩、玲珑馆的竹，远香堂的荷，听雨轩的芭蕉，待霜亭的橘，玉兰堂的玉兰，听松处的松，以及海棠春坞的海棠，柳荫路曲的柳，嘉实亭的枇杷等，无不营造出中国园林文化的审美内蕴。

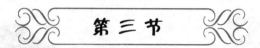

四合院与各地民居

在我国各地区不同的自然环境和人文环境下，各地民居显现出了多样化的面貌。民居建筑是我国传统建筑中的一个重要组成部分，也是古代建筑中民间建筑体系的中心内容。

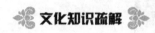

一、四合院

四合院是汉族的一种传统合院式的建筑类型，具体的格局为一个院子四面建有房屋，一般由正房、东西厢房和倒座房组成，从四面将庭院围在中间，故名"四合院"。

"四"其实是指东、西、南、北四个方向；"合"是指四面包围，形成的口字形结构。这种构造方式经过数百年的发展演变，形成了北方尤其是北京特有的建筑风格。

北京正规的四合院建筑一般坐落在东西方向的胡同里，院子坐北朝南，基本形式是北房为正房，南房称"倒座房"，再加上厢房，四周围着高墙形成"口"字结构（见图4-10）。房间的总数一般是北房3正2耳共5间，东、西厢房各3间，南屋不包括大门有4间，加上大门洞、垂花门，为17间。

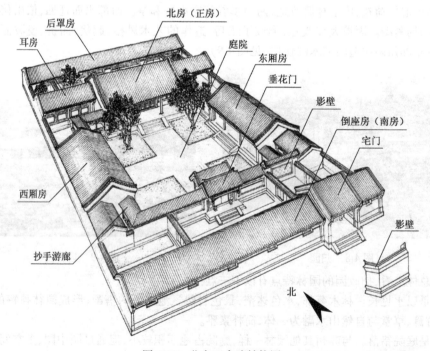

图4-10　北京四合院结构图

四合院的中间部分是庭院，视觉宽敞，在庭院中种花造石，很有一番别致的景观。一般在院落中种植海棠树，还可以种植石榴盆景，用大瓷缸养金鱼，有"吉利"的寓意。这样的一种布置庭院的方式，将天、地、人三者和谐地统一在一起，体现了中国特有的建筑心得。

四合院只对外有一个街门，因此是封闭型的住宅结构，关起门来具有很强的私密性，适合传统大家庭居住。大家庭的成员们居住在一起，不仅享有舒适的住房，还能一起分享大自然赐予的美好天地。

四合院营造的宜居空间蕴含着深刻的文化内涵，同时也是极讲究风水的，从选择地点到确定每幢房屋的具体大小，都要按风水理论的规定来进行。

四合院的鼎盛时期是清代，之后随着帝国主义列强的入侵和清朝国势的衰落，四合院这种盛极一时的建筑也渐渐地衰落下去。如今我们看到的四合院建筑已经作为物质文化遗产得到政府强有力的保护，并成了全世界感受老北京文化的一扇窗。

二、各地民居

我国幅员辽阔，是一个历史悠久、民族众多的国家，在五千年历史文明的积累中，储备了众多的民居建筑经验，在漫长的农业社会发展进程中，生产力水平的发展是制约人们获得理想生活环境的主要条件。在生产力水平低的情况下，人们形成了朴素的生存居住观，以此顺应自然并以最简便的手法构建宜居的环境。各地民居建筑的基本原则是结合自然地貌、气候因地制宜。由于各地的自然环境和人文环境不同，各地民居也体现出了多种多样的面貌。

（一）北方民居

1. 窑洞

北方民居主要有四合院、窑洞和古城内的民居三大类型。

在黄河中上游地区，窑洞是主要的住宅形式，在陕西、甘肃、河南、山西等平原地区，当地人在天然土坡上开穴凿洞，在洞内砌以砖石建成窑洞，有的还将数洞相连，造成宜居房屋（见图4-11）。窑洞能防火、隔音，且冬暖夏凉，既节省了土地，又将大自然和生活有机地结合起来，是因地制宜的典型建筑形式，体现了人们对土地和家乡的热爱与眷恋。

图4-11　窑洞

2. 古城民居

平遥古城是古城民居的典范，拥有现存最为完整的明清古建筑群，为我国汉民族中原地区古县城的代表（见图4-12）。迄今为止，这座城市的城墙、街道、民居、店铺等建筑物仍保存完好，其建筑风貌特色基本未变。平遥古城为研究我国古代政治、经济、文化、军事、建筑、艺术等方面的历史提供了第一手资料。

图 4-12　平遥古城

3. 蒙古包

蒙古包是蒙古族传统的居住形式,主要流行在许多牧民居住区。这是一种用厚羊毛毡制成的圆形凸顶房屋样式,有移动式和固定式之分。牧民多建移动式的蒙古包居住,根据季节逐草放牧。这种蒙古包一般高 2.5 米,直径约 4 米,包顶留有圆形天窗,用来通风。蒙古包的门较小,朝南或朝东南开,便于取暖采光。

这种帐篷似的建筑具有搭建简便、易于搬运、耐风御寒的特点,适于游牧民族的生活特点(见图 4-13)。

图 4-13　蒙古包

(二) 南方民居

1. 川渝古村民宅

巴蜀文化历史悠久,川渝古村建筑有着浪漫奔放的风格特点并蕴藏了丰富的想象力。这是与当地的少数民族风俗紧密联系在一起的,民居建筑依山傍水,既有豪迈大气的一面,同时又有轻巧雅致的一面。川黄龙溪古镇的建筑(见图 4-14)。

图 4-14　川黄龙溪古镇

2. 岭南古村民宅

岭南地区的古村有着鲜明的地方特色和民族特点，当地的建筑除了注重实用外，更注重自身的空间形式、民族传统以及与周围环境的协调。比如广西的黄姚古镇，如图4-15所示。

图4-15　黄姚古镇

黄姚古镇的民居建筑多以祠堂为中心向外辐射修建。如今古镇有八大姓氏、九个宗祠、两个家祠，同一姓氏的居住地都围绕在祠堂周围，很有地方特点。

古镇的居民多为明清时期为躲避战乱或经商等原因从外迁来的移民，他们来到这里以经商为生，因此家境殷实，在住宅的功用上，考虑的也多是抵御战乱与盗贼抢掠。

3. 客家土楼

广东、福建等地的客家人的住宅是土楼。客家人祖先在2000多年前从黄河中下游地区迁来南方，都是汉族人。为了保护家族的安全，客家人创造了这种安全的、像堡垒一样的建筑——土楼（见图4-16）。整个家族的几十户人家、几百口人可以住在一座土楼里，既可以共同抵御外来的危险，又能感受家族的关爱。土楼在外形上有圆形的，也有方形的，最有特色的还是圆形的土楼。圆楼由二到三圈组成，外圈高十多米，有100多个房间，一楼是厨房、餐厅，二楼是仓库，三、四楼是卧室；第二圈有两层楼，30~50个房间不等，一般是客房；土楼中间是祖祠，能容下楼内居住的几百人进行活动。此外，还有水井、浴室、厕所等，就像一个功能完备的小村落。

图4-16　客家土楼

4. 吊脚楼

苗族的这种木质楼房就如空中楼阁一般"吊"在水面和山腰，通常有两三层高，但建造起来并不容易（见图4-17）。楼的"脚"是几根支撑楼房的粗大木桩，深深地插入江水里，与搭在河岸上的墙基一起支撑起一整栋楼房。若是临山而建，则吊脚楼的前两只"脚"稳稳地踏在山腰的低处，与另一边的墙基支撑楼房保持平衡。还有一些建在平地上的吊脚楼，由几根长短一样的木桩把楼房从地面上支撑起来，由两层或三层构成，最上层十分低矮，只存放粮食不住人，楼下堆放杂物或饲养牲口。两层的楼不盖顶层，而用竹编糊泥作墙，用草盖顶。这种构造最早是为了防止毒蛇猛兽的侵扰。

图4-17　吊脚楼

5. 安徽民居

在安徽省的南部地区，现今仍保留着许多古代的民居建筑。这些民居大都用砖木做建筑材料，高大的围墙围绕四周，粉墙黛瓦，房屋一般是三开或五开间的两层小楼（见图4-18）。大的宅子由两个、三个或更多个庭院组成；庭院中挖有水池，养着金鱼，堂前屋后植盆景花木，房屋的梁柱和栏板上雕着精巧的图案。

图4-18　安徽民居

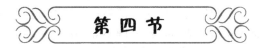

古代桥梁与关隘

和很多宫殿、传统民居一样,桥梁建筑和城墙建筑是传统文化发展到一定阶段的产物,也是人类社会活动的结果,是古代城防的象征。它们的兴起与经济的发展、科技的进步及文化审美都有着紧密的联系。

一、中国古桥

我国历来是桥的故乡,有"桥的国度"之称。桥的建筑发展于隋代,兴盛于宋代。各种各样的桥遍布在神州大地上,编织成四通八达的水上交通网。我国古代桥梁的建筑艺术,有许多在世界桥史上都是光彩夺目的,充分显示了我国古代劳动人民非凡的智慧与才能。

1. 河北赵州桥

赵州桥又称安济桥,河北赵县古时曾称作赵州,故名赵州桥。这座桥坐落在赵县城南五里的洨河上,是隋朝著名石匠李春设计和主持建造的,距今已有1500多年的历史,是世界现存最古老的石拱桥之一(见图4-19)。

图4-19 赵州桥

赵州桥采用单孔石拱跨河,石拱的跨度约为37.7米,南北总长50.82米。这样大的跨度在当时是一个空前的创举。更为高超的是,在大石拱的两肩各砌了两个小石拱,改变了以往在大拱圈上用沙石料填充的传统建造模式,这在当时是一个了不起的建筑发明。从全世界来看,赵州桥这样古老的大型石拱桥,在相当长的时间里都是独一无二的。直到14世纪,法国泰克河上才出现了类似的桥,叫作塞雷桥,比赵州桥晚了700多年,后来在1809年塞雷桥就被毁坏了。这更加凸显了我国隋代匠师李春的贡献在世界桥梁史上都是独一无二的。

2. 北京卢沟桥

北京西南永定河上有座联拱石桥,名为卢沟桥,它始建于金朝大定年间,成于明昌,经元、明两代多次修缮,到了清代康熙时候被重修(见图4-20)。这座桥全长约212.2米,有11个桥拱，各桥拱的跨度和大小均不相等，边拱较小，中拱逐渐增大。全桥有十个桥墩，宽度上不等。桥上两侧建有石栏，栏柱高1.4米，每个柱头上都刻有石狮子，这些石狮子形态各异，是卢沟桥上的一大景致。在桥的两端有华表、御碑亭、碑刻等，另外，桥畔两头还各筑有一座汉白玉碑亭，每根亭柱上雕刻着极为精细的盘龙纹饰，也是卢沟桥吸引众多游览者的地方。

图4-20　卢沟桥

3. 广东潮州广济桥

广济桥又称湘子桥，位于广东省潮安县潮州镇东，横跨在韩江上（见图4-21）。这座桥建于南宋乾道七年（1171年），由潮州知军州事曾汪主持修建西桥墩，并于宝庆二年（1226年）完成。绍兴元年（1194年），知军州事沈崇禹主持修建了东桥墩，到开禧二年（1206年）最后完成。全桥总共历时50多年建成，长515米，分为东西两段，十八桥墩，但由于中间一段较宽，约百米，水流湍急，因此这段没有架桥，只能用小船摆渡过往行人，建成时称济州桥。明代宣德十年（1435年）此桥重修，又增建五墩，改称广济桥。到正德八年（1513年），又增加了一墩，共24墩。各桥墩都用花岗石块砌成，中间一段用了18艘梭船联成浮桥，能开能合。每当大船通过时，就将浮船解开，让船只通过，之后再将浮船重新连缀。这也是世界上最早的一座开关活动大石桥。另外，此桥上的望楼是中国桥梁史上唯一的代表。

图4-21　广济桥

二、古代关隘

在中国古籍中有这样一些特殊建筑称呼：关、塞、隘口，它们构成了我国的古代城防设施，并常年派军队驻守保卫。这些建筑主要由关城、墩台和沟壕等部分构成。关是关隘的主体工程,是军队指挥和战斗的核心,其防护力较强,一般筑有高厚的城墙,墙上有雉堞,并沿墙构筑敌台。关的外围挖有护城河或沟,有的还在城墙前建有战斗墩台、吊桥、陷阱等障碍物。

关隘主要是根据军事任务和地形特点建造,对各种军事防御措施进行合理的搭配。有的还将关城与绵延的城墙相结合,以加大防御面。

1. 山海关

山海关,位于明长城的东北起点,境内有 26 千米长城,在现今秦皇岛市区东部 15 千米处。它是明洪武年间建关设卫的,是万里长城的最东端,也是一座防御体系非常完整的重要军事要塞(见图 4-22)。

图 4-22　山海关

山海关的城池,周长 4 千米,高 14 米,以城为关,整个与长城相连。四座主要城门分布在全城,联合多种古代的防御设施,形成了一座防御体系完整的城关,被称为"天下第一关"。

2. 长城

长城是我国也是世界上修建时间最长、工程量最大的古代防御工事之一。长城的修建始于西周时期,延续了 2000 多年,主要分布在北部和中部的广大土地上,人工墙体长度为 6000 多千米(见图 4-23)。

图 4-23　长城的城墙

秦始皇以后,凡是统治者在中原地区统治的朝代,几乎都修筑过长城。大概先后有十多个朝代,如汉、晋、北魏、东魏、西魏、北齐、北周、隋、唐、宋、辽、金、元、明、清等,都不同规模地修筑过长城。在 2000 多年修筑长城的防御工事中,广大建筑者积累了丰富的军事防御建筑的修建经验。

首先是在布局上。最初秦始皇修筑长城时总结了"因地形,用险制塞"的重要经验,之后被司马迁写入《史记》之中,以后每一个朝代都是按照这一原则修筑长城的,使其成为军事布防上的重要依据。比如,凡是修筑关城隘口,都选择在两山峡谷之间,或者河流转折之处,又或者平川往来必经之地,如此建造既能控制险要,又能节约人力、物力,从而达到"一夫当关,万夫莫开"的效果。在修筑城堡或烽火台时,也是选择在地势险要处。修筑城墙更充分地利用了地形,如居庸关段的长城是沿着山岭的脊背修建的。有的地段在建筑上颇有特点,从城墙外侧看上去地势非常险峻,其实内侧十分平缓,具备"易守难攻"的特点(见图4-24)。

图4-24　长城的险峻地势

在建筑材料的选择上,以"就地取材、因材施用"为原则,还创造了许多种结构新方法。比如,有夯土、砖石混合、块石片石等结构,沙漠中还能利用红柳枝条、芦苇与砂粒层层铺筑的特殊结构。今天甘肃玉门关、阳关和新疆境内还保存着2000多年前这种西汉时期建筑长城的遗迹。

随着社会生产力进步,制砖技术得到很大的发展,明代的砖制品产量大大增加,砖块不再是珍贵的建筑材料,所以,明代不少地方的长城城墙内外的檐墙都以巨砖砌筑。在当时全靠工人砌筑、人工搬运建筑材料的情况下,用这种重量不大、尺寸大小相同的砖砌城墙,提高了施工效率和建筑水平。现在看到有许多关隘的城门,都是用青砖砌筑成的,并且都是大跨度的拱门。虽然这些青砖有的已严重风化,但整个城门仍威严而结实,表现了当时拱门搭砌的高超工艺。再看城楼上的建筑装饰,许多复杂精细的石雕砖刻,都显示出工匠们的制作技术别具匠心,令这一大型建筑物独具艺术精神。

项目设计实训

1. 结合四合院的特点,为农家乐旅游设计一张宣传海报。
2. 参观当地的公园,选取典型的园林景致拍照记录,并用文字介绍其布景特色。
3. 运用所学知识,为自己和家人设计一套具有中国风格的院落。

第五章 神工意匠·传统工艺与创意设计

第一节 传统雕塑

我国的雕塑艺术源远流长,光芒四射。遍布于长城内外大河上下的宫苑、陵墓、石窟、寺庙和民居建筑上的雕刻艺术遗产,作为人类优秀文化艺术宝库中必不可少的组成部分,在我国古代文明史上占有特殊地位,为世界人类的文明发展做出了巨大的贡献,是历史留给后人宝贵的艺术财富。

但随着西方雕塑的传入并成为主流后,我国本土的传统雕塑开始被人们所忽略。在艺术创作中,中国传统文化的缺失,在一定程度上使我国的雕塑艺术失去了与西方雕塑艺术在世界上的对话能力。

本章试图在深入了解我国传统雕塑发展脉络的基础上,揭示我国传统雕塑的文化底蕴,并指出在当下多元文化语境下,如何能更好地继承和发展我国本土的雕塑艺术,并把我国传统雕塑中的文化元素融入艺术创作里,设计出更多、更好的创意作品。

优秀案例欣赏

朱铭的"太极系列"雕塑(见图5-1),创造出混沌而统一的雄浑意境,集远古与汉唐艺术的博大意象与民间艺术的拙朴意趣为一体,在生动的形象之中,显露出来自华夏文化灵山道海深处的气息。

图5-1 朱铭《太极雕塑》

一、中国传统雕塑的发展脉络

（一）原始社会

原始社会中的石器，可以说是我国雕塑艺术里"雕"的雏形。用土做偶、制器，应该说是"塑"的早期产物。而接下来火的应用更无疑推进了雕塑艺术的发展，并开辟了陶塑艺术的一个新天地，使我国的雕塑能够用更为丰富的艺术语言表达出其他门类艺术很难表现的非常强烈的艺术视觉冲击力和感染力。该时期的作品，造型简洁、概括而质朴，展现出人性的本质和纯真，具有一种独特的表现力和丰富的精神内涵。

（二）夏、商、周和春秋战国时期

夏、商、周和春秋战国时期，我国的人类文明进入了青铜时代。斑驳的青铜器、威严的气宇、诡异的氛围以及瑰丽的造型，自精神到风貌，都是青铜时代奴隶制社会现状的一种真实反映。

（三）秦汉时期

到了秦汉时期，雕塑逐渐成为主导的艺术形态，并出现了很多大规模的陵墓雕塑群，形成了我国古代雕塑史上非常重要的风格，体现出我国古代社会以忠孝为本的传统伦理观念和宗教思想，以及古代帝王的阶级统治的意念。陕西兴平霍去病墓中的汉代石雕是我国传统雕塑艺术的精华，也是"天人合一"理念的一个集中体现，在艺术表现手法上具有高度的浪漫主义色彩。

（四）魏晋南北朝时期

到了魏晋南北朝时，印度佛教等很多外来文化的大量传入，使得我国的传统雕塑艺术在形式和题材方面又获得了新的发展。佛教艺术虽说自外传来，但在我国宗教观念的巨大的影响下，和我国古代无数雕刻家的改造和再创造里，相继发展，并最终融合了我国本土的文化特征，形成了中华民族自己的佛教雕刻艺术，显现出传统佛教艺术的审美观和创新精神。

佛教雕刻在我国古代雕刻史上所占比重很大，是一个极其重要的组成部分，前后几乎跨越了汉朝以来的整个封建社会的全程，并且占据了各时期雕塑艺术的主流地位，还影响和推动了其他门类艺术的变化及发展。其自身取得的成就可谓是十分辉煌的。

（五）隋唐时期

隋唐时期，我国雕塑艺术的成就达到了一个前所未有的高度，这是我国封建社会的鼎盛时期，也是古代雕塑艺术进入了一个全面、高度发展的时期。雕塑艺术迅速发展并取得了卓越成就，对后期我国的雕塑艺术及人类艺术产生了广泛而深远的影响。唐代帝王陵墓也是继承秦汉、南北朝时期的卓越成就，发展到了一个空前的高度。在陕西辽阔的土地上，从唐高祖李渊到唐僖宗李儇，帝王陵有18座，东起蒲城，西跨礼泉，绵延300多里，陵墓前的石雕像、各种人物与动物形象的塑造都非常传神。

我国唐代雕塑艺术的另一个杰出代表就是陶俑，特别是"唐三彩"的出现，使唐俑变得光彩四射。"唐三彩"达到了我国古代写实人物雕塑的一个历史高峰。

（六）宋代时期

宋代是我国雕塑走向"世俗化"的一个重要发展时期。受工商业和民间手工业迅速发展的影响，特别是随着刻板印刷的出现，雕塑也快速发展起来。工商业的迅猛发展带动了市场的繁荣，雕塑的制作技法也开始受到各个方面的影响，特别是刻板印刷给予雕塑工匠新的灵感和创作样态。同时，宋代领导阶层的重视，以及宫廷画院的出现，都对宋代雕塑的发展起到了极大的推动作用。

（七）元、明、清时期

到了元、明、清时期，雕塑风格开始有所区别，但是大部分还是保持了宋代"世俗化"的传统，开始渐渐走向更加精细与烦琐的雕琢风格，出现了一批优秀的雕塑作品。比如云南筇竹寺的佛像雕塑、山西平遥的双林寺佛教雕塑、泉州及景德镇的陶瓷雕塑，还有散落在民间的木雕作品，这些作品都对我国传统雕塑的发展具有一定的影响。

几千年来，我国雕塑艺术走过了漫长而曲折的道路。我国传统雕塑艺术传承了中华民族人定胜天、与大自然勇敢抗争的宏大气魄，中华民族努力进取、敢于创新的人文思想指导着雕塑艺术的发展方向。

非遗故事

千锤百炼的艺术

二、中国传统雕塑的文化底蕴

（一）儒、释、道与中国传统雕塑

儒家、禅宗和道家这三股江水汇聚而成的华夏文化长河，是我国传统文化里的三大支柱。老子曰："人法地，地法天，道法自然。"庄子提出了"天人合一"的学说，他认为"自然优于人为，天长于人世"。孔子则不同，他认为人才是大自然的主人，提出了"知者乐水，仁者乐山"的理念。

古代哲人的美学精神，透露出中国传统文化的浪漫精神气质与神韵，这是后代艺术设计师在艺术创作中应广泛遵循的永恒理念。

在我国古代，传统雕塑不仅有很多抽象的范例，也有很多写实的作品。但我国古代并没有西方古典雕塑里对人体的比例、解剖所达到的那种令人叹为观止的精确表现，而是特别注重精神力量、外在整体气势和内在神韵的一种表现。我国古代传统雕塑艺术推崇与自然和谐统一，亲近自然的"天人合一"思想，强调气韵神动，追求内在的精神美与意象美。

（二）中国传统雕塑的神、韵、气

中国传统雕塑的精神特征是神、韵、气的统一。

所谓神，即在绘画上强调眼神，而在雕塑上强调情态、动态和体态。

所谓韵，体现在雕塑上是一种神性悠然、富有诗意的线条之美，既有道家水的"以柔克刚"的特征，也有佛教风的"禅宗灵性"的特征。

所谓气，是指儒家思想中的中和之气以及阳刚之气，空灵寂静宽宏。

神、韵、气是中国传统雕塑的"魂"，线体的结合是雕塑的"壳"，它们共同组成了中国雕塑的"体"。这样的"体"是形而上的，它强调心理、情理、意理，是精神之体、真如之理、心性之体的统一。

项目设计剖析

1. 蔡国强《草船借箭》

蔡国强设计的装置作品《草船借箭》，虽然使用了现成的素材，但不可否认的是该作品无论从造型还是从空间布局上，都非常精准地反映了《草船借箭》这一个历史典故带来的逼真的故事情节，同时也表达了作者自己的隐喻（见图5-2）。

图5-2　蔡国强《草船借箭》

2. 刘永刚《站立的文字》

在我国传统文化里,最具有代表性的符号便是文字。以方块字为特征的中国文字,作为中国文化的一个载体,是独一无二、无与伦比和不可替代的。

而将文字立体化,也可以说是我国文字史中的一个创举。但是,这个石雕作品的真正价值更在于它把作为一种符号的文字还原到了一个可感知的并具有某种造型意涵的状态,所以,它即使不具有文字的可读性,但却具有"形象"的可视性。而刘永刚的目的正在于借助文字的"字象"和"字形",演绎出一种新的视觉样态,而不是在文字学的意义上创造一种新的字体(见图5-3)。

图 5-3　刘永刚《站立的文字》

3. 傅新民《根雕》

设计内涵解析:傅新民寻找到了一种仅属于自己的表达方式,他用非常传统的自然原始素材(如根材、木材等)与现代工业材料相结合,以其丰富的内涵、深邃的本土文化的根脉,寻求同当代现实的一种撞击和交汇(见图5-4)。

傅新民的现代雕塑作品大都是一些大规格的制作。他使用精心收藏的很多大型原生须根、根瘤,树瘤、古木和根块再辅以现代钢材或同一些工业废品相结合——在这样的组合中,传统的根雕技艺不单指向其传统的美学意蕴,并且成为它传达观念与当代经验的更具有广延性的一个载体,成为其艺术理念跟对现实进行的抽象和概括的一个有力凭借。在制作方面,傅新民特别擅长把握那些材质的延伸感和张力效果,他把中国艺术里所推崇的"韵""势""气"等都做了非常出色的展现,其作品底蕴非常深厚,气势十分雄浑。

图 5-4　傅新民《根雕》

4. 天津"泥人张"彩塑

公益广告体现国家的软实力。

英国作家道格拉斯曾说过:"通过广告可以发现一个国家的理想。"公益广告就是最能解释这句话的一种广告形式之一。

2013年的暑期,由中国网络电视台设计并制作的"中国梦 我的梦"系列公益广告开始频繁亮相于各城市的街头,并在城市的公共场所进行展出。

"泥人张"的彩塑艺术,最突出的一个贡献在于,它将雕塑艺术的功能进行了重新开发,一改古代雕塑仅仅服务于陵墓和梵宇庙观的宗旨,转向对现实市井百态的描写,进而扩大了题材的选择范围。作品展现出对现实生活的关注和对世俗情趣的认同,开拓出了一个"平民化"与"世俗化"的新天地,同时注入了生机盎然的世俗人情(见图5-5)。

图5-5 天津"泥人张"彩塑

第二节 传统绘画

中国传统绘画通常被称为"中国画",简称"国画",是用毛笔、水墨及颜料在宣纸或绢上进行绘画的中国传统艺术形式,也是世界上唯一以国家称谓命名绘画品类的画种。它有着悠久的历史、优秀的传统与丰硕的成果,并自成体系。

作为中国文化的重要组成部分,传统绘画根植于民族文化土壤之中。它并不单纯拘泥于外表形似,更强调神似。凭借毛笔、宣纸、水墨等这些特殊材料和诗书印等辅助表现形式,中国传统绘画建构了独特的透视理论,大胆而自由地打破了时空的限制,具有高度的概括力与想象力。这种出色的技巧与手段,不仅为中国传统绘画带来了独特的艺术魅力,也日益为世界现代艺术所借鉴吸收。

优秀案例欣赏

奥迪汽车户外海报设计

设计内涵分析:中国是奥迪在全球的最大销售市场,同时也是奥迪的第二故乡。因此,奥迪在实现中国本土化战略的同时,也一直在做这样的尝试——把奥迪的品牌元素同中国的文化内涵相对接。如图5-6所示,这个户外广告就是将代表现代工业的汽车造型融入中国传统山水画当中,现代工业与传统艺术在广告画面中实现了完美的统一,整个画面不仅毫无违和感,并且将"本土化一直是奥迪中国战略的核心"这一理念传递出来。

图5-6 奥迪汽车户外海报

一、基本思想

（一）传统绘画的工具

中国传统绘画所使用的工具是极为特殊的，主要体现在：由毛笔、宣纸和水墨等特殊材料构成，以诗书印作为其辅助表现形式。采用屏、壁、册页、卷轴等不同装裱样式。这些都突出地表现了中国画的特色。

传统绘画使用的毛笔大致上和书法的毛笔相似，但品种更多。其主要原因是传统绘画表现对象的范围更广，用来造型的线条类型更复杂。常用的软毫笔有大、中、小羊毫和小鹤颈等，适用于画花、叶等。硬毫笔分为狼毫、紫毫和兼毫三类。其中，狼毫笔主要用来画山水、兰竹等，包括大、中、小兰竹笔；紫毫笔适合勾线、点粉等，包括大红毛、小红毛、叶筋笔、衣纹笔、蟹爪笔、点梅笔等；兼毫笔用途最广，在花卉、人物、山水画中均会用到，有大白云、中白云、小白云、雪藏青玉、书画如意等。

根据毛笔的特性，古代画家创造出高古游丝、琴弦、铁线、钉头鼠尾、曹衣、折芦、枣核、柳叶、战笔水纹等十八种描法，以及大小斧劈皴、马牙皴、拖泥带水皴、雨淋墙头皴等皴法。这些使得中国传统绘画的线条具有了其他图画难以媲美的独特魅力。

传统绘画在用墨上十分讲究，一般最好自磨，且墨量较多，故一般选用砚池较深的砚台。油烟墨，因其墨色有光泽，在绘画时常被用作首选。

国画技法术语中所说的墨分五彩，是指一滴墨汁依赖水分的调和，能够产生干、湿、浓、淡、黑等许多变化，表现出极为丰富的层次和鲜明的节奏。中国绘画史上的大师们，利用墨色这一特性，描绘出了物象的阴阳明暗、凹凸远近，表现出或秀润或稚拙的笔墨情趣。

传统绘画用纸多用宣纸，生宣由于吸水性强，墨色绘于其上富有变化，宜于写意；熟宣相较之则不易吸水，更利于逐层上色，多层渲染，宜于工笔；半生熟宣，因为性能介乎二者之间，墨韵、色彩俱佳。传统绘画有时还会在绢上进行绘画，但因为绢丝极易歪斜，所以一般先裱后画。

传统绘画多使用天然颜料，分为矿物色和植物色两大类。矿物色又称石色，色泽厚重而覆盖性强，常见的矿物色有石青、石绿、石黄、赭石、朱瞟、雄黄、朱砂等。这些颜料源于天然矿石，经过多道程序加工后，制成粉末状，用时须兑入胶水、清水，经研细、调匀后，方可使用。植物色又称水色,色泽纯净透明,常见的植物色有花青、胭脂、曙红、藤黄等。植物色即以植物为来源取得的颜料或染剂,是打底和罩色的重要颜料。

(二)传统绘画的类型

按题材划分,中国传统绘画可分为人物、山水、花鸟三类。这三类也被称为"中国画三门",概括了人类与自然的三个方面:人物画表现的是人类社会、人与人之间的关系;山水画表现的是人与自然之间的关系,将人与自然融为一体;花鸟画则表现出大自然中各种生命与人和谐相处。这三者构成了宇宙的整体,相得益彰。

1.人物画

人物画的出现要远早于山水画和花鸟画。据记载,早在商周时期,已有人物壁画。战国时,人物画已经趋于成熟。1973年在湖南省长沙市子弹库一号墓出土的帛画《人物御龙图》被认为是现今发现最早的人物画之一。东晋画家顾恺之是六朝时期艺术成就最高、对后世影响最大的人物画画家之一,也是我国画史上明确提出"以形写神"主张的第一人,以《女史箴图》和《洛神赋图》等作品传名于世。其中,《洛神赋图》以曹植的《洛神赋》为题材,描绘曹植与洛水女神相爱,最终因人神殊途而无奈分离的动人故事。在画中,画家将人物的神韵、风姿表现得惟妙惟肖,他在线条、色彩、构图等方面的成功示范,为后世雍容华丽的工笔人物画的出场拉开了序幕。

唐代是人物画发展的辉煌时期,出现了阎立本、吴道子、张萱、周昉等一系列擅长人物画的名家。画家阎立本善画人物、车马、台阁,尤擅长肖像画与历史人物画。他最著名的作品有《步辇图》和《历代帝王图卷》。《步辇图》描绘了唐太宗在众侍女的簇拥下端坐于步辇车上,接见吐蕃迎亲使者的场面。画家从神情举止、容貌服饰等方面生动地刻画了不同人物的身份和精神气质(见图5-7)。

图5-7 《步辇图》(局部)

"画圣"吴道子是画工出身,在人物画和山水画领域都有很高的造诣。北宋苏轼在《东坡题跋》中写道:"故诗至于杜子美(杜甫),文至于韩退之(韩愈),书至于颜鲁公(颜真卿),画至于吴道子,而古今之变天下之能事毕矣。"吴道子的人物画喜用焦墨勾勒,略加淡彩,自然传神。据说他的作品有"天衣飞扬,满壁风动"的效果,故其高超画技与飘逸的风格被誉为"吴带当风"。吴道子的真迹大都毁于战火,流传下来的很少。其中,《送子天王图》(又名《天王送子图》《释迦降生图》)是其代表作,现今遗存的是宋人李公麟的临摹本,作品描绘的是释迦牟尼降生以后,其父净饭王和摩耶夫人抱着他去朝拜天神的故事。还有被称为"悲鸿生命"的《八十七神仙卷》也被认为是吴道子的作品(见图5-8)。

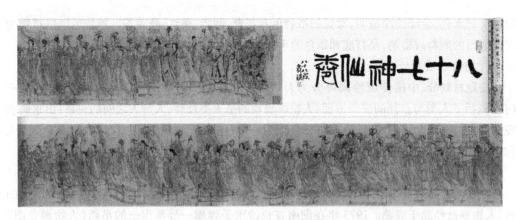

图 5-8 《八十七神仙卷》

受北宋时期发达社会经济的影响，风俗画成为宋代人物画的一大特色，以表现村童闹学、农业生产、货郎卖货、七夕夜市为主。这些题材生动地记录了宋代平民百姓的生活，拓展了人物画的题材和格局。著名的《清明上河图》就是这一时期的典型作品。

元代以后，人物画逐渐走向衰落。到了明清时期，虽然出现了仇英、任伯年等绘画大家，但人物画仍没有较大发展。值得一提的是，其间中国的版画得到了空前发展，明代至清初成为中国版画的黄金时代。陈洪绶的版画稿本《九歌图》、《屈子行吟图》十二幅、《水浒叶子》四十幅等作品，影响极大，被奉为人物题材版画的经典之作。

2. 山水画

山水画，顾名思义是以描写山川自然景色为主体的绘画。最初的山水画是作为人物补景出现的，后来才发展成为独立的画科。我国现存最早的山水卷轴画是隋代画家展子虔所作的《游春图》。在这幅画中，画家已经懂得了如何处理好人与景的比例以及景色远近的关系，因此他的画"咫尺而有千里之趣"。隋唐之后，山水画独立发展。这一时期最有代表性的画家就是王维。作为一名诗人兼画家，王维的水墨山水画将诗与画融为一体，诗中有画，画中有诗，在营造意境、抒写诗性方面独具一格，被后世奉为文人画的始祖。

山水画在唐末至五代时期已经完全成熟。五代时，出现了以荆浩、关仝、董源、巨然为代表的一系列画家。他们在继承了传统山水画的基础上，加入自己对山川草木的理解，形成了南、北山水画两大画系，上承唐朝之余绪，下开宋代之新风。

到了北宋，山水画进入辉煌时期。这一时期的画家善于精微生动地塑造形象，画风严谨，精密不苟，常采用全景式的构图方法整体性描绘自然，或山峦重叠，或境地深远，或丰盛错综，或邈远辽阔，富有深厚的内容感，给予人们宽泛、丰富的审美享受。其中具有代表性的画家有开创"米点山水"风格的米芾、米友仁和被称为"对景造意，写山真骨"的范宽。而范宽的《溪山行旅图》更被徐悲鸿评为"中国所有之宝者吾最倾倒者"，足可见范宽山水画的代表性（见图5-9）。元代之后，山水画往写意方向发展，侧重笔墨神韵，以虚代实，开创新风。

图 5-9 《溪山行旅图》宋·范宽

非遗故事

葫芦上的大千世界

明代及近代,山水画继续发展,出现了著名画家董其昌及清初"四王"(是指王时敏、王鉴、王翚、王原祁,四人画风接近,形成"四王"画派),为山水画走向理论研究以及绘画手法的程式化做出了重大贡献。山水画由一开始的人物画补景到后来能自立门户,有一个非常重要的原因,那就是画家们的借景抒情。清代恽南田在《瓯香馆画跋》中说:"春山如笑,夏山如怒,秋山如妆,冬山如睡。"这四季的神态、表情都是自然与人的统一,是人化的自然。

3. 花鸟画

在中国传统绘画中,凡以花卉、花鸟、鱼虫等为描绘对象的画,被统称为花鸟画。花鸟画的起源,最早可以追溯到石器时代。在此后的很长一段时间,花鸟画一直以图案纹饰的形式出现在玉器、陶器、铜器之上,赋予着特殊的社会意义。直到魏晋南北朝时期,出现了一批专门画花鸟的画家,他们创作出了大量优秀的作品,如顾恺之的《凫雁水鸟图》、顾景秀的《蝉雀图》、袁倩的《苍梧图》、萧绎的《鹿图》等。这说明当时的花鸟画已经具备了一定规模。

到了唐代,花鸟画真正独立。根据著录记载,当时的花鸟画家就有80余人。如薛稷画鹤、曹霸、韩干画马,韦偃画牛、李泓画虎、卢弁画猫、张旻画鸡、齐旻画犬、李邈画昆虫、张立画竹等。这些画家已能注意到动物的体态结构,形式技法上也比较完善。尤其是属于花鸟范畴的鞍马,在这一时期已经有了较高的艺术成就。现存的韩干的《照夜白》、韩滉的《五牛图》(见图5-10)等,都表明了这一题材在当时已经具有的较高的艺术水准。杜甫曾赞赏画家薛稷的画说:"薛公十一鹤,皆写青田真。画色久欲尽,苍然犹出尘。低昂各有意,磊落如长人。"

图5-10 《五牛图》唐·韩滉

五代是中国花鸟画发展史上的重要时期,出现了以黄筌、徐熙为代表的两大流派。"黄筌富贵,徐熙野逸",黄筌的作品风格不仅表现在绘画对象的珍奇,在画法上尤其注重工细,设色浓丽,尽显富贵之气;徐熙则开创"没骨"画法,落墨为格,杂彩敷之,略施丹粉而神气迥出。他们对后世花鸟画的影响非常大,确立了花鸟画发展史上两种不同的风格类型。花鸟画真正成熟是在宋代。宋徽宗赵佶虽在政事上昏庸无能,但在书画领域却是一个不折不扣的天才。他山水、人物、花鸟皆精,尤以花鸟画造诣最高。元人汤垕在《画鉴》中就评道:"徽宗性嗜画。作花鸟、山石、人物,入妙品;作墨花、墨石,间有入神品者。"其绘画水平可见一斑。现藏于辽宁省博物馆的《瑞鹤图》,是公认的宋徽宗存世工笔写实类花鸟画真迹。宋代之后,著名的花鸟画家还有明末清初擅长画花鸟的八大山人、清乾隆时期擅长画竹子的郑板桥和现代擅长画鱼虾的齐白石等。画家们通过花鸟画集中体现了人与自然生物之间的关系,将自己的思想感情蕴含其中,反映了当时的时代精神和社会生活。

(三)传统绘画名家介绍

1. 张择端

张择端,字正道,北宋著名画家。关于张择端的身世,史书上没有任何史料记载,仅在现存于故宫博物院的《清明上河图》"石渠宝笈三编本",后面第一个题跋者——金代人张著所写的跋文中,有关于张择端的部分介绍。从中得知,张择端在宋徽宗时曾供职翰林书画院,专工界画宫室,尤擅绘舟车、市肆、桥梁、街道、城郭。其所作风俗画无论市肆、桥梁,还是街道、城郭,皆刻画细致,界画精确,豆人寸马,形象如生。

《清明上河图》为北宋风俗画,是张择端仅见的存世精品(见图5-11)。据后人考证,画前面应还有一段远郊山水,并有宋徽宗瘦金体字签题和其双龙小印印记。可见,当时画作本是进献给宋徽宗的贡品,靖康之乱后才流于民间;后几经辗转,由清朝湖广总督毕沅收藏,毕沅死后,被清廷收入宫中;现存于北京故宫博物院,属国宝级文物。《清明上河图》画面全长528.7厘米,宽24.8厘米,采用散点透视构图法,以长卷的形式,生动地描绘了北宋东京汴梁的城市风貌和当时社会各阶层人民的生活状况,是一幅写实生动的长卷风俗画。该画打破了以往人物画只能表现贵族生活和宗教内容的陈规,用大量的笔墨重点刻画新兴市民阶层的生活和风俗人情,广阔而详尽地展现了当时东京汴梁市民的生活动态。全图仅人物绘制就有500多个,还有牛马牲畜、各式建筑、交通工具等,既是汴京当年繁荣的见证,也是北宋城市经济情况的写照。这些都成为后人研究北宋时期城市经济和社会生活的宝贵历史资料。

图5-11 《清明上河图》(局部)

2. 八大山人

八大山人是我国明末清初的杰出画家,原名朱耷,僧名个山、传启,别号八大山人。八大山人在绘画艺术上有独特的建树。他以水墨写意画闻名于世,尤其擅长花鸟画(见图5-12)。其作品画面构图缜密、意境空阔;笔墨纯净、淋漓酣畅;取物造形旨在意象,笔简意赅,形神兼备,体现出画家孤傲落寞、清空出世的思想情感。其存世代表作品有《水木清华图》《荷花水鸟图》等。

图5-12 《花鸟图》明·八大山人

朱耷生长在宗室家庭，是明太祖朱元璋第十六子朱权的九世孙，从小得到了良好的教育，受到父辈的艺术熏陶。明朝灭亡后，他由于身份特殊，不得不出家为僧，后又改信道教。特殊的身世、所处的时代背景，这些都使他的画作不能像其他画家那样直抒胸臆，而是只能通过晦涩难解的题画诗和千奇百怪的变形画来表现。在他60岁后，开始使用"八大山人"为署名题诗作画。"八大山人"四个字连起来既像"哭之"又像"笑之"，以寄托他哭笑皆非的痛苦心情（见图5-13）。随着朱耷绘画艺术的日趋成熟，逐渐形成了独树一帜的风格。他长于水墨写意，笔势朴茂雄伟，造型另类夸张。他笔下的鱼，眼珠顶着眼圈，一幅"白眼望青天"的神情，充满了倔强；他笔下的鸟，落墨不多，却振翅欲飞，有的则拳足缩颈，一副既受欺又不屈的情态。这些形象塑造，

图5-13　八大山人的签名

无疑是画家自身的写照。他曾在一幅题画诗中写道："墨点无多泪点多，山河仍是旧山河。横流乱世杈椰树，留得文林细揣摹。"这首诗言简意赅地说出了他绘画的艺术特色和所寄寓的思想情感。

3. 吴昌硕

吴昌硕，原名俊，字昌硕，别号缶庐、苦铁、老缶、缶道人等，浙江湖州人，中国近、现代书画艺术发展过渡时期的关键人物，"诗、书、画、印"四绝的一代宗师，晚清民国时期著名国画家、书法家、篆刻家，杭州西泠印社首任社长，与任伯年、蒲华、虚谷齐名为"清末海派四大家"（见图5-14）。

吴昌硕最擅长写意花卉，受徐渭和八大山人影响最大。由于他书法、篆刻功底深厚，于是将书法、篆刻的行笔、运刀及章法、体势融入绘画之中，形成了富有金石味的独特画风。他自己说："我平生得力之处在于能以作书之法作画。"他常常用篆书的笔法描绘梅兰，用狂草的笔法作葡萄。其所绘的花卉木石，苍劲老辣，纵横恣肆，雄健凝重，布局新颖。构图喜取"之"字和"女"的格局，或作对角斜势，虚实相生，主体突出。用色上效仿赵之谦，喜用西洋红，在画面上形成浓丽的对比，色泽强烈鲜艳。

图5-14　吴昌硕

吴昌硕绘画的题材以花卉为主，兼有菜蔬果品。他酷爱梅花，常用写大篆和草书的笔法绘画梅花。尤其画红梅时，水分及色彩调和恰到好处，红紫相间，笔墨酣畅，极富情趣，曾有"苦铁道人梅知己"的诗句。又喜作兰花，为突出兰花高洁孤傲的性格，作画时常用或浓或淡的墨色和篆书的笔法画成，显得遒劲有力。画竹则以淡墨轻抹来绘竹竿，以浓墨点出来绘竹叶，疏密相间，富于变化。菊花也是他经常入画的题材。他所画的菊花或伴以岩石，或插入高瘦的古瓶之中，相映成趣。所绘菊花多是黄色，也有墨菊和红菊。墨菊以焦墨画出，菊叶以大笔泼洒，浓淡相间，层次分明。晚年多画牡丹，以鲜艳的胭脂红设色，花朵艳丽，光彩夺目，再以茂密的枝叶相衬托，显得生气蓬勃。吴昌硕的作品色墨并用，笔法单纯朴厚，大写意出花卉与奇石，再配以画上所题写的真趣盎然的诗文和洒脱不凡的书法，并加盖上古朴的印章，使诗、书、画、印融为一体，对近世花鸟画产生了非常大的影响

4. 齐白石

齐白石，原名纯芝，字渭青，号兰亭，后改名璜，字濒生，号白石、白石山翁、老萍、饿叟、借山吟馆主者、寄萍堂上老人、三百石印富翁，湖南湘潭人（见图5-15）。他是20世纪十大画家

之一，世界文化名人。早年曾为木工，后以卖画为生，57岁后定居北京。他在花鸟、虫鱼、山水、人物上皆有所长。绘画风格方面，齐白石的笔墨雄浑滋润，色彩浓艳明快，造型简练生动，意境淳厚朴实。尤其是他创作的鱼虾虫蟹，妙趣横生。

齐白石笔下的作品，充满了浓厚的乡土气息、纯朴的农民意识和天真烂漫的童心，这些都根源于他幼年的劳动生活，同时也是他艺术的内在生命。这种乡心、童心和农民之心的真诚流露，一直贯穿于其作品创作的始终，尤其在他晚年"衰年变法"后表现得更为明显。其艺术语言具体体现为色彩上热烈明快，注重墨与色的强烈对比，造型和笔法上浑朴稚拙，将工笔与写意的合二为一，最终呈现一种平正见奇的效果，成就了他艺术的外在生命，成为他艺术的整体风格。

图5-15 齐白石

在艺术造型上，齐白石主张艺术"不似之似"。他说："作画妙在似与不似之间，太似为媚俗，不似为欺？"在他的作品中，粗笔枝叶与工细草虫在同一画幅中出现，体现出了对比之美。这种既能极工，又能极简的方式，使他"衰年变法"后，师法徐渭、朱耷、石涛、吴昌硕等人，形成独特的大写意国画风格。晚年时齐白石日趋简化的画风，更是不断强化了"不似之似"的造型观点，也日益强化了"神似"的主导地位，臻于"笔愈简而神愈全"的境界。在色彩的审美上，他更强调色彩的表现力，首开"红花墨叶"一派，即保留了以墨为主的中国画特色，并以此树立形象的骨干，而对花朵、果实、鸟虫往往施以明亮饱和的色彩。如他的作品《荷花鸳鸯》中焦墨叶、深红花，黑色、黄色、绿色合成的彩羽，是典型的齐白石色彩构成。这种将民间审美特色引入文人绘画的方式，构成了一个又一个新的艺术综合体，也达到了目前为止中国现代花鸟画的最高峰。

"塘里无鱼虾自奇，也从叶底戏东西。写生我懒求形似，不厌声名到老低。"齐白石一生勤奋作画约两万幅，其中以画虾最负盛名。通过日常细致地观察，齐白石在画虾时力求表现虾的形神特征，也正因为掌握了虾的"精气神"，所以画起来得心应手，往往只需寥寥几笔，用深浅浓淡不一的墨色，便能表现出一种生命的动感。他笔下的虾或躬腰向前，或直腰游荡，或弯腰爬行，活泼、灵敏、机警，极富生命力。他的虾堪称画坛一绝，可谓"前无古人，后无来者"（见图5-16）。

图5-16 《墨虾》齐白石

5. 张大千

张大千,原名正权,后改名爰,字季爰,号大千,别号大千居士、下里巴人,四川内江人(见图5-17)。他是20世纪中国画坛最具传奇色彩的国画大师,绘画、书法、篆刻、诗词无所不通。

张大千的艺术生涯和绘画风格,经历"师古""师自然""师心"的三阶段,即40岁前以古人为师,40～60岁以自然为师,60岁后以心为师。

张大千早年曾用大量时间和心血临摹古人名作,从石涛、八大山人到徐渭、郭淳以至宋元诸家,直追唐人神韵,把历代有代表性的画家一一挑出,由近到远,潜心研究。不仅如此,他还向石窟艺术和民间艺术学习,尤其他在敦煌面壁三年,临摹了历代壁画,成就十分辉煌。由于张大千天资高,学习刻苦,所临古代名作形神兼备,几可与原作乱真。但他师古而不拟古,在继承传统绘画精髓的同时,他还想到了创新,最后在继承传统的基础上发展了泼墨,创造了泼彩、泼彩墨艺术,同时还改进了国画宣纸的质地。师古人固然重要,但更重要的是要师法造化。我国传统绘画史上,但凡有成就的画家都奉行"外师造化,中得心源"的创作理论,即艺术创作来源于向自然万物的学习。张大千在学习石涛、八大山人的同时,也继承了古人的艺术思想精髓,并能以身践行。他说:"古人说'读万卷书,行万里路'意思就是要见闻广博,单靠书本是不行的,很多都要从实际观察得来才行,二者是相辅相成。名山大川,了然于胸,下笔自然有所依据,要经历的多才会有所收获。山川如此,禽兽、花卉、人物都是一样的。"他一生游历甚广,足迹遍布海内外锦绣河山,无论是广阔的中原、秀丽的江南,还是荒莽的塞外、迷蒙的关外,无不有他驻足的身影。他在一首诗中写道:"老夫足迹半天下,北游溟渤西西夏。"张大千不仅遍游祖国名山大川,50岁之后更是周游欧美各洲,这是前代画家所无从经历的境界。这些都为他积累了取之不尽、用之不竭的创作素材,同时也为其日后艺术的创新创造了良好的条件。

图5-17　张大千

60岁之后,张大千进入"师心"阶段。他受西方现代绘画抽象表现主义的启发,开创了泼彩画法。1966年,张大千赴香港观看了圣保罗画展,其后"作风大变,泼墨泼彩,大行其道",画面上泼墨泼彩则逐渐加重,成为其最为主要的创作手段之一。泼墨泼彩的面貌在此时终于形成。这是在继承唐代王洽的泼墨画法基础上,糅入欧洲绘画的色光关系,发展出来的一种新的山水画笔墨技法。这种画法的可贵之处在于,技法的变化始终能保持中国画的传统特色,创造出一种半抽象的墨彩交辉的意境。著名的《爱痕湖》就是张大千泼彩山水中最精彩的作品之一。在这幅画中,色与墨相交融,画面光彩有致,布局雄厚壮阔,画风苍劲古朴。这种墨彩辉映的效果使他的绘画艺术在深厚的古典艺术底蕴中独具气息,为中国画开辟了一条新的艺术之路。

二、名言选读

1. 薛公十一鹤,皆写青田真。画色久欲尽,苍然犹出尘。
   低昂各有意,磊落如长人。佳此志气远,岂惟粉墨新。
   万里不以力,群游森会神。威迟白凤态,非是仓庚邻。
   高堂未倾覆,常得慰嘉宾。曝露墙壁外,终嗟风雨频。
   赤霄有真骨,耻饮洿池津。冥冥任所往,脱略谁能驯。
   (唐·杜甫《通泉县署屋壁后薛少保画鹤》)

2. 昔谢赫云：画有六法：一曰气韵生动，二曰骨法用笔，三曰应物象形，四曰随类赋彩，五曰经营位置，六曰传移模写。(唐·张彦远《历代名画记》)

3. 远观山有色，近听水无声。春去花犹在，人来鸟不惊。头头皆显露，物物体元平。如何言不会，祇为太分明。(唐·王维画作题诗)

4. 莫把丹青等闲看，无声诗里颂千秋。(明·徐渭《独喜蒙花到白头图》题诗)

项目设计剖析

视频广告《还我山水》（见图5-18和图5-19）

图5-18　《还我山水》视频广告(片段一)

图5-19　《还我山水》视频广告(片段二)

这是由中国环保基金会发布，上海智威汤逊广告公司(JWT)设计的《还我山水》视频公益广告。

画面中首先展示给人们的是一幅万里江山水墨图，画面中烟波浩渺、峰峦雄伟，让人回味无穷。但细看来，隐藏在这大好河山之下的居然是亿万吨工业废料、废气和废水被源源不断地送入天空和海洋，汽车发动机的轰鸣之声早已取代大自然的鸟语花香，画面中到处都是一片被污染的景象。

这则环保广告借助中国传统绘画中的水墨元素，营造了一个恍如在画中的山水世界。本该美丽的山水风景上，竟发生了如此触目惊心的变化，让人唏嘘不已。然而，造成画面上"山非山，水非水"的罪魁祸首不是别人，正是观看广告的所有人。广告最后用"还我山水"四个字点明主题，希望能够引起人们对环境保护的重视。

第三节 传统剪纸

剪与刻的
纸上人间

剪纸,古称"剪彩",民间又称"剪纸""绞花""窗花""花儿""窗染花"等,通常是以纸为主要材料,凭借剪刀或刻刀等工具,通过剪、刻等技法进行镂空雕刻的民间手工艺品。

剪纸所使用的工具和材料都极为简单,随处可得,所以在我国民间具有广泛的群众基础。也正因如此,不论是在黄土高原,还是在江南水乡;不论是在穷乡僻壤,还是在繁华都市,到处都能看到剪纸的身影。在劳动人民一双双充满艺术创造力和想象力的双手下,一幅幅精巧秀美的剪纸,如同热烈而清纯的民歌,展现了中华民族醇厚隽永的民情与民风。

老山药业保健品户外广告(见图 5-20)

图 5-20 老山药业保健品户外广告

设计内涵分析:老山药业是南京一家以生产保健产品为主的制药企业。该企业的产品受众是那些重生活品质、重健康的中老年人。图 5-20 中的海报是过年期间,老山药业推出的一则户外招贴海报。中国人崇尚礼尚往来,年节更是各种礼品的销售旺季。在其他厂家都打价格促销战的时候,该海报用春联式的广告语——"上联:南京人送礼送老山,不玩虚的;下联:中国人过节表心意,全凭真情;横批:就送实在",将老山产品"高品质、低价格"的特点展示出来。同时,将国人过年送礼的场景用剪纸中"墙花"的形式表现出来。传统剪纸形式与现代广告内容的融合,不得不说是一种艺术形式美的创新,在宣传产品的同时,更增添了浓烈的节庆气氛。

一、基本思想

(一)传统剪纸的种类

中国传统剪纸艺术诞生于民间,与人民生产生活的关系极为密切,品类众多。

1. 美化居室的装饰类剪纸

剪纸诞生之初是妇女生活中的装饰品。民间劳动妇女用她们的巧手剪制出各种富有吉祥喜庆意义的剪纸,或装饰在门窗、墙头,或装饰顶棚、家具上,在美化了居室的同时,又增添了室内的祥和气氛。这类剪纸包括窗花、墙花(炕围花)、顶棚花、门笺等。

(1)窗花。窗花因用于装饰窗户而得名,多流行于北方地区,南方地区较少。在过去,我国北方农村南面的房屋一般为木格窗,有糊窗户纸的习惯。为了表示辞旧迎新,逢年过节均要裱糊一番,并贴上新的窗花(见图5-21)。受窗体大小的限制,这些窗花一般幅面较小,有团花也有角花。为了便于光线的透射,窗花的纹样块面较小,多用细线来表现。

图5-21 过年贴窗花

为了迎合新年气氛,窗花大多以具有喜庆吉祥、平安如意、祈福纳祥含义的人物、动物、花鸟鱼虫和戏曲故事为主要题材。北方地区以河北丰宁、蔚县的染色窗花最为出名。该地的窗花一般用刻刀在白色宣纸上雕刻,再点染明快绚丽的色彩而成,民间有"三分工七分染"之说。

(2)墙花。墙花是装饰在室内墙面上的剪纸。北方农家贴在炕围上的称"炕围花",贴在灶边的称"灶头花"。炕围花的题材以戏曲故事、民间传说为主,如嫦娥奔月、牡丹亭、西厢记等,富有情节性,便于躺卧时欣赏。灶头花的题材多取吉祥禳邪、祈求丰收等内容,既有图案装饰,也有文字装饰,如"五谷丰登""连年有鱼"等。

(3)顶棚花。北方地区过年时除了"糊窗户"外,还有裱糊房顶的习俗,而顶棚花就是装饰于天花板上面的大型剪纸。顶棚花多在逢年过节、结婚喜庆的日子张贴。顶棚花幅面一般较大,多采用折剪对称式,因此在题材上以缠绕的花草和几何形纹饰居多。张贴时顶棚图案中心为团花,在顶棚四隅衬饰以角花,再用花边剪纸相连接,一般有红、绿、黑等颜色。

(4)门笺。门笺又叫门彩、挂笺、喜笺、吊钱、门吊、门旗等,不同的地方有不同的称呼,是春节时贴挂在门楣上的剪纸(见图5-22)。自古以来,悬挂门笺于门楣之上的习俗十分盛行。门笺多用红纸或彩纸剪刻而成,为竖长条形,上部分较宽,便于张贴,外缘较大,中间刻有主体性的吉祥图案或福禄寿喜等字,四周配以几何纹、万字纹、古钱文等纹饰,下部缀有各式流苏,或呈锯齿状。人们在除夕将门笺贴挂在门楣上,以取祝吉纳福之意。新春佳节,玲珑剔透的门笺随风飘动,极富美感,也增添了节日的气氛。

图 5-22　福字门笺

2. 礼仪习俗剪纸

这类剪纸主要用于婚丧嫁娶、人生礼仪、节日庆祝等社会交往活动,反映了民间百姓对生命意义的重视,对生活的热爱,对美好生活的向往和追求。

(1) 喜花。顾名思义,喜花是一种在婚嫁喜事时为了增添喜庆气氛,装饰在各种器物上的剪纸。至今,我国南北各地仍流行在新婚房间的墙、窗、橱柜、日用器物上装饰双喜剪纸。这类剪纸通常选用外形完整的红色纸,不用拼凑的纸,象征夫妇白头到老。喜花题材多为祈祷夫妻恩爱、多子多福的内容,如合碗、茶壶、葫芦等。如西北地区"蛇盘兔"的题材,因当地人认为属蛇、属兔的男女相配最为和谐,民间还流传着"蛇盘兔,必定富"的俗语。喜花一般只是摆放在物品上,并不需要粘贴。喜花更强调文字与图案的结合,用文字表示吉祥,用图案寓意夫妻爱情和美,所以在设计时常采用"花中套花"的样式,如中间为喜字,周围搭配规整连续的花朵或几何形花纹,形成或方形或圆形或桃形的外部轮廓。

(2) 寿花。在寿诞时用来装饰的剪纸,被称为寿花。在生日寿诞时,为表示祝福,通常在礼品、寿面、寿饼等上覆盖金色或者红色的寿字。寿花的题材中也有寓意祝福长寿、生活美满的作品,如鹤鹿同春、八仙祝寿、福寿无边等。

(3) 礼品花。在走亲访友时用于礼品装饰的剪纸,叫作礼品花。礼品花题材多为吉祥喜庆的图案。浙江平阳一带称其为"圈盆花",广东一带则叫作"糕饼花"和"果花"。潮州剪纸随着礼品内容的不同,剪纸内容也会做相应的变化,如礼品是香蕉和猪头,剪纸也会随之剪成香蕉或猪头花。在山东,为庆贺生子的"喜蛋"上贴剪纸,或将蛋染红露出白色花纹。

(4) 丧葬祭祀花。这类剪纸源于中国人的传统丧俗。传统丧俗中认为,人死后灵魂去了阴界,仍需要和生前一样吃喝住用行。祭祀时,人们用竹篾作骨,彩纸裱糊,剪纸装饰做成各种日用器皿、交通工具、居住房屋等,供奉给故去的人。人们常说的"纸扎花"就是这种随器物形状灵活多变的装饰剪纸。在祭祀活动中,还有专门用来装点祭品、供品的剪纸,被称为供花。这类剪纸带有吉祥之意,祈祷先人对后人的保佑,也有的按照供品样子所剪成的各式剪纸,如在鱼类供品上放鱼样的剪纸,在糕点果品上放果形供花等。

3. 衣饰绣样类

剪纸作为服饰底样,主要用于衣饰、鞋帽等。例如衣袖花,以西南地区的苗族、侗族、瑶族等少数民族的衣袖花最具有剪纸艺术特色,其造型一般为扁方形,题材多为龙凤、花鸟等(见图 5-23)。还有用作布鞋鞋面刺绣底样的鞋花,既可以剪成小团花或小散花绣于鞋头,也可以契合鞋面的形状剪成月牙形绣于鞋面,还可以由鞋头花的两端延伸而至鞋帮,题材一般有花草、小鸟等。

图 5-23 双凤宗庙纹(衣袖花)

（二）传统剪纸的题材

传统剪纸的题材广泛，多以民生、民俗为题材，反映了人们现实生活中常见的事物，寄托了追求美好生活的愿望。具体分为：

1. 实际生活题材

心灵手巧的农家妇女是传统民间剪纸的主要创作者，身边实际的生活场景给她们带来了创作的灵感，被她们融入剪纸艺术的创作之中。无论是养猪喂鸡、牧羊放牛的生产生活，还是鸡鸭、猫狗等家禽牲畜，抑或是瓜果梨桃、蔬菜等常见植物，这些题材都充满了自然淳朴的生活气息。

2. 吉庆寓意的题材

传统剪纸中的吉祥图案和寓意，充分展现了我国劳动人民的艺术创造力和想象力。从贴在窗棂上的"窗花"和贴在门楣上的"门笺"，到婚嫁喜庆的"喜花""礼花"和祭祀的"供花"；从美化环境的"炕围花""顶棚花"，到用于服饰刺绣底样的"衣袖花""鞋花"，寓意吉祥的传统剪纸比比皆是，深深地融入到了人们的日常生活和思维情感之中。祝寿时使用"富贵耄耋"，颂祝长命百岁；婚房中使用"月下老人"，寓意天赐良缘。在剪纸中，往往采用多种方式来表现这些寓意。如采用简化的表现手法，用鱼来表示江河，用鸟来表示天空；或者采用谐音的方法，用莲花和鲤鱼表示"连年有余"；抑或是用象征的方式，用石榴象征多子，松柏象征长寿，鸳鸯象征夫妻恩爱等。

3. 戏曲人物和传说故事题材

古时候民间流传的神话传说和故事，主要通过戏曲这一艺术形式在各地传播。当人们为戏曲中的故事情节、人物扮相、舞姿唱腔所着迷时，传统剪纸中便开始有了以戏曲人物、神话传说为题材的创作。人们所熟悉的"白蛇传""西厢记""红楼梦""梁山伯与祝英台"等戏曲情节都出现在了剪纸之中，而"嫦娥奔月""八仙过海""天女散花"等民间传说也都是剪纸作品中常见的题材。还有一些地区，如临近京剧发源地北京的蔚县剪纸，常用京剧脸谱的样式反映戏曲题材。

（三）传统剪纸的地域风格

剪纸作为一种"接地气"的艺术形式，具有浓厚的乡土文化气息，不仅反映出人民大众的文化和审美情趣，也是中华民族的本土精神和艺术特色的传承体现。受各地不同的经济、文化、历史、地理等因素的影响，各地的剪纸艺术在风格、形态上也各不相同，呈现出不同的地域风格。

1. 北方民间剪纸特色

北方民间剪纸以山东、山西和陕西三地的剪纸艺术尤为出名。

山东剪纸从造型风格上大致可分两类:一类是渤海湾区域的剪纸,这类剪纸与黄河流域其他省份的剪纸风格相类似,都是粗犷豪放的类型;另一类则是山东胶东沿海地区的剪纸,这类剪纸使人联想到山东汉代画像那种细微繁缛的风格,以线条作为主要表现手段,讲究线面结合,花样密集,图形饱满,十分精巧。与其他地方风格的剪纸一样,胶东剪纸的主要用途就是做窗户的装饰。因为当地窗户多是细长条形的格子,只能贴一些较小的窗花,妇女们发挥聪明才智,把大构图的花样拆开,分割成条形剪出,最后再贴到窗上重新组合成完整的画面。这种窗花与"窗角花""窗旁花""斗鸡花"等一起,装点了当地人家的一扇扇窗户,共同构成了独具山东当地特色的"棂间文化"。

陕西是中华文明的重要发祥地之一,悠久的历史、灿烂的文化深深影响了生活在这片土地上的劳动者。他们手中的剪纸传承了中华民族古老的造型纹样,造型古拙,风格粗犷,形式多样。作为一种民间艺术,陕西剪纸远离皇家和贵族,而是出现在百姓家的窑洞顶、炕头边,出现在他们的窗户里、门板上。老百姓们逢年过节离不开剪纸,送嫁迎娶离不开剪纸,祭奠祭祀仍离不开剪纸。八百里秦川,到处都能看到花花绿绿的剪纸。在当地,人们甚至把剪纸作为女子是否心灵手巧、能否成为好媳妇的标准。"找媳妇,要巧的""不问人瞎好,先看手儿巧"正是这一风俗的体现。

与陕西剪纸相比,山西的剪纸增加了些许聪慧,处处透着机灵与精明,更加讲究因物制宜、因事制宜。例如,晋北一带窗户形式多样,有菱形,有圆形,也有多角形。当地的窗花就根据窗格的形状来定大小和式样,既有精致小巧、稚趣横生的"角花",也有素雅大方、美不胜收的"团花"。在忻州一带,年节、嫁娶等喜庆之日,都有贴"全窗花"的风俗,取美满幸福之意。

2. 南方民间剪纸特色

南方民间剪纸如同南方秀丽的山水一般,构图精美,刀法细腻,形象逼真。该区域较有特色的剪纸集中在广东、云南、贵州三地。

广东佛山剪纸在我国剪纸艺术中具有代表性,宋代已有流传,明清时期发展最为鼎盛。当地剪纸技法多样,包括剪、刻、凿、印、写、衬等,可分为纯色剪纸、铜衬料、纸写料、银写料、金花等几类。由于佛山地区特产铜箔和银箔,民间的手工艺人们便采用剪、刻、凿等技法,用剪刀或小刀在纸上或铜箔、银箔上剪刻,再套衬上各种色纸或是绘制上图案,制成构图严谨、装饰性强、金碧辉煌,极具当地特色的剪纸工艺品。值得一提的是,这类剪纸在宋元时期就已经开始作为商品买卖,到明代更是有作坊专门进行大量生产,产品销往南方各省,并远销南洋各国。

云南剪纸最早源于祭祀仪式时所用的纸幡,后来受中原文化的影响,逐渐形成自己独特的风格。与其他地方风格的剪纸相比,除了装饰和服饰上的用途外,云南剪纸被更多地运用在祭祀、赕佛等宗教活动上,其题材内容包括具有云南地方特色的大象、佛塔、器皿、人物、花鸟以及各种吉祥图案。当地剪纸造型单纯质朴,带有原始色彩。

贵州苗族剪纸风格古朴,多用来做服饰刺绣的底样,在当地被称为"苗花纸""绣花纸""剪花"。剪纸纹样中,有动物,包括龙、吉玉鸟、蝴蝶、鱼等;也有人物,即央公央婆、蝴蝶妈妈、苗族女英雄务么细等;还有太极阴阳鱼、枫树以及苗楼建筑等。这些艺术形象都与苗族人民的历史、信仰和古老传说有关。由于刺绣方法的不同,贵州剪纸在不同地区呈现出不同的特点,大致可分为施洞型和台拱型两类。施洞型剪纸在确定外轮廓之后,在轮廓内部破刀剪出随势而走的涡状线或齿状线,风格粗犷;而台拱型剪纸则以针扎眼成虚线状,与施洞型剪纸相比更趋于秀丽。

(四)传统剪纸的艺术特色

传统剪纸艺术采用设计与工艺相结合的方式进行创作,通过对纸的剪、刻等艺术手法,以表现纸的点、线、面、形,各种技法的运用赋予了纸张各种丰富的装饰纹样,如对称纹样、单独纹样、团花纹样等。剪纸的艺术特色大致表现为以下几方面:

1. 高度概括、简洁明了

因为剪纸所使用的往往是纸类材料,采用的又是剪、刻等艺术手法,其自身在艺术创造上存在局限性。这种局限性体现在,它很难表现立体的造型,塑形能力不强,也不如绘画的方式自由。因此,剪纸常常通过高度概括、简洁明了的线条来表现造型,通过意象的手法或常见的视觉符号来表现主题、抒发感情,取形表意已成为剪纸艺术有别于其他艺术形式的重要特征。

2. 阴阳黑白、对比鲜明

剪纸是一种用剪、刻技法来呈现"纸形"的艺术形式。剪形的最基本方式是正形和负形,无论正形还是负形,最基本的要求都是要连续不断、绵延不绝。对于正形而言,事实上是通过剪其阴而留其阳,剪其白而留其黑,最终使其阳形绵绵相连、似断而续,充分体现出其似虚而实的中国剪纸艺术特点。对于负形而言,事实上是通过剪其阳而留其阴,剪其黑而留其白,剪其实而留其虚,从而用阴去表现阳,用白去演绎黑,用虚去表达实。无论正负形的裁剪方式,都是以中国道家之阴阳哲学为内涵,通过"一手一剪一纸"的表现手法,让观众在品味剪纸之美当中体会中国古代哲学的奥妙。

3. 色彩艳丽、连续不断

由于纸张便于染色,故剪纸的色彩十分丰富、艳丽,除了常见的红、绿,还有橙、黄、蓝、黑、紫、金、银等色。老百姓们通过张贴不同色彩的剪纸,渲染不同的气氛。逢年过节、婚嫁寿诞等喜庆之日,用以大红色为主的剪纸来装点气氛,以显示场面的热闹喧哗,装饰得花哨、富丽;而遇到丧葬祭祀一类悲凉沉静或庄严肃穆的场合,则多用黄、蓝、黑等颜色的剪纸,达到极强的视觉效果。

无论何地的剪纸,都要求剪纸各笔画之间、图案之间连续不断,即所谓的"提得起,贴得上"。否则,剪纸作品就会散架、分离,失去原有的艺术韵味。通过将纸对折再对折,剪刻后会出现连续对称的图形。常见的"双喜""双钱""盘胜"等图案都是通过这种折剪手法,将剪纸由一个单独个体发展成为对称、重复、连续的艺术表现。这一特点也使剪纸具有了单独纯粹与快速便捷的优势,加强了其视觉冲击感。因此,"连接不断"是对剪纸最基本也是最重要的要求。虽然这种要求给剪纸带来了局限,但也使它与其他艺术表现形式截然不同,成为它的最大特色。

二、名言选读

1. 延客已曛黑,张灯启重门。暖汤濯我足,剪纸招我魂。(唐·杜甫《彭衙行》)

2. 剪彩赠相亲,银钗缀凤真。双双衔绶鸟,两两度桥人。叶逐金刀出,花随玉指新。愿君千万岁,无岁不逢春。(唐·李远《剪彩》)

3. 文王喻复今朝是,子晋吹笙此日同。舜格有苗旬太远,周称流火月难穷。镂金作胜传荆俗,翦彩为人起晋风。独想道衡诗思苦,离家恨得二年中(唐·李商隐《人日即事》)

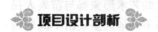

"金士百啤酒"系列广告

"金士百啤酒"系列广告作品获得了 2006 年全国报纸优秀广告奖广州日报奖食品及饮料类银奖(见图 5-24)。

为配合品牌营销中的"品吉莱精华,饮金士百纯生啤酒"推广活动,该作品的创意主题是以本土地缘关系,根据"东北四大怪"的内容:"冬包豆包讲古怪"——要的就是这股团圆劲儿;"大姑娘叼烟袋"——要的就是这股呛劲儿;"窗户纸糊在外"——要的就是这股新鲜劲儿;"先上四个压桌菜"——要的就是这股热闹劲儿,来拉近与消费者的关系。作品用传统剪纸手法表现画面,以剪纸中常见的大红色为主色调,设计感十足,且颇具现代风格,与金士百纯生啤酒搭配也很贴切,是民俗与剪纸完美结合的优秀作品。

图 5-24 "金士百啤酒"系列广告

"善行河北"公益广告

如图 5-25 所示,这幅《一家种瓜三家甜》作品以城镇社区、农家小院为生活背景,集中表现了邻里之间和谐互助、共享劳动果实的美好生活场景。艺术上,以民间传统剪纸折叠对称的手法,以及丰富的剪纸语言,用写实和夸张相结合的手法,表现了河北民间的风土人情。灵动的"农家乐"画卷,配上"分叉长藤串几家,左邻右舍各结瓜,先熟休问谁做主,随便尝甜你我他"这样一首诗,整幅作品充盈着浓厚的乡土气息。

图 5-25 "善行河北"公益广告

第四节

玉器与瓷器

中国有"玉石之国"之称,提及"玉",立即就会想到中国。此外,瓷器也是中国的象征,"china"这个英文单词就是"瓷器"之意。玉器和瓷器是中国文化器物乃至世界文化器物中独一无二、不可复制的瑰宝。

优秀案例欣赏

《澳门回归》主题海报

设计内涵分析:这幅由李少波设计的《澳门回归》文化海报(见图5-26),主题为澳门回到阔别已久的母亲的怀抱。设计者将"青花瓷"视觉符号巧妙地融入现代海报设计中。在这个作品中,设计者选用了圆形青花瓷盆和龙纹,把青花瓷典型的器形、纹饰、色彩、构图等元素和文化意蕴成功地切入到一个划时代意义的主题中。左边的蛟龙比喻澳门;右边具有中国特征的青花瓷盘子比喻中国。蛟龙在龙王和群龙们昂首长啸的召唤下欣然回归,去填补那块残缺圆盘来补全中华民族统一的缺憾。既有典型的中华文明的标志龙的传人,又贴切地表达了炎黄子孙在精神上渴望团圆、传承的主题。海报画面简洁明了,意味深长,情真意切,通俗易懂。

图5-26 《澳门回归》主题海报

文化知识疏解

一、基本思想

(一)玉器:石中君子

玉,色泽艳丽,质地光泽温润。自新石器时代起,即被用来作为生活用具及各种形式的原始信仰活动的用品和配饰。

中国是产玉和用玉最多的国家。《山海经》有记载,国内产玉的地点有200多处。其中最著名的产玉石之地即新疆和田,其玉不但蕴量丰富,而且色泽鲜艳,极其名贵。因此,古代的"丝绸之路"亦被称为"玉石之路"。

国人雕琢玉器的年代可追溯至旧石器时代,当时玉器与石器共存,史前人使用精湛的抛光工艺以获取明显的反光特效。进入新石器时代,玉器与石器渐渐分离,最初的工匠在原始朴素美感的引导下,将玉石雕成简单的装饰品,佩戴在身上,一方面作为身体装饰的一部分,另一方面也是财富的象征。阶级社会形成之后,玉器成为统治者的专有器物,作为统治阶级权力的象征和标志,渐渐被赋予了美学之外的更多含义,与原始宗教、祭祀、信仰、社会等级等相关联,进而具备了信仰、赏玩、消费、装饰等社会功能。

1. 玉与君子

早在河姆渡人时代,玉器就已经当作一种装饰品在人类社会中使用,配饰玉石不但具有装饰美,更体现一种人格化的内在修养。儒家先贤孔子根据当时的社会文化,将玉的特征概括为"仁、知、义、礼、乐、忠、信、天、地、德、道"十一种高贵品质,总结了其与道德规范之间的关系。并提出了"君子比德于玉"和"瑕不掩瑜,瑜不掩瑕"等重要论点。以"古之君子必佩玉",《礼记》中说"君子无故,玉不去身",表明佩玉已经完全人格化,彻底成为君子为人处世、洁身自爱的重要衡量标准。古代君子喜欢佩玉,时刻用玉的品性严格要求自己,规范自己的道德水准,用鸣玉之音衡量自己的行为。君子佩玉之后,行走时玉佩发出清脆之声,伴随这种声音,君子就会保持温文尔雅、毫无邪念的走路姿态。由于玉佩只有在不徐不疾、富有韵律的节奏下,才会产生韵律动听的声音,这声音不仅时刻提醒君子关注自己的言行,同时也是告诉君子周围的人群:君子来去光明正大,胸怀坦荡,处事磊落,从不偷窥偷听别人的言谈和举动,这些都是君子行动光明磊落的标志。

此外,玉又有"五德"之说。许慎在《说文解字》中说:"玉,石之美者。有五德:润泽以温,仁之方也;鰓理自外,可以知中,义之方也;其声舒扬,专以远闻,智之方也;不挠而折,勇之方也;锐廉而不技,洁之方也。"大意与《礼记》中所记载的大同小异。而"宁为玉碎,不为瓦全""守身如玉"等与玉相关的审美标准和道德行为内涵,对后来玉文化的发展具有深远意义,同时也成为中国人贵玉、敬玉精神所在。

2. 玉的雕琢

要想保持玉器天然之美,制器时便要尽可能减少其磨损。《礼记》讲"玉不琢,不成器",玉器的制作主要工艺即为"雕琢"或"琢磨"。起初,制玉与冶石工艺相近,工具也相仿。夏代之后,二者渐渐分离,制玉技法逐步提高,为商周玉器制造的成熟期打下了坚实的基础。商代的琢工,直道多,而弯道少;粗线条多,而细线条少;阴纹多,而阳纹少;穿孔外大而里小,出现了所谓的"马蹄眼儿"玉琢工艺。商代玉器的"双钩线"(双并列阴刻双精致线条),是整个玉琢工艺史上的一大成就。周代的玉石琢工,精细程度已超过了以往,琢制的线条尽管多与商代相同,但弯线条明显增多。琢玉的技法和造型设计在持续不断改进,加之后期的修整和抛光,使器物日趋完美。远在春秋战国时,"水砂"(解玉砂)开始被广泛选用,即人们广为熟知的"他山之石,可以攻玉"。而在战国时代,伴随着钢铁砣具的出现,进一步提高了琢玉的工艺技术水平,从开片、做花到上光均已有了明显的层次,玉器也越加精美和细致。进入汉代,小件玉器的琢工细美,大件玉器的琢工粗犷。其刀法简洁而苍劲有力,在玉器史上有"汉八刀"之美称。在魏晋南北朝,琢玉受到佛教的影响很大。而在唐代,常见的琢玉主题有花卉缠枝、葵花满园及人物飞天等(见图5-27)。当时的玉器制作较精,更加关注细节,特别是狮兽类题材的制作,刀法杂而不乱,布局均匀富有美观,刀法细腻而厚重,成为唐代琢玉的最大特点。宋元时代琢玉的突出特点是,琢工无粗制滥造,玉器细腻灵巧,小件相对多,大件相对少。其花鸟一类主题,虽不及唐人的淳厚朴实,但却因受当时国画风格的影响较大,故非常重视这部分主题的神态。在明代,刀法粗犷有力,出现了"三层透雕法",镂雕极其精细,具有当时的时代风格。当时的北京、扬州、苏州是我国著名的三大玉琢制作中心,其中苏州的玉琢工艺产业为全国之首。至明代的中晚期时,玉琢技艺得到了长足的发展,已经出现了不少琢玉大师,如贺四、李文甫、王小溪、陆子冈、刘谂等,他们皆是琢制精巧小件的专家能手。其中尤以陆子冈最为出名,经过他琢制的玉器,在当时被称为"子冈玉"。但是,明代制玉的最后一道工序,即碾磨细工上,一直保持着"求形不求工"的现象。到了清代,制玉更加精细逼真,创新出了"巧作"(利用巧色等)和镂空、半浮雕等多种琢玉之法。因而使整个器件富有立体感。清朝

图5-27 唐代青玉飞天

名师打造的精品玉器层出不穷。乾隆年间是玉琢的鼎盛时代,玉琢水平达到了最高峰,其工艺水平、人才数量、市场繁荣程度也远远超过了元、明两代。

在中国古代,玉器还是重要的祭祀用品。玉器具有坚硬、温润、纯净、美丽等特质,相传可以通达神灵,因此,古代劳动人民经常用玉来礼神祭祀。而天子或者皇族在出行之前,也会用玉器对祖先进行供奉祷告。祭祀天地先人的玉器一定要方正,而其他大型祭祀活动也有其特有的祭祀玉器。

《周礼》载有"以玉作六瑞,以等邦国",在中国古代是指天瑞之气,是一种吉祥、平安、大瑞的象征,另外也有暗示天命所归之意。在《礼记·礼器疏》中也有记载:"诸侯以龟为宝,以圭为瑞。"瑞玉的重要地位,不仅体现在做工、材质和形式上,更取决于其获得的途径和方式。此外,中国古代还规定,各阶层的统治者按照规定拥有对应玉器,不可僭越:"王执镇圭,公执桓圭,侯执信圭,伯执躬圭,子执谷璧,男执蒲璧。"在秦代以后,最为典型的权力玉器就是"玉玺",其成为最高权力象征。它的材质相传为"和氏璧",又因为历代君王相传,所以俗称"传国玉玺"。

总之,在中国传统文化之中,玉从来被认为是内涵美与外表美的完美统一,不仅具有装饰、审美、收藏价值,更是品德、操守、权力、阶级地位的体现。

(二)陶器:回归朴素

中国陶器自新石器时代开始,历经几千年文明与智慧,在世界陶瓷史上可谓首屈一指。每个历史时期都留下了丰富多彩的陶器工艺技术与物质遗产,比如7000多年前仰韶文化中的彩陶、6000多年前大汶口中的黑陶、4000多年前商代遗址中的白陶、3000多年前的西周硬陶,以及秦代的兵马俑、汉代釉陶、唐代唐三彩等。

陶器依色彩种类可以分为彩陶、黑陶、白陶。

1. 彩陶

彩陶为新石器时代中期以后出现的一种绘有红色或黑色的粗制陶品。在原始社会的彩陶文化里,典型的陶瓷纹饰有"人面纹""舞蹈纹"等。那时人们运用分割、开发、双关、对比和多效等装饰方式,展现出丰富的原始纹饰和强烈的色彩对比渲染。彩陶本身充满了华夏民族陶瓷艺术在外观美感方面的特有智慧和丰富创造力,表现出华夏原始社会劳动人民在劳动之余载歌载舞、热爱生命、崇拜天地的情景。

彩陶中最有名气的要数唐代唐三彩。唐三彩是一种在低温环境下制造的釉陶器,在制作过程中,在色釉中加入不同的金属氧化物成分,经过焙烧充分氧化,便形成浅绿、深绿、天蓝、

褐红、茄紫、浅黄、赭黄等多种色彩。但多以褐、绿、黄（或黄、绿、白）三种基色为主，故称之为"三彩"。唐三彩的制品涵盖各种器皿、人物、动物等，其种类繁多，造型别致新颖，设计精妙，色彩绚烂，奠定了唐三彩成中国陶器历史上的霸主地位，广受各界人士的喜爱（见图5-28）。直到当代，仍有仿唐三彩的工艺品在仿制生产。

2. 黑陶

黑陶是新石器时代晚期"龙山文化"的重要标志，龙山文化也因此被称为"黑陶文化"。该陶器是在器物烧成的最后阶段，从窑顶徐徐加入大量冷水，使木炭全部熄灭，产生滚滚浓烟，有意将制造的器物长时间焖熏，而形成的黑色陶器。典型的黑陶则有体黑如漆、鸣声如罄、厚薄如纸、明亮如镜、骨硬如瓷的特点，而其黑色的典雅外表也无须再加入任何附赘的纹饰。所以它主要以造型为艺术手段，是一种质量很高的新时期时代晚期陶器。

3. 白陶

白陶是指表面和胎质都呈洁白的一种素胎高端陶器。商代晚期是白陶器快速发展的时期，制作精致质朴，胎质纯净无瑕疵、洁白而通体细腻，器表多绘有饕餮之纹、夔之纹、云雷之纹和曲折之纹等精美图案，是用来仿制铜器、青铜礼器的一种极其珍贵的工艺品（见图5-29）。到了西周以后，由于印纹硬陶器和原始瓷器较多烧制和普遍使用，白陶器便不再烧造流传了。

图5-28　唐三彩

图5-29　商白陶刻几何纹瓿

在宋代以后，瓷器的生产得到迅猛发展，制陶业尽管趋于没落，但是有些特殊的陶器品仍然具有其独特的魅力，比如宋辽时代的三彩器，明清传承至今的紫琉璃、法花器、砂壶，以及广东石湾陶塑等，皆是别具一格、备受传扬。

（三）瓷器：走向多彩

瓷器事实上脱胎于陶器，它的发明是中国古代劳动人民在烧制白陶和印纹陶的经验中逐步探索总结出来的。烧瓷必须同时具备三个条件：

第一，制瓷之土必须是富含石英和绢云母等矿物质的瓷石、瓷土或高岭土。

第二，烧成温度须在1200℃以上。

第三，在器表施釉，高温下方能烧成的光滑多彩釉面。

中国一直是瓷器故乡，中国最早的瓷器出现于商代中晚期，东汉时期则进化出成熟的青瓷。远在魏晋南北朝时期，南方青瓷就在浙江越窑开始烧制，并且几个世纪以来一直处于领先地位。在余杭、吴兴、绍兴等地也都设有窑场，形成独具一格的窑系风格。

1. 名窑名瓷

中国的瓷器工艺在宋代就已经达到全盛，无论造型、装饰、釉色都取得了非常大的成就，可谓古代陶瓷工艺中的巅峰。随着中国瓷器产量大增，名窑不断出现，还按照产地形成了多种窑系，如著名的汝窑、官窑、定窑、哥窑、钧窑，被称为"五大名窑"。

（1）汝窑。汝窑是北宋的官窑，生产供宫廷使用的瓷器，在市场和民间流传的非常少。汝瓷在我国宋代位居五大名窑之首，产于河南临汝地区，隋炀帝大业初年，改临汝为汝州,"汝瓷"因此得名。

汝窑在色系上以青瓷为主,釉色有卵青、虾青、粉青、豆青等,汝窑瓷胎体比较薄,釉层反而较厚,有玉石一样的质感,釉面有很细的小开片(见图5-30)。

汝窑瓷采用支钉烧法,因此瓷器底部留有细小的支钉痕迹。器物上胎体较薄,胎泥选择极细密,呈香灰般色泽,制作过程规整,成型后造型庄重大方。器形一般仿造古代青铜器外观,以尊、盘、洗、炉等为主。

汝窑瓷器最为人们赞叹的是其釉色。后有人评价"其色卵白,汁水莹厚如堆脂,然汁中棕眼隐若蟹爪,底有芝麻花细小挣针"。

图5-30　汝窑青瓷

(2)官窑。官窑是宋徽宗主政年间在京师汴梁附近建造的,窑址至今还没有发现。

北宋的官窑主要烧制的是青瓷,传世品非常稀少,形质与工艺与汝窑有一些共同之处。

其烧瓷原料的选取和釉色的搭配也甚为考究,釉色以粉青、大绿、月色三种颜色最为常见。官瓷胎体较厚重,天青色釉略带浅粉红色,器皿釉面开大纹片,这是因胎、釉受热后膨胀系数不同产生的物理效果,也是北宋官窑瓷器的典型特征。

(3)哥窑。哥窑的最主要特征是釉面有大小不规则的开裂纹片,俗称"开片"或"文武片"。细小如鱼子的叫作"鱼子纹";开片呈圆弧形的叫作"蟹爪纹";开片大小相同的叫作"百圾碎"。

小纹片的纹理表现出金黄色,大纹片的纹理表现出铁黑色,所以有"金丝铁线"的说法。其中仿北宋官窑瓷器的一半为黑胎,也具有"紫口铁足"的特征。

哥窑的制品一般胎色有黑、深灰、浅灰及土黄多种颜色,其釉色均为失透样式的乳浊釉,釉色以灰青最为常见。

(4)钧窑。钧窑一般分为官钧窑和民钧窑。官钧窑为宋朝徽宗年间继汝窑之后,建立的第二座官办窑。钧窑广泛分布在河南禹县附近(当时称为"钧州"),所以得名"钧窑",以县城中的钧台窑和八卦洞窑最有代表性。

钧瓷制品一般分两次烧制而成,第一次素烧,出窑后施釉彩,二次再烧。

该釉色为当时一绝,千变万化,色彩纷呈,红、蓝、青、白、紫交相融汇搭配,灿若云霞,美如霓裳,诗人就曾以"夕阳紫翠忽成岚"赞美其美丽而脱俗。

正因为烧窑过程中,在配料中加入铜的氧化物而造成了此种艺术效果,这也是中国制瓷史上的重大发明,称为"窑变"技术。

钧瓷釉层较厚,在烧制过程当中,釉料会自然流淌来填充瓷体裂纹,出窑后就形成了这种无规则的流动线条,类似于蚯蚓在泥土之中蔓延爬行的痕迹,故称之为"蚯蚓走泥纹"。

钧窑瓷主要用来满足北宋末年"花石纲",以烧制的花盆最为有名(见图5-31)。

图5-31　宋代钧窑玫瑰紫釉长方形花盆

(5)定窑。定窑是民窑,在河北省定州附近(今河北曲阳县)。

定窑主要以烧白瓷为主,也有少量黑釉、酱釉和绿釉。定窑瓷器的瓷质细腻,材质纤薄而有光,釉色朴实而润泽如玉。造型以盘、碗、碟、缸最多,其次就是梅瓶、定窑枕、定窑盒等(见图5-32)。

图 5-32　宋代定窑孩儿枕

定瓷的釉色洁白晶莹,很多积釉形状好似泪痕,被称为"蜡泪痕",隐现着黄绿颜色。在器物外壁薄釉的地方能看出胎上的旋坯痕,俗称"竹丝刷纹"。

北宋早期定窑产品口沿有釉,到了晚期,器物口沿多不施釉,称为"芒口"。芒口处常常镶金、银、铜质边圈以掩饰芒口缺陷,此为定窑一大特色。

(6)景德镇窑。景德镇窑是元代以后我国最大的瓷窑场,在今江西景德镇。

五代时期,该窑主要烧制青瓷和白瓷,青瓷釉色偏灰,白瓷釉色纯正,达70度。宋代时烧青白瓷为主,有名的湖田窑就在景德镇的湖田村。元代时在景德镇设立了"浮梁瓷局",为景德镇瓷业生产的发展创造了有利条件,并为其在明、清两代成为全国制瓷业中心和饮誉世界的"瓷都"打下了坚实的基础。元代开始,景德镇在制瓷工艺上有了新的突破,最为突出的就是青花和釉里红的烧制。青花瓷釉质透明如水,胎体亦薄轻巧,洁白的瓷体上敷以蓝色纹饰,素雅清新,充满生机(见图5-33)。青花瓷一经出现便风靡一时,成为景德镇的传统名瓷之冠。

图 5-33　明宣德年间青花缠枝莲纹盘

(7)磁州窑。磁州窑是我国古代北方最为庞大的一个民窑烧制体系,也是最著名的民间瓷窑,古窑址在今天邯郸磁县的观台镇与彭城镇附近,磁县在宋代属于磁州,故名磁州窑。

磁州窑与同期的五大名窑相比较有很多不同之处,其成品具有浓厚的民间味道,装饰形神俱佳、别开生面,颇有北方特色。

2. 陶瓷艺术与人文精神

陶艺装饰形式自唐、宋、元、明、清至当代可分两类：一类是写意，另一类是工笔。以上这两种绘画装饰形式是中国绘画艺术的不同发展时期，在陶瓷产品上呈现出来的特征。唐代的长沙窑出现釉下彩绘花鸟绘，正值唐代花鸟画艺术已达到巅峰水平，技法相当成熟，笔法飘逸流畅，成画一气呵成，表现自然生动，代表了唐代民间花鸟画的最高艺术水准。宋代陶瓷刻划花的精细则暗示了花鸟绘画风格正转化为工细的工笔画的转型时期，也同时为元青花、明清的陶瓷工笔、粉彩的繁荣奠定了坚实基础。陶艺装饰形式无论是写意还是工笔都是中国古代艺术史上特有的、以绘画艺术装饰形式在陶瓷制品上的表现。陶瓷艺术装饰也反映出中国人文画的历史性影响，形成了以中国陶瓷装饰为代表的独有艺术风格。

瓷器和陶器是人工制作的器物，它们在反映客观世界的同时也反映了人的主观意识。陶艺装饰表达了人的自然理念：人的想象、情绪和理想。陶艺装饰精致而准确地表达了中国自古以来就秉行人与自然和谐统一的人文思想，历代瓷器和陶器装饰既有自然界的山水、花鸟鱼虫，又有人类自身的社会活动，在这一纹饰中，陶艺设计者总是执着地追求人与自然和谐统一。陶艺装饰表现了人物内心质朴率直的感情和洒脱不羁的风度，使"人"本身成为真正优美丰满的形象。中国的瓷器还体现了中国普通劳动者对历史的尊重。瓷器所表现出的深厚人文精神，反映了善良、勤劳、淳朴的中国人民对美好生活和美好事物艺术化的执着追求，因此，陶艺装饰不愧为中国传统文化的典型代表之一。

陶艺装饰作为中华民族传统文化的重要组成部分，是中华民族宝贵的文化物质财富。从隋唐时期开始，中国的瓷器便向外域流传交易，历经宋、元、明、清四朝，瓷器都作为与外埠商贸中的主要商品销往全国，走向世界。这些陶瓷装饰品作为文化商品，在流通贸易的同时，也在持续地传播中国陶瓷文化乃至中国文化。制瓷技术迭代传承，中国设计生产的别具特色的陶瓷陶艺，对满足全世界人民的生活和审美需要，以及对外经济、文化交流，都起着至关重要的作用。陶瓷艺术装饰也对中国文化和世界文化的交流起到了桥梁和纽带作用，为中国文化和世界文化的繁荣与发展做出了巨大贡献。

作为最具中国特色的奢侈品之一，上千年来中国瓷器通过各种贸易渠道传播至世界各地，成为最能代表中国文明的一张名片。

二、名言选读

1. 夫昔者君子比德于玉焉：温润而泽，仁也；慎密以栗，知也；廉而不刿，义也；垂之如队，礼也；叩之其声，清越以长，其终诎然，乐也；瑕不掩瑜，瑜不掩瑕，忠也；孚尹旁达，信也；气如白虹，天也；精神见于山川，地也；圭璋特达，德也；天下莫不贵者，道也。（西汉·戴圣《礼记·聘义》）

2. 玉，石之美者。有五德：润泽以温，仁之方也。勰理自外，可以知中，义之方也；其声舒扬，专以远闻，智之方也；不挠而折，勇之方也；锐廉而不技，洁之方也。（东汉·许慎《说文解字》）

3. 玉在山而草木润，渊生珠而崖不枯。（战国·荀子《劝学》）

4. 大邑烧瓷轻且坚，扣如哀玉锦城传。君家白碗胜霜雪，急送茅斋也可怜。（唐·杜甫《又于韦处乞大邑瓷碗》）

5. 白釉青花一火成，花从釉里透分明。可参造化先天妙，无极由来太极生。（清·龚轼《陶歌》）

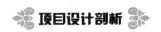

"为悦全力以赴"宝马悦享奥运广告

自2010年宝马启动"宝马之悦"核心战略之后,陆续可看到该品牌各种充满浓郁中国风的作品。这也变成了宝马在中国市场上品牌推广的一个重要坚持。宝马一直坚持运用中国人最熟悉的传统元素作为广告的艺术和理念表达,以表示对中国历史的尊重,以及表现自身的文化和智慧精神。2012年伦敦奥运会近在眼前,广告的主角变成奥运健儿,宝马希望中国奥运健儿能够拼出自己的勇气和精神,书写自己和中国的传奇。

在徐莉佳篇(见图5-34)中,选用了青花瓷器,以海浪为图案,文案"从对抗到拥抱,热情越煅烧越坚强"不仅是瓷器煅烧的过程,也是指帆船运动员在海上驰骋、完美驾驭船只的期待。双关手法延伸了中国元素的原始含义,也让广告的意义简约而不简单。

图5-34　宝马奥运广告

汾酒"青花瓷"系列

青花元素是指运用在青花瓷上的一切元素,包括青花纹样、装饰手法、意境、色彩、构图、款式等方面。青花,绘画装饰清秀素雅,色彩浓重青翠。从青花本身来说,远看纯净亮丽、清新明快,也端庄秀美、闲情雅致;近观细腻圆滑、温润淡雅,也自然朴实。

酒文化作为一种特殊的文化形式,在中国传统文化中有其独特的地位。当青花元素与白酒包装设计相结合时,我们看到的是凝聚了东方艺术与文化的白酒。这些带有青花的白酒包装与传统文化相得益彰。

汾酒"青花瓷"系列采用"国瓷"——青花瓷为外包装(见图5-35)。青花瓷淡雅脱俗、高贵深邃堪称国粹,汾酒博大精深、源远流长享誉四海,名酒名瓷古朴、典雅,相映成趣。青花瓷汾酒可以说是中华"瓷酒国粹"文化相结合的经典之作。

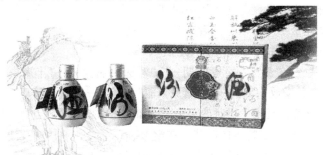

图5-35　汾酒包装设计

项目设计实训

1. 结合中国传统雕塑的神韵气特征,自己动手设计一件具有中国传统特色的雕塑作品。
2. 某校第十届大学生艺术节即将开幕,本次艺术节的主题是"弘扬优秀传统文化,凝聚未来青春力量"。请你结合中国传统绘画元素为本次大学生艺术节设计公益海报。
3. 创典藤艺有限公司是一家专门生产销售高品质藤制家具的企业,该企业生产的藤艺家具有典雅平实、美观大方、贴近自然的特点,远销东南亚、欧洲、美国等市场。请借助传统绘画元素为该公司的藤艺家具设计一幅平面广告。

第五节 传统服饰

我们中国人常说自己是"华夏子孙","华夏"这个词的含义到底是什么?想必很多人并不是很清楚。其实,古人是以服饰华彩之美称为"华",称疆界广阔与文化繁荣、道德兴盛为"夏"。由此看来,从字义上来讲,"华"字有美丽的含义,"夏"字是盛大的意思,"华夏"即文明。

我国素有"衣冠王国"之美誉。传统服饰作为文化形态的一种,贯穿了我国古代各时期的历史。后人可以从服饰的演变中看出历史政治的变迁、经济的发展和文化审美意识的嬗变。

优秀案例欣赏

设计说明:

在2008年奥运会期间,中国风可谓十分抢眼。中国的旗袍引领了服饰界的时尚,在数码领域,手机的设计也不甘落后,TCL就将中国传统服饰的元素应用到手机外形的设计上,推出旗袍手机——蒙宝欧"旗袍"系列(见图5-36)。这款专门为女性设计的手机将传统服饰元素与当今时尚元素完美地结合在一起,体现了东方女性的含蓄、内敛、知性。

图5-36 中国风手机设计

文化知识疏解

我国传统服饰文化的发展与各个历史时期的经济、政治及人们思想意识的变迁密不可分。总体看来具有以下特点:夏商时期——"威严庄重";周代——"秩序井然";春秋战国时期——"清新";汉代——"凝重";六朝时期——"清逸";唐代——"丰满华贵";宋代——"理性美";元代——"粗犷豪放";明代——"奔放繁丽";清代——"纤细精巧"。

每个时期的服饰都体现出了当时的审美倾向和文化思想内涵。当然,每一种设计倾向也都不是凭空产生的,它植根于特定的时代。在学习这一章时,必须将特定的时代审美意识放在当时社会历史背景下去考察,才能还原其真实的样貌。

一、先秦服饰

1. 原始服饰

根据当今出土的原始人使用过的骨针、骨锥等制衣工具进行想象复原,可以发现在纺织技术尚未发明之前,动物的毛皮是原始人服装的主要材料。当时没有绳、线,只能用动物的韧带来缝制衣服(见图5-37)。在原始人的古墓里,还发掘了大量的饰物,如头饰、颈饰、腕饰等,材料有天然的石头、兽齿、鱼骨、贝壳等。科学家提示,原始人佩戴这些饰物,可能不只是为了装饰,或许还包含对渔猎胜利的纪念。

2. 夏商服饰

夏商时代随生产力的发展和统一制国家建立,人们的生活和生产相对稳定下来。政治上的稳定使民族文化与审美能力获得进一步的发展,体现在人们的生活中为对服饰材料、颜色、款式的改进。这个时期织物颜色以暖色为主,尤其以黄和红色最为突出,其他还有棕、褐色,偶尔有蓝、绿等冷色。夏商时代的服装样式,特点为交领右衽、上衣下裳、带蔽膝。因为用朱砂和石黄制成的红黄二色远比其他颜色更鲜艳,并且不易褪色和变色,可以保存至今。经考古发现,商代常用的染织方法是染绘并用,在衣料织好后,用笔添绘(见图5-38和图5-39)。

图 5-37　兽皮衣服　　图 5-38　商代贵族服饰　　图 5-39　夏商时代服装样式

3. 春秋战国时期的服饰

春秋战国时期的服饰在前代的基础上进行了改进,但总体变化不大,主要体现在对衣服布料的改良。战国中期服装的材质有绢、罗、锦、纱等,袍服的样式和后来的禅衣样式相似,在衣服的前身、后身、两袖各成一片,每片宽度大体相等,仍是交领右衽、直裾,衣身、袖子、下摆这些部位十分平直,在衣领、袖端、衣襟、袍裾处各有一道宽边,袖端的边比较有特点,常用两种颜色的条纹锦布镶裹(见图5-40)。这一时期的服装是汉服的基础,奠定了中国1000多年的传统服装特点。

图 5-40　春秋贵族服饰

二、秦汉服饰

1. 秦代服饰

秦始皇建立了中国历史上第一个中央集权制国家,并改进了社会生活中的各项制度,当然也包括衣冠服饰的标准(见图5-41)。秦始皇崇信"五德始终",因而常戴通天冠,而并非周代六冕之制。百官佩戴高山冠、法冠和武冠,穿着袍服及绶带。

秦代尚黑,因此秦代服饰正统颜色为黑色,衣服样式依然继承了前代的交领右衽。这样的服饰给人一种庄严稳重之感。

2. 汉代服饰

汉代服饰的最大特点为曲裾深衣。这种样式不仅适用于男子,同时也是女装最为常见的一种样式(见图5-42)。此种样式通身紧窄,长可曳地,下摆处呈喇叭状,因此行不露足。衣服的衣袖有宽和窄两种,袖口镶边;衣领处也很有特色,仍用交领,但领口很低,要露出里衣的衣领;衣襟环绕腰身,几经缠绕,最后绕至臀部,然后用衣带紧束。图5-43为曲裾深衣结构示意图。

图5-41 秦代帝王服饰

图5-42 汉代女子服饰

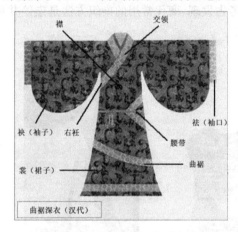

图5-43 曲裾深衣结构示意图

3. 秦汉帝王服饰

秦汉帝王的服饰在中国历史上是非常有特色的,它包括冕冠、冕服、赤舄三大部分。

图5-44据文献记载及图案资料复原绘制,服装上的纹样大多采用同时期的砖画、漆画、帛画等。

帝王的冕服在样式上与普通人相同,都是上衣下裳、交领右衽,颜色上玄色为上衣、朱色做下裳,上下常绘有龙凤、星宿的图案。

冕冠,是古代帝王朝臣们出席正式场合时所戴礼冠,颜色以黑为主,常和帝王、公侯所穿的服装相搭配。在冠顶,有一块前圆后方的冕板,冕板前后沿都垂有成排的珠子,称作冕旒。冕旒的数量和材质,有区分尊卑的重要作用。汉代规定,天子冕冠十二旒(即十二排),玉制。冕冠两边各有一孔,用来穿插玉笄束发,同时在笄的两侧系上丝带,系结于颌下。

图5-44 秦代帝王服饰结构

在冕冠的两耳处,各垂一颗玉珠,叫"充耳",借以提醒戴冠者切勿听信逸言。后世的"充耳不闻"

一词就由此而来。

此外,还有蔽膝、绶带、赤舄等配饰,组成了一套完整的服饰。这种服制最早始于周代,之后历经秦汉、唐宋、元明,延续到清代。

4. 魏晋南北朝

六朝时期的服装,以宽大飘逸为特色。其特点是:上衣对襟、高腰、大袖,袖、襟、下摆处缀彩色的缘饰,下着条纹间色裙,腰间系一块帛带(见图5-45)。

魏晋时期的男子一般都穿飘逸的大袖衫(见图5-46),直到南朝时期,这种衫仍是各阶层男子的常服,尤其被士族阶层所喜爱,成为一时的风尚。

图5-45 六朝女子服饰

图5-46 魏晋男子服饰

三、隋唐服饰

1. 隋代服饰

隋代妇女日常服饰的一大特点是裙腰系得很高,一般都在胸口,给人一种俏丽修长的感觉,样式上仍是上衣下裳(见图5-47)。

2. 唐代服饰

唐代妇女的服饰承继了隋代高腰的式样,襦裙是主要服式。初唐时期,妇女穿的短襦都用小袖,下身穿紧身长裙,凸显腰线,外着半臂,样式为短袖、对襟,长短与腰齐,在胸前结带(见图5-48)。半臂的样式还有"套衫"式的,穿时由头套穿。男子的衣服多为圆领的袍服,腰间系腰带。

3. 唐代官吏常服袍衫

唐代实行科举制,使官吏的服饰也有了新的发展。主要样式为圆领窄袖袍衫,颜色上也有规定:凡三品以上官员用紫色;四、五品,红色;六、七品为绿色;八、九品为青色。此外,在袍下端有一道横襕,这是当时男子服饰的一大特点。男子穿袍衫的同时佩黑色纱帽。图5-49为唐代圆领袍衫及纱罗幞头。

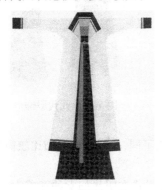
图5-47 隋代女装

图5-48 唐代女装

图5-49 唐代官吏服饰

四、宋代服饰

宋人由于受程朱理学的影响,穿衣打扮多取纯朴淡雅之美。后来在宋代崇尚文治的影响下,冠服制度渐趋繁缛。

男子上衣以圆领长袍为主,以季节不同搭配不同的外衫,如凉衫、毛衫、葛衫、鹤氅等;妇女的日常服饰以上身穿袄,下身穿裙子或裤子为主,同时上衣还可搭配短襦、衫、背子、半臂(见图5-50)。

随着生产水平和纺织技术的进步,这一时期的服装面料主要有罗、纱、锦、绢几种,在裙子的制作上很具风格,常用罗、纱,艳丽的石榴红色最被人们所喜欢。当时流行的裙子中有一种叫褶裥裙的,以六幅、八幅、十二幅深受贵族妇女们喜爱。

图5-50 宋代男女服饰

五、元代服饰

元代是少数民族统治中原的时代,但其服饰沿袭了汉制,比如皇帝及高官的服饰仍是先秦时代的古制;同时,在这个基础上还推行了其本族制度,像一般百姓服饰是披发椎髻,夏天戴斗笠,冬天戴帽。元朝初期,统治者令在京士庶必须剃发,并且必须穿蒙古族装束。

蒙古族的服饰特点是头戴笠帽,男子多戴耳环。然而,大德年间以后,蒙古族和汉族之间的士人服装也就各随其便了。

总体来看,元代服装以长袍为主,男子的公服跟随汉族习俗,"制以罗,大袖,盘领,右衽",用服装的颜色及纹样表示所任职位的级别;公服搭配的帽冠,都为幞头,制以漆纱,有双翅。常服多燕服,着窄袖袍。地位低下的侍从仆役,在常服之外常罩一件短袖衫,妇女们也有相同的习惯,称为半臂。元代妇女服饰如图5-51所示。

图5-51 元代服饰

六、明代服饰

1. 妇女的襦袍、比甲和背子

成年妇女的服饰随个人的家境及身份的不同而变化,形制不同,普通妇女服饰比较简单,主要有襦裙、背子、袍服等。

上襦下裙的服装形式,是唐代妇女的主要服饰样式,这种样式在明代妇女的穿着中仍占一定比例(见图5-52)。上襦为交领、长袖的短衣;裙子的颜色,明初崇尚浅淡,纹饰多为暗纹。

元代服饰

到崇祯初年,裙色多为素白,裙上的刺绣纹样仅在裙幅下边一二寸[一]的部位缀一条花边,作为压脚。妇女的腰带上往往挂上一根用丝带编成的"宫绦",并在中间打若干个环结下垂至地。有钱人家的女子还爱在环结中间串上一块玉佩,用来压制裙幅,使其不致散开而影响美观。

明代妇女还流行一种很有代表性的服装样式——背子,有窄袖和宽袖之分(见图 5-53)。窄袖的背子,只在衣襟上用花边作为装饰,衣领一直延续至下摆,有的在腰身两边开叉;宽袖的背子,则袖口及领子都有装饰花边,领子花边仅到胸部。

图 5-52　上襦下裙的明代女装

图 5-53　明代背子

比甲的名称出现在宋元以后,但这种服饰样式,早已存在多时。比甲的样式为对襟、无袖、两侧开衩(见图 5-54)。明代年轻妇女很喜爱穿这种服装,且多流行于士庶妻女和婢女间。现在的马甲就是这种服饰的演变。

2. 明代男子的大襟袍

明代男子的常服为袍衫,样式为交领右衽、宽袖,长度过膝。贵族男子的便服用绸缎制成,上绘有各种纹样。常见的纹样多寓有吉祥之意,如团云和蝙蝠中间,嵌一圆形"寿"字,含义为"五蝠捧寿"。这种图案在明末清初非常流行,不仅用在服装上,也在其他建筑及器皿的装饰上广泛使用。

图 5-55 为一件男子便服,面料为蓝色绸缎,用金色、银色及浅蓝色盘绣寿字花纹。

图 5-54　明代比甲　　　　图 5-55　明代男子的大襟袍

[一]　1 寸 = 0.0333333 米。

七、清代服饰

1. 妇女服饰

清代的服饰文化在历来的服饰文化中属于比较特殊的存在。首先,清朝在政治上由满族掌权,所以形成了不同于以往汉族风俗的满汉融合习惯;其次,清朝是中国最后一个封建王朝,无论是在经济、政治还是社会文化方面都对当代文化产生了巨大影响。

在服饰方面,尊崇"男从女不从"的统治要求,汉族女服变化比男服少得多(见图5-56)。后妃命妇仍承明代习俗,穿凤冠霞帔为礼服;普通汉族妇女一般穿披风、袄裙为主。清代妇女的外套是披风,其作用与男子的外褂相似,样式为对襟、长度及膝。披风上有低领,缝缀着各式珠宝;披风的里面穿着大襟、大袄、小袄,小袄作为妇女的贴身衣物,颜色大多为鲜艳的红、桃红、水红色(见图5-57)。妇女下身多穿着裙子,颜色以红色为贵,样式上,在清代初期仍保存着明代习俗,为襦裙;到了中后期,普通妇女流行穿裤子。

图5-56 清代汉族女子服饰　　图5-57 清代汉族女子的大袄

满族妇女的装扮给人比以往任何时代都修长的感觉,这主要借助了服饰的效果:首先,满族妇女头上梳旗髻,比汉族妇女的发式高出五六寸;其次,满族妇女脚穿"花盆底"的旗鞋,比汉族妇女的鞋高出二三寸,有的甚至高出四五寸。这样上下加起来能高出一尺左右。此外,满族妇女所穿服装以长袍为主,下摆多垂至地面掩住鞋,更使身材显得修长(见图5-58)。

有时,长袍外面还会加罩一件马甲,也是满族妇女十分喜爱的。女式马甲与男式的一样,有大襟、对襟及琵琶襟等样式,长度到腰,缀有花边。

2. 男子服装

清代男子服装主要有褂、袍服、袄、衫、裤等样式(见图5-59)。袍和褂是当时最主要的礼服,其中有一种褂子,长不过腰,袖仅掩肘,短衣短袖为了骑马方便,称作"马褂"。马褂的样式一般有对襟、大襟和缺襟之别(见图5-59)。总的来说,对襟马褂多当作礼服来穿;大襟马褂常常用作常服,穿在袍服外面;缺襟马褂常当行装穿。马褂袖子都不长,且宽大平直。颜色以天青色作为礼服,其他深红、浅绿、酱紫、深蓝、深灰等颜色的都可作为常服。

图 5-58 清代满族女子服饰　　　　图 5-59 清代男子常服：缺襟和对襟

项目设计剖析

中国传统的服饰元素在当今的服装设计中有着独特的魅力。比如在罗伯特·卡沃利（Roberto Cavalli）的秋冬时装秀上，就曾有模特身着一袭宛若青花瓷瓶图案的晚礼服出现（见图 5-60）。这款青花瓷图案的礼服设计结合了中式旗袍紧身性感的束胸设计和鱼尾裙的样式，整体看起来就像一个大青花瓷瓶在 T 台尽头款款移动。这款晚礼服的设计直观地表达出设计师对中国元素的尊敬，也体现了国际大品牌对中国元素的痴迷达到了一个新高度。传统与时尚的结合吸引了众多设计者和普通观众的眼球，也表明了传统元素的创意发展前途。

图 5-60 中国风时装设计

项目设计实训

1.结合所学习的服饰文化知识，设计一件中国风的女式晚礼服。

要求：

(1)手绘礼服样式，并文字介绍设计意图。

(2)设计图统一使用八开纸张完成。

2.桃花在古诗词中向来象征着容貌美丽的女子，体会下面这首唐诗，发挥自己的想象力将它改编成一段故事。

题都城南庄

唐·崔护

去年今日此门中,人面桃花相映红。
人面不知何处去,桃花依旧笑春风。

提示:
(1)选择合适的年代,叙述故事发生的背景和剧情。
(2)描述具体的人物形象,包括人物的年龄、性别、服饰装扮。
(3)在条件允许的情况下,自由结组表演这个小故事,服装道具自备。

第六章　风雅流韵·古代文学与创意设计

第一节　神话传说

神话是世界文化与历史的瑰宝。

中国神话历史悠远，内容丰富厚重，始自盘古开天辟地、女娲造人，各种神话故事演绎几千年，流传至今。神话以故事的样式表现了古人对自然、社会现象的认识和渴求，是"通过古人的幻想用一种不自觉的艺术手法加工过的大自然和社会形式本身"。神话在后世仍具有极强的文学魅力，同时也启发了后世的文学创作，是现代文化艺术创作和借鉴的不竭源泉。

优秀案例欣赏

华夏银行的标志设计

龙的神话形象作为中华民族的精神图腾，被广泛应用于广告、服装、杂志装帧等平面的设计之中。现以标志设计为例，图6-1为华夏银行的古代玉龙的标志。

图6-1　华夏银行的标志

文化知识疏解

《山海经》是我国先秦重要典籍，可称为一部荒诞不经的奇书。该书的作者不详，现代学者大都认为成书并非一时，作者也并非一人。

《山海经》的主要内容是民间传说中的地理知识，如山河、民族、动植物、药材、祭祀等，其中保存了女娲补天、夸父逐日、大禹治水、精卫填海等不少脍炙人口的神话传说和寓言故事。

一、中国神话五大体系及其四大神兽文化

《山海经》中的神话包括创世神话、远古帝王神话、感生神话、洪水神话和英雄神话五大体系及其四大神兽文化。

文化课堂

上古神话体系

（一）创世神话

1. 盘古开天辟地

盘古被视为上古传说中的创世之神，历来为文史学家和考古学者所津津乐道。这个故事在民间传说中也是源远流长。盘古神话可以说是中华民族历史文明的见证，也是世界四大文明古国中现保存最为原始、最完整、也是最古老的传世神话。

据典籍中的记载，盘古神话虽未曾见于先秦古籍，但是它和《山海经》中所记载的烛龙神话却有着相似之处，也有的专家推测，盘古神话可能就是这一神话的演变，后来又吸收了南方少数民族盘瓠传说中的某些因素，才创造出了这个开天辟地的神话人物。

2. 女娲造人

女娲是我国神话史上唯一一个可以和盘古等同地位的创世女神。她在后世的小说、散文、诗歌、影视、绘画、雕塑等多种艺术形式作品中出现，她的创世、补天、造人的神话故事更是流传了上千年仍然经久不衰。

据传说记载，女娲是一个人首蛇身的神。一天，她路过黄河河畔时，想到了盘古开天辟地的故事，虽说世上已有了江河山川、飞禽走兽，但女娲还是感觉天地间似乎缺少了点什么。后来她看见河水中自己倒影的时候，恍然大悟，原来这世界上还缺少了和她自己一样的"人"。接着女娲就参照自己的外貌，用黄河的泥土捏制了泥人，再施加神力后，泥人便成了人类。

（二）远古帝王神话——三皇五帝传说

三皇：通常是指燧人(燧皇)、伏羲(羲皇)、神农(农皇)。

五帝：通常是指黄帝、颛顼、帝喾、尧、舜。

三皇五帝其实并不是真正的帝王，他们是原始社会中后期才出现的为人类做出过卓越贡献的部落里的首领或部落联盟里的首领，被后人追尊为"皇"或"帝"。道教则把他们奉为神灵，用各种美丽的神话传说来歌颂他们的伟大业绩。

三皇五帝率领民众开创了中华的上古文明，近现代考古中发现了很多能印证这一时期的龙山文化遗址，证明了三皇五帝时期确实存在过。

三皇传说

（三）感生神话

感生神话是我国神话百花园中的一朵奇葩。所谓感生神话，是指远古的始祖母，不与男人交合，而有感于动物、植物、无生物等，而有孕生子的神话。其通常包含以下情节：某个女性的身体触碰到或者感受到了某物，又或者用意念感受到了某物后而受孕，之后便产生了人类的始祖，而这个女性就是我们人类的始祖之母。

（四）洪水神话

人类再生是洪水神话的一个基本主题，那种仅仅只是叙述洪水泛滥成灾与治理洪水的神话，其实算不上是真正意义的洪水神话，它所代表的也只是洪水神话雏形阶段的一种形态，称为原型洪水神话。

我国齐整完备的洪水神话一般由以下各部分组成：

一是洪水发生时的多种起因。

二是洪水滔天，毁灭了人类。

三是兄妹乘坐着葫芦或者南瓜或者皮鼓或者木桶或者木舟等避水逃脱。

四是为延续人类，兄妹不得已才占卜成婚，如滚磨、抛竹、巡行等形式。

五是兄妹作为再造人类的始祖，生儿育女，儿女婚配并繁衍人类。

感生神话

上古先民对洪水的看法是有两面性的:洪水既是灭绝人类之水,也是孕育生命之水。洪水神话里泛滥成灾的洪水,同时也具有了孕育生命的意义。兄妹成婚繁衍人类神话、葫芦生人神话等被纳入了洪水神话之中,显现着再造人类的主题。

在兄妹婚型洪水神话中,人们借以洪水对生命的来源、自身的来源进行着追问和省思,从懵懂、混沌的认知状态里回到现实社会中,是人类对性的认知和对存在认识的一种进步。

洪水神话

(五)英雄神话

1. 大禹治水

大禹治水(鲧禹治水)是古代著名的上古大洪水传说。

大禹是治理洪水的最高领导人,他为天下的万民兴利除害,躬亲劳苦,手拿工具,与下民一起栉风沐雨,与洪水搏斗。

大禹治水的故事在中华文明的发展史上起到重要的作用。在治水的过程中,大禹靠着艰苦奋斗的精神,他因势利导、用科学的方法治水,以人为本,克服了重重困难,最终取得了治水的成功,由此形成了以民族至上、民为邦本、以公忘私、科学创新等为内涵的大禹治水精神。大禹治水的精神是中华民族精神的一个源头和象征。

2. 后羿射日

在上古神话中,抗旱斗争主要表现为人们对太阳的作战。人们了解到太阳的暴晒是酿成大旱的根源,于是才有了射日制日除旱的神话。后羿射日的壮举,至今为人们所称道。这也反映了我国古代人民渴望战胜自然、改造自然的愿望。

3. 夸父逐日

与后羿射日神话有区别的还有一则捉日型的神话,即夸父逐日。据《山海经·海外北经》记载:"夸父与日逐走,入日。渴欲得饮,饮于河渭,河渭不足,北饮大泽,未至,道渴而死。弃其杖,化为邓林。"

这个神话讲到当太阳肆意逞凶、旱热害人的时候,夸父就飞奔追赶着太阳,一心想把太阳抓住。因为缺水,最终他干渴而死,但他仍用手杖化成了"弥广数千里"的森林(《列子·汤问》),解除了旱热。在这个短小的神话故事里,夸父——一个富有斗争精神的英雄,被刻画得栩栩如生。

夸父逐日的神话故事有着极为深刻的寓意。当然,夸父这个神话人物也曾经引起过多方的争议。有人认为夸父是不自量力,高估了自己的实力去追赶本来就不可能的事物;也有人认为夸父是一个非常有魄力、意志坚强、勇敢无畏的英雄人物。

4. 精卫填海

精卫填海是我国的上古神话传说之一。依据不同的研究角度,人们把"精卫填海"的神话故事归于不一样的神话类型。很显然,"精卫填海"的神话属于一个典型的变形神话,而且属于变形神话里的"死后托生"的神话,也就是将灵魂托付给现实中存在的一个物质。同时,"精卫填海"还属于复仇神话,女娲在生前与大海无冤无仇,但不慎溺水身亡,这才与大海结下仇恨,死后化身为鸟,终生进行着填海的复仇事业。

有研究者认为:"中国的上古神话里记录了比较多的非自然死亡,其中的一些意外让今天的人们看到了上古先人在大自然面前的弱小和无能为力,同时也揭示了生命的脆弱。"女娲的死实则是一种因事故而亡,展现出了人的生命的脆弱,映衬出了大海的强大。我国著名的作家茅盾说:"精卫与刑天是属于同型的神话,都是描写百折不回的毅力和意志的,这是属于道德意识的鸟兽神话。"

英雄神话

神话的精髓

5. 刑天舞干戚

刑天是中国神话里最具有反抗精神的人物。

刑天是炎帝手下的一个大臣,他见黄帝击败了蚩尤,按捺不住跑到炎帝那里,请求举兵对抗黄帝,但是炎帝拒绝出兵。"刑天一怒之下便手拿着利斧,杀到天庭中央的南天门外,指名要与黄帝单挑独斗。最后刑天不敌,被黄帝斩去头颅。而没了头的刑天并没有因此死去,而是重新站了起来,并把胸前的两乳当作眼睛,把肚脐当作嘴巴;左手握盾,右手拿斧。因为没了头颅,所以他只能永远与看不见的敌人厮杀,永远地战斗。"

据说,常羊山从此就阴云郁结,碧天不开,而且还时时听见闷雷在山谷里轰鸣回响。传说那就是失败的英雄刑天,一直不甘心,不停地挥舞着武器,与敌人作战。

刑天不屈不挠、永不服输的顽强斗争精神,深深地印刻在了后世人民的心里,常为后人所称颂。刑天象征着一种永不妥协的精神。

从上述这些神话传说里,不难看出中国的上古神话形象具有极强的可塑性。

(六)五大神话体系中的四大神兽文化

古时中国传说中的四大神兽分别是青龙、白虎、朱雀(玄鸟)、玄武,它们都是人们想象中的带有某种神力的动物。在周朝时,称之为鳞、毛、羽、介四类动物,分别代表了东、西、南、北四个方位。

从人类出现开始,在生产力极为低下的条件下,人们依附于自然,崇拜大自然的力量,从而产生了崇拜和信仰,这也是一种希望的寄托。在各种被崇拜之神产生的阶段里,四大神兽对人类的影响越来越深远,造就了各个部落氏族的代表标志。然后人们依据四大神兽自身的特点再加以神化、代表化。

四大神兽文化对我国自古以来就影响深远,一直到今天,都能随处发现关于四大神兽的一些装饰或遗迹,四大神兽几乎涉及我国早期思想史与艺术史上的各类重要的命题。

1. 青龙神话

如图6-2所示,这幅画是把中国传统神话中的抗灾英雄神话作为主题,以抗击水灾的大英雄——禹,在神话故事中具有的龙的性质作为研究对象。禹是龙的化身,是因为剖开鲧的腹部,从里面出来的正是一条龙的形象。从大禹治水的神话中,便可以了解到神话故事中并不只有禹这条神龙的出现,应龙就曾以尾扫地、疏导洪水而立下大功,也是龙神话中必不可少的一个形象,它帮助大禹巩固了华夏九州。虽然传说大禹的母亲修己来自蛇氏族,但在夏朝成立以后,龙的形象则被人们想象出来继而取代了蛇的神圣地位。在九州安定的情况下,社会条件成熟的时候,蛇结合其他部族的图腾而创造出了龙,继而成为中国最早的国家——夏王朝的一面旗帜。这为接下来的中华民族的龙的形象开了先河。

图6-2 青龙神话

2. 白虎神话

在三皇五帝时期,根据相关的神话记载,在涿鹿之战中,白虎就曾经出现,并起到了重要的作用。

其一,在涿鹿之战中,白虎用神力帮助黄帝平定了天下,战胜了其他部族和各种兽类,堪称战伐之神,自是功不可没,天上的神虎献兵图帮助黄帝开疆拓土。总之,这是虎图腾保卫了华夏民族的繁荣兴盛的壮举,可谓威功赫赫,十分重要。

其二,虎除了享有战伐之神的称号外,又在民间有着守护之神的形象。我国古人畏虎崇虎。在当时人们的眼中,老虎是百兽中最强的动物,是林中之王,因为这些威慑力,人们可谓谈虎色变,生灵更是无不慑服于它。老虎吃人,人类十分惧怕它,也就由害怕而加倍崇拜,才出现了人类原始的崇拜,发展到祖先崇拜阶段,他们的祖先多半也是半人半兽,祈求祖先保护他们自己的子孙后代,祈求能够借助虎祖先的神威。在古代人的观念里,虎出现的地方往往意味着祥瑞。

3. 玄鸟神话

玄鸟神话(见图6-3)是我国古代神话系统里的又一大主题——感生神话,它也是玄鸟的神话起源(远古神话中从来没有出现过朱雀而是称为玄鸟。"朱雀"这个词则是来源于我国的星宿文化)。

图6-3 玄鸟神话

4. 玄武神话

在上古神话里,玄武是代表着北方、黑色和冬天里的神灵,也是四神兽里最明确的两种兽合体的神灵,分别是龟崇拜、蛇崇拜、龟蛇交合崇拜三种古老信仰结合的产物,证明了人类对玄武的相关思维经历了三个不同的发展阶段。

(1)龟崇拜。在新石器时代,上古先人就建立起了"神龟"的信仰,表现的形式就是图腾。龟图腾即以龟为对象的祭祀,与古代的巫术形式相联系。我国古老文化中的龟卜就是龟图腾观念的体现,包括使用钻龟甲、凿龟甲、烧龟甲而产生出的裂纹,解释裂纹所呈现出的兆象等(见图6-4)。通过上述这些就可以知道龟卜和龟崇拜之间的联系,它是一种祭天和祭奠祖先的活动。当时,龟是被当作人神相通的一种最重要的媒介来看待的,它是祖灵、冥神和地神的象征。

(2)蛇崇拜。继龟崇拜后而崛起的是蛇图腾崇拜。蛇崇拜的基本形态就是以蛇作为氏族之神,是族群的一种标志。古时就有诸多"人面蛇身"的神话形象。关于这些神话,可以看作以蛇图腾为内涵的神话(见图6-5)。在当时它之所以能够成为主流,是与蛇本身相关的:进攻性非常强,行动迅捷,能够吞食比自己大数倍的动物,有顽强的生命力。很多种灵性的综合便成为蛇神的起源,由于与人类生殖器的形态相似,在蛇图腾的基础上就产生了生殖之神的观念。最具代表性的则是关于女娲、伏羲的神话故事。

图6-4 龟卜文化　　　　　　　图6-5 蛇图腾

古代典籍中写道:伏羲"人首蛇身,有盛德""女娲,生殖大神"。通常可以在壁画上、墓葬里发现关于女娲和伏羲交配的描述,图案里的女娲和伏羲具有两条交缠在一起的非常大的蛇尾,这幅图的意思就是匹配、性交或者繁殖。一般在这类图案中,伏羲和女娲的手里各自拿着圆规跟曲尺,而"不以规矩,不能成方圆",则代表了天圆地方,取法天地,才成规矩,意为引申教人遵守世间法度。有的图中,女娲手中还有月亮,而伏羲手中则捧有太阳,这是把男女祖先各化身成太阳神和月亮神了。

(3)龟蛇交合崇拜。蛇还有另一个身份就是冥神。《山海经·海内东经》中说:"帝颛顼葬于阳,九嫔葬于阴,四蛇卫之。"意为蛇其实也是冥世的守护者,抵御外来的侵入者。归结起来,蛇神的性格就是——冥神、保护神还有生殖神,而这些提到的神性又与龟的神灵形象大同小异,所以,在古人的心里就有了龟跟蛇合体的形象,便是玄武。

《楚辞·远游》洪兴祖补注:"玄武,谓龟蛇。位在北方,故曰玄。身有麟甲,故曰武。"在远古神话中,常会有性格相同的神灵之间相结合,重新变成一个统一的神。因此,它们具有很多相似的性格。而同时龟代表长生和再生的生命力,蛇则是化合和繁殖的一种代表。水神、冥神、北方神、生命繁殖神,就是把龟和蛇的神性相结合,使之成为同一种神灵,塑造出龟蛇合体的神灵,它是一种"复合神"的代表。

综合以上论证,当古时人们创造出了以龟蛇复合作为标志的玄武的时候,来自龟蛇崇拜的各种思想因素,特别是生殖崇拜,就得到了综合。而玄武的出现则取代了过去的龟图腾或者蛇图腾,成为某些氏族的共同的标志和保护神,同时也被当作生殖崇拜的代表。

古时,人们把生存看成一种最基本的需要,古老的生命崇拜则成为各种信仰的基石。而以玄武为标志的观念信仰,则代表了古老的生殖崇拜和顽强的生命力,表达了从古至今人们对生命的渴望和生生不息的赞叹与敬仰。这在中国文化传统中占有重要的地位。

我国神话传说里的四大神兽在神话里所代表的物象分别是:青龙代表自然灾害;白虎代表王权与战争;玄鸟代表着对生命、光明的热爱;玄武代表着对生殖神力的崇拜。这几点均解析出了古人早期的思想、习俗、风俗、美好愿望,以及反映出了当时的生产力状况。

(七)其他神兽文化

1.凤

凤为凤凰的简称,它是汉族神话传说里的百鸟之王,雄的称为凤,雌的称为凰,通称为凤。

在远古图腾时代,它被视为神鸟而加以崇拜,同时还被比喻为有圣德之人。它是原始社会中人们想象出来的保护神,头似锦鸡,身体似鸳鸯,有大鹏一样的翅膀、仙鹤一样的腿、鹦鹉的嘴巴、孔雀的尾巴,位居百鸟之首,象征着美好与和平,是我国封建时代吉瑞的象征,同时也是皇后的代称。

2. 夔

《山海经·大荒东经》记载:"东海中有流波山,入海七千里。其上有兽,状如牛,苍身而无角,一足,出入水则必风雨,其光如日月,其声如雷,其名曰夔。黄帝得之,以其皮为鼓,橛以雷兽之骨,声闻五百里,以威天下。"

以上形容的是一种叫作夔的神兽,它出生于东海流波山,形状如牛,通身都是灰色的,没有长犄角,而且只长了一只脚。它每次出现都伴有狂风暴雨,它身上还散发着光芒,好似日光和月光,它的吼声像雷一样震耳欲聋。之后,黄帝得到了这种神兽,用它的皮制成了鼓,并用它的骨做成了槌,敲击鼓,鼓声响彻五百里外,可威慑天下。

3. 饕餮

饕餮(又叫狍鸮)是我国古代神话传说里的一种非常贪食的凶恶怪兽,同时也被比喻为贪婪、凶恶的人。《山海经·北山经》中介绍它的特点是:"其形状如羊身人面,其目在腋下,虎齿人爪,其音如婴儿。"

4. 化蛇

《山海经·中山经》中记载:"其中多化蛇,其状如人面而豺身,鸟翼而蛇行,其音如叱呼,见其邑大水。"化蛇是一种人面豺身,背部生有双翼,行走似蛇,盘行蠕动的怪物。它的声音好似婴儿大声啼哭,又酷似妇人在叱骂。化蛇一般很少开口发音,一旦发音则会招来滔天的洪水。

5. 麒麟

麒麟是我国古代汉族神话里的传统神兽,性情比较温和,传说寿命两千年。古时人们认为,凡麒麟出没处,必有祥瑞。后用它来比喻才华横溢,德才兼备的人。

麒麟与白虎、青龙、朱雀、玄武并称五大神兽。

古时,人们把雄性称麒,雌性称为麟。麒麟是我国古代的仁兽,它集龙头、狮眼、鹿角、熊腰、虎背、马蹄、蛇鳞、猪尾于一身,为吉祥之宝,从古到今都是公堂上的装饰,以振官威之用,是权贵的象征。

古时,人们认为龙代表着神灵、天、帝王和交泰等意,所以龙则渐渐被皇室所垄断。同时,凤凰也有贤明、调律(女人应备的品德)、志向等意。所以,民间把麒麟、玄武作为一种吉祥物广泛地发展传播。

6. 九尾狐

九尾狐是我国古代汉族神话里的神物,出自《山海经·南山经》:"青丘之山……有兽焉,其状如狐而九尾,其音如婴儿,能食人,食者不蛊。"

狐狸一旦有了九条尾巴以后,便会有不死之身。上古神话演义里九尾狐是太平之瑞,由于汉代盛行符命思想,于是本为图腾神的九尾狐就被符命化了,成为一种祥瑞的神秘象征符号。

九尾狐最晚是在北宋初期已经被妖化了。

7. 比翼鸟

比翼鸟又名鹣鹣、蛮蛮,是我国古代汉族传说里的鸟名。该鸟仅一目一翼,雌雄需要并翼飞行,因此常常用来比喻恩爱的夫妻,也比喻情谊深厚、形影不离的好友。

项目设计剖析

一、中国神话形象与动画设计

我国早期的一些动画特别是以神话作为题材进行创作的作品曾在世界动画领域里占有重要的地位,其制作技术在世界先列。其中一部《铁扇公主》更是开创了我国动画史上第一部长片的纪录,该动画电影取材自《西游记》里"孙行者三调芭蕉扇"一段(见图6-6)。

图6-6 《铁扇公主》

该导演万氏兄弟为了拍摄这部影片,前后组织了100多人参加绘画,经过一年半的鏖战,拍出了毛片1.8万多尺,最后成片达9700英尺,能持续放映80分钟。该电影情节曲折,制作精湛,一上映便引起了空前的反响。

《铁扇公主》动画片的成功上映,标志着我国神话动画形象创作的成功,并且为今后一系列神话题材的动画片奠定了坚实的基础,同时也开启了我国动画在历史上的一次先河。

二、中国传统神兽与平面设计

我国古代的神话形象是华夏族自身艺术的一部分,同时也是现代平面设计中应该予以借鉴和应用的珍贵的民族艺术资源。

1. 龙凤文化

龙和凤这两种神话形象是中华民族的精神象征,被广泛用于广告、服饰、典籍装帧等平面的设计之中。仍以标志设计为例,之前所提到的华夏银行的古代的玉龙标志、香港凤凰卫视的凤凰形象台标、老凤祥的凤凰标志等都是众所周知的(见图6-7和6-8)。

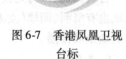

图6-7 香港凤凰卫视台标

如图6-9所示。亚洲俱乐部(Club Asia)的标志正是将龙的造型和现代字母"a"的造型相拼凑、结合,在形态上集合了中外元素,体现了一种博大的思想。

图6-8 老凤祥标志

图6-9 亚洲俱乐部标志

2. 四大神兽文化

（1）白虎。四大神兽有时具有双面性，既有着凶狠的一面，也有善良的一面。比如白虎，白虎是残暴、凶恶的恶势力的象征，我国文学中常用的白虎星用来表示不吉利；但同时它又是豪杰、勇猛、才华的象征，如虎虎生威、虎父无犬子等。

现代神兽标志在设计时，应在了解了神兽自身内含的基础上，结合标志所要表达的企业的理念，然后再确定是否要用该神兽形象。虽然有的神兽具有双面含义，但还是有许多的企业或品牌采用这些形象（见图6-10）。

图6-10　白虎

（2）玄武。四大神兽里的玄武是由龟和蛇组合而成的，用玄武作为养老院、人寿保险公司、养生馆等的标志，寓意着健康长寿（见图6-11）。

（3）青龙。青龙入地则形成泉水，泉水之气上天则化为云。"龙"是云神的生命格，龙的最初意象也是来自云。在选择我国传统神兽图形来进行现代标志设计时，既要考虑其自身的文化内涵，又需要考虑其造型，选择优美的造型可以使设计师达到事半功倍的效果。

图6-12是在长沙马王堆一号墓出土的云龙纹，运用曲线造型，通过简化法和抽象法轻盈流畅、疏密有致地勾勒出了龙的轮廓，产生了如行云流水般的节奏韵律感。

图6-11　玄武　　　　　图6-12　长沙马王堆一号墓出土的云龙纹

（4）玄鸟。在我国的神话里，很多与太阳相关的传说中都有鸟的形象。比如"玄鸟生商"的故事，根据这个故事衍生出"太阳生商"的神话。人们通常认为太阳升起的地方是扶桑，故有"日出扶桑"的说法。扶桑代表了生命之树，它与玄鸟一样都和太阳相关，而有太阳的地方就是生命开始的地方。例如玄鸟传媒的标志，如图6-13所示。

图6-13　玄鸟传媒的标志

3. 其他神兽文化

（1）麒麟。麒麟的样态集合了最富有寓意的特点，如鹿角表示长寿之意，牛耳则意为名列魁首，虎眼则表示威严，剑眉寓意英武，而金鱼尾象征灵活等。

进行现代神兽标志设计的时候，很多设计师很好地继承了"大"与"和"的设计思路。"大"与"和"设计思路可以触发设计师更多、更好的灵感，能制作出更新颖的艺术品。

比如大麒麟国际的标志，采用了麒麟的形态、阿拉伯文字、汉字和盾牌等元素，通过设计师的精心打造，使各元素之间可以和谐组合，创造出了一种新的视觉效果（见图6-14）。

图6-14　大麒麟国际标志

（2）饕餮。饕餮纹这样的纹饰最早出现于距今约5000年前，在长江下游地区的良渚文化玉器上。商代、周代的饕餮纹类型众多，有的似龙、似虎、似牛、似羊、似鹿，还有的似鸟、似凤、似人。饕餮纹的名称并不是古时候就有的，而是在金石学兴起的时候，由宋人命名的。目前知道的最完美的饕餮纹面具高21.0厘米，藏在美国西雅图图书馆。在西周时代，它的神秘色彩逐步减退。

郑州轨道标志是以"中华""中间""中原"的"中"字作为主体形象，喻示着郑州自古至今都是华夏的"地之中"和"天之中"（见图6-15）。它以装饰的手法把"中"字变形，使它在形态上颇像四通八达，可以往复运行的轨道；"中"标志的左右两侧则蕴含着用现代艺术手法表现出的殷商时期青铜器饕餮纹元素。它既具有现代的轨道交通行业特性，又蕴含了中华之"中"的中和中原之"中"的郑州有着极其悠久而灿烂的历史文化。以金黄色作为母亲河黄河的代表色，寓意着黄河文明，象征着辉煌也预示着收获。标志的对称形态则寓意企业的经营发展的稳健，也表达出列车运行的安全可靠。

图6-15　郑州轨道标志

（3）比翼鸟与比目鱼。在标志设计里，比喻团结和合、永远不分离的比翼鸟、比目鱼常常被作为婚介机构和情侣服饰等的标志，如图6-16~图6-19所示。

图 6-16　比翼鸟商标　　　　图 6-17　比目鱼商标(一)

图 6-18　比目鱼商标(二)　　图 6-19　比目鱼商标(三)

（4）九头鸟与九尾狐。一些咨询公司使用象征聪慧祥和的九头鸟、九尾狐作为标志,如图 6-20 和图 6-21 所示。

图 6-20　九头鸟商标　　　　图 6-21　九尾狐商标

中国文化博大精深,试想如果可以将我们的本土传统文化艺术符号在一种正确的审美心理下转化成现代设计原创的基因,据此来引导市场,重新确立起我国神话在民族设计作品里的定位,不仅可以拓展我们的民族设计市场,而且也能保护我们自身的本土文化环境。

第二节

古 代 诗 歌

中国是一个古老的"诗"的国度,从《诗经》开始,诗歌的创作和发展就连绵不断。无论是作为抒发感情的手段,还是作为记录历史的方式,诗的内容可谓包罗万象,体现在中国文化的各个方面。其中特别是它特有的写意性跟抒情性,使得其中保留的文化信息极为生动且富有活力,甚至在相当长的时期里,诗学的标准也是我们整个国家美学的核心标准之一。

中国古典诗歌意象丰富、意境深远,在其特有的诗性审美指导下,产生了一些具有诗性特质的视觉语言,同时也呈现出富有诗意的现代设计审美境界。

优秀案例欣赏

李商隐的作品《无题》与平面设计

设计内涵分析：

万科第五园的设计"骨子里的中国情结"是"广州日报奖"中房地产类金奖的获奖作品（见图6-22）。该作品的文案"心有中国一点通"是唐代诗人李商隐的作品《无题》里"身无彩凤双飞翼，心有灵犀一点通"的改写。

图6-22 "骨子里的中国情结"

这幅作品运用徽派建筑的精髓，强调现代生活情调的同时，还注重在外在上寻找一种骨子里的中国元素，借此唤醒住在这间房子里的人的中国情结，给人一种家的"回归"感。

这个文案在编辑中既有中式住宅的意思，又保留了中国唐诗之意，不仅是对我国传统文化的传承和尊重，更是借唐诗之意将中国人的生存智慧与建筑理念相融合，目的则是传承并续写一幢经典的文人之宅，再现渐渐没落的东方文明。

事实证明，该广告成功地提升了万科地产的品牌价值，它通过人们对唐诗作品的认同，将其转化为对品牌的喜爱。

文化知识疏解

一、中国古典诗歌的意象说

（一）诗歌的意象

意象，是诗人用来寄托思想感情的人、物、景、事等。诗歌不能没有意象，意象对于诗人抒发感情有独特的作用。懂得意象的知识，有助于理解诗歌的内容及诗人的感情，也为能够设计出更多与诗歌相结合的创意设计作品打下坚实的基础。

诗词中的意象不胜枚举，大致可分为树木类、花草类、动物类、自然类。

1. 树木类

（1）竹。竹，号称君子，不刚不柔，凌霜雪而不凋，奋进、挺拔。被称为"岁寒三友"之一的竹，以其独特的品质风韵，征服了无数文人骚客的心。

在古代,因受官本位及儒家积极入世思想的影响,很多文人钟情仕途,希望在政治上有所作为,从而建功立业,名垂青史。然而,仕途之路一直以来都不是一帆风顺的,所以诗人们屡屡受挫,常常有生不逢时之感,有命运不济之叹。

这时,有着君子风范的竹就成为诗人自喻的对象。诗人们或借竹表达自己远大的追求抱负,或借竹抒写抒发自己的失意、怨恨之情。

例如,刘孝先的《咏竹》:"竹生空野外,梢云耸百寻。无人赏高节,徒自抱贞心。"诗人托物言志,用竹的有节来赞美自己不恃权贵的高洁气节。

薛涛的《酬人雨后玩竹》:"众类亦云茂,虚心宁自持。"通过竹的虚(空)心来表现自己谦虚的品格。

(2)松柏。松柏四季常青,诗人们常用其作为高洁、傲岸、富于生命力的象征。

孔子也以自然界的松柏为师,曰:"岁寒,然后知松柏之后凋也。"(《论语·子罕》)到了天气寒冷的时候,才能看出松柏是最后凋零的。

唐代诗人李白的《赠书侍御黄裳》,也是借松表达人的不同流俗和高风峻节。

《赠书侍御黄裳》

李 白

太华生长松,亭亭凌霜雪。天与百尺高,岂为微飙折。
桃李卖阳艳,路人行且迷。春光扫地尽,碧叶成黄泥。
愿君学长松,慎勿作桃李。受屈不改心,然后知君子。

华山上生长的高大松树,巍然挺立,傲视霜雪。天生地长,有百尺那么高,微风怎能吹倒它呢?桃红李白,在春天的阳光下争奇斗艳,过路的人都被它们的色彩迷住了。花儿随明媚的春光逝去之后,绿叶也将在秋天落下来,腐烂在地上。希望你向长松学习,不要做桃花李花。遭受困难和挫折也不要改变决心,这才是堂堂正正的大丈夫。

这对别人是鼓励、鞭策,于诗人自己,则是明志、抒怀。李白对松柏的赞美和歌颂,正是中华民族刚正不阿,面对任何权势和压迫绝不低头的伦理传统和高尚品德的具体体现。

(3)梧桐。在唐诗宋词中,梧桐经常伴随着孤寂、冷清、落寞、哀愁而出现。但是,梧桐不只是凄苦的象征,它在古诗词中常有以下几种意象及寓意:

1)象征诗人高洁的品格。如"凤凰鸣矣,于彼高岗。梧桐生矣,于彼朝阳"(《诗经·大雅·卷阿》),诗人借凤凰鸣叫,歌声飘过山岗,梧桐疯长,身披灿烂朝阳来象征自己品格的高洁美好。

2)象征诗人忠贞的爱情。梧桐树干高大笔直、根深叶茂,在诗中它象征忠贞不渝的爱情。如"东西植松柏,左右种梧桐。枝枝相覆盖,叶叶相交通"(《孔雀东南飞》),诗中用松柏梧桐的枝叶覆盖相交,象征了刘兰芝和焦仲卿对爱情的忠贞不渝。这双对纯真爱情的追求、对封建礼教抗争的夫妻,生前被迫分离,死后合葬九泉,令人非常震撼!

3)象征诗人的孤独忧愁。风吹落叶,雨滴梧桐,凄清景象,梧桐成为文人笔下孤独忧愁的意象。如"无言独上西楼,月如钩。寂寞梧桐深院锁清秋"(李煜《相见欢》),非常形象生动地写出了这位亡国之君幽居在一座寂寞深院里的落魄相。重门深锁,顾影徘徊,只有清冷的月光从梧桐枝叶缝隙中洒下来,十分凄凉。过去是居万民之上的君主,而今成为阶下囚,万千愁绪尽在其中,亡国之恨何时了?

4)象征诗人的离情别绪。在唐宋诗词中,梧桐作为离情别恨的意象和寓意是最多的。如"梧桐更兼细雨,到黄昏、点点滴滴。这次第,怎一个愁字了得"(李清照《声声慢》),丈夫去世独守空房的李清照,正在遭受国破家亡的痛苦。此时,女词人独立窗前,雨打梧桐,声声凄凉,孤独无助的她,在深切怀念自己的丈夫。这哀痛欲绝的词句,催人泪下,堪称写愁之绝唱。

(4)柳树。"柳"是我国古典诗词中的一种非常重要的意象,可以表示离愁别恨、代指故乡、借指春天、韶华易逝的人生感慨、象征美女、喻指爱情、借代小人等。

1)表示离愁别恨,相思与盼归。古代人善用谐音表达情感,"柳"与"留"、"丝"与"思"相谐,长此以往就产生了以柳赠别和折柳寄远的风俗。亲人或友朋离别,折柳以表达对离别者的不舍之情。

如"袅袅古堤边,青青一树烟。若为丝不断,留取系郎船"(雍裕之《江边柳》),诗中女主人公希望柳丝绵绵不断,以便把情人的船儿系住,永不分离。

"以柳赠别"的喻义是亲人离别家乡正如离枝的柳条,希望他到新的地方,能很快地生根发芽、枝繁叶茂,而纤柔细软的柳丝则象征着情意绵绵、美好的祝愿。

2)故乡情。古人喜欢种柳,无论家中庭院、山前山后都遍植柳树,故"柳"常作故乡的象征,寄寓着人们对家园故土的思念和对家的依恋。

如"一上高城万里愁,蒹葭杨柳似汀洲"(许浑《咸阳城西楼晚眺》),诗人在愁怀无际之时登上咸阳城楼,举目四望,见依依杨柳略类江南,便想起了自己魂牵梦绕的故乡,生发出感慨大唐帝国在风雨飘摇中的无限悲愁。

3)借指春天。杨柳因其吐青早,而成为春天新生的象征。

如"寒雪梅中尽,春风柳上归"(李白《宫中行乐词八首》)"侵陵雪色还萱草,漏泄春光有柳条"(杜甫《腊日》),都直接点出了春与柳的关系,柳是春的象征。

4)韶华易逝的人生感慨。杨柳生长期短,易衰老,往往成为世人感叹时光易逝、青春不再的意象。

如"楼外垂柳千万缕,欲系青春,少住春还去"(朱淑真《蝶恋花·送春》),以垂柳的意象抒写了对春光易逝的感叹。

5)窈窕多姿、风流多情的美女意象。柳树的材质疏松、枝条柔软,柳条在随风飘荡时,看起来婀娜多姿、风姿绰约、楚楚动人,与风情万种的美貌女子极为相似,所以柳又是风流多情的妙龄女郎的象征。

柳叶初生,似睡眼刚展,故称"柳眼"。如"暖雨晴风初破冻,柳眼梅腮,已觉春心动"(李清照《蝶恋花·暖雨晴风初破冻》)。

柳叶瘦长微翘,与美女的眉毛特征相吻合。故把女子秀眉喻为"柳眉"。如"芙蓉如面柳如眉,对此如何不泪垂"(白居易《长恨歌》)。

柳枝纤细苗条,与美女的身体特征相吻合,故用柳来喻美女的袅娜的腰肢。如"樱桃樊素口,杨柳小蛮腰"(白居易),是以"柳"描写美女柔弱纤细的腰肢。

2. 花草类

(1)梅。梅,性耐寒,早春开花,历来备受称颂,被誉为"四君子"(梅、兰、竹、菊)之一,深受文人墨客喜欢。古典诗词中,以梅入题或借梅抒情的作品很多,而且梅在诗人笔下的情感走向也是多元化的。

1)折梅忆恋人。折梅与怀人有关,如《西洲曲》中的"忆梅下西洲,折梅寄江北"——从忆梅到折梅,引起对恋人的怀思,这是一个从无意到有意的过程。

又如李清照《孤雁儿》中的"一枝折得,人间天上,没个人堪寄"——丈夫早逝,知音难觅,词人折下梅花,找遍人间天上,却没有一人可以寄赠,一曲哀音,缭绕不绝,写尽了词人怅然若失之伤。

2)以梅寄乡情。借梅写怀乡之情,最有名的是王维的《杂诗》:"君自故乡来,应知故乡事。来日绮窗前,寒梅著花未?"作者向故人询问家中的寒梅是否开了,含蓄而深沉地表达了自己的思乡之情。

3)用梅言品性。梅,数九寒天傲雪开放,清香四溢,因此古人常把它当作品格高尚、气节坚韧的象征物。

如陈亮的《梅花》:"一朵忽先变,百花皆后香。欲传春消息,不怕雪埋藏。"写出了梅花不怕打击挫折与敢为天下先的品质。

4)借梅叹身世。如李清照的《清平乐》:"年年雪里,常插梅花醉。挼尽梅花无好意,赢得满衣清泪。今年海角天涯,萧萧两鬓生华。看取晚来风势,故应难看梅花。"这首词运用对比手法,依次描写了作者在少年、中年和晚年三个不同生活阶段赏梅的不同情致——少年时赏梅醉酒,中年时对梅垂泪,晚年时无心赏梅,从而表现了词人生活的巨变,抒发了诗人晚年飘零凄苦之境和国破家亡之悲,读来真切感人。

(2)菊。菊是中国文人心目中的"四君子"之一,它不仅是中国文人人格和气节的写照,而且被赋予了广泛而深远的象征意义。

1)隐士的象征。因为有了陶渊明的垂青,菊花便成了"花之隐者也"。

如陶渊明的《和郭主簿·其二》:"芳菊开林耀,青松冠岩列。怀此贞秀姿,卓为霜下杰。"此诗体现了作者对宁静闲适生活的向往。采菊东篱下的陶渊明用山水田园诗人跟隐逸者的风采,赋予了菊花一种脱俗雅致、非同一般的隐者之风,菊花也从此便多了一种隐士般的灵性。

2)斗士的象征。一改菊花隐逸者形象的,当然要数唐末农民起义领袖黄巢了。

黄巢的《不第后赋菊》:"待到秋来九月八,我花开后百花杀。冲天香阵透长安,满城尽带黄金甲。"又见菊花于秋独开、百花于秋凋残的情况,想到自己要率领义军杀进并占领长安,推翻唐王朝,抒发了作者要推翻唐朝统治的大志。

在黄巢带有明显寓意和倾向性的诗作里,菊花成了饱经沧桑、勇敢坚强的斗士,为民请命,替天行道,一派叱咤风云、气吞山河的英雄气概和改天换地、扭转乾坤的政治抱负。

3)伤感的象征。如李清照的《醉花阴·薄雾浓云愁永昼》:"薄雾浓云愁永昼,瑞脑消金兽。佳节又重阳,玉枕纱厨,半夜凉初透。东篱把酒黄昏后,有暗香盈袖。莫道不消魂,帘卷西风,人比黄花瘦。"

李清照是宋代女词人,菊花在她笔下成为抒发情思的对象。布帘被一阵风拂开,瞥见外头新开的秋菊,艳压群芳,如那时的伊人风华绝代、一笑倾城。不禁苦笑,人愧黄花。薄酒迎风举杯轻酌,怎掩断肠,"瘦"字抒发了内心对久别丈夫的感受。

4)高洁品格的象征。菊花虽不能与国色天香的牡丹相媲美,也不能与身价百倍的兰花相提并论,但作为傲霜之花,它一直得到文人墨客的青睐。菊花艳于百花凋后,不与群芳争列,历来被用来象征恬然自处、傲然不屈的高尚品格。

如屈原的《离骚》:"朝饮木兰之坠露兮,夕餐秋菊之落英。"屈原以饮露餐花寄托了自己玉洁冰清、超凡脱俗的品质。所以,菊是体现作者理想的个人人格的意象。

(3)兰花。中华兰文化,源远流长。经过历代文化的熏陶,兰的高雅绝不仅仅局限它的品质,更在于它的精神。

1)喻隐士。兰花幽谷独芳,不与群花斗艳,淡然自处。

如陶渊明的《幽兰》:"幽兰生前庭,含熏待清风。清风脱然至,见别萧艾中。行行失故路,任道或能通。觉悟当念还,鸟尽废良弓。"此诗作于陶渊明看破东晋黑暗、辞官隐退之时,表现了诗人高洁傲岸的道德情操和安贫乐道的生活情趣。

2)喻君子。兰花不畏风霜雨雪傲然绽放,不卑不亢。

如李白的《于五松山赠南陵常赞府》:"当草当作兰,为木当作松。兰秋香风远,松寒不改容。"诗人将兰花跟松树并举,赞颂了兰花不畏严寒、刚正不阿的品质。

3）喻美人。兰花多生于静谷，且内敛神秘而灵动慧洁，因此世人又赋予它"空谷佳人"的美誉，"蕙质兰心"便成为品评女子心性纯善温雅的审美标准。

如马湘兰的诗"空谷幽兰独自香，任凭蝶妒与蜂狂。兰心似水全无俗，人间信是第一芳。"美人之于兰花，又增添了一份人格特质，丰富了兰花本身的意蕴。

4）喻金兰之谊。兰花独居深林而不语，颇有遗世独立的意味。

如《世说新语·贤媛》："山公与嵇、阮一面，契若金兰。"嵇康的兰摧玉折，为这份金兰之谊溅上了一抹挥之不去的血色。殊途之友，异路而行，因而嵇康留书绝交。这份坚执不移的友谊令人们钦羡的同时，也产生了对知己的强烈渴求。

（4）芭蕉。芭蕉是我国古代文人喜欢的植物之一，被赋予了很多意象。

1）愁苦心情的象征。如吴文英的《唐多令·惜别》："何处合成愁？离人心上秋。纵芭蕉，不雨也飕飕。""纵芭蕉，不雨也飕飕"是词人内心的感受，雨打芭蕉是令人惆怅的，面对离别，纵然晴昼无雨，芭蕉在秋风中的摇曳，也令人感到凉飕飕地凄楚。

2）夏雨的信使。提起芭蕉，人们往往会想起夏天的雨和雨打芭蕉的声音。芭蕉的叶子硕大，又常常在夏天最为繁盛，雨打芭蕉便成为一种景致、一种美妙的组合。所以，芭蕉成了夏雨的信使。

如白居易的《夜雨》："早蛩啼复歇，残灯灭又明。隔窗知夜雨，芭蕉先有声。"这首诗写于作者谪居江州之时，后两句写的是隔着窗户听到芭蕉发出的声音，知道夜里下起了雨，隐约透露出诗人的孤寂和漂泊之感，意蕴绵长。

3）芭蕉题诗，传达别样情致。芭蕉叶大，适于书写，历代均有将诗句写于芭蕉叶上的故事。

如韦应物的《闲居寄诸弟》："秋草生庭白露时，故园诸弟益相思。尽日高斋无一事，芭蕉叶上独题诗。"

题诗于芭蕉之上，增添了芭蕉的风雅，文字写于叶子之上，情感流动于文字之中。

4）人的脆弱虚空身体的象征

芭蕉性喜温，高大却又中空，容易凋零和被风折断。所以，在诗人的笔下，芭蕉常常是人脆弱虚空身体的象征，而诗人也往往在病中咏芭蕉。

如苏辙的《新种芭蕉》："芭蕉移种未多时，濯濯芳茎已数围。毕竟空心何所为，欹倾大叶不胜肥。萧骚莫雨鸣山乐，狼籍秋霜脱弊衣。堂上幽人观幻久，逢人指示此身非。"作者由芭蕉引起空虚的感慨，逢人便要述说一番，仿佛自身也是这样虚空，令人感慨。

3. 动物类

（1）杜鹃。杜鹃在古诗词中一般代表悲情意象。杜鹃鸟又名"杜宇""子规"，相传它是望帝杜宇的化身。杜鹃感人的渊源和"声声啼血"的哀鸣，激发了无数文人的情怀，杜鹃也成了中国古典诗词中经常出现的意象。

1）借杜鹃抒怀乡之情。

宣城见杜鹃花

唐·李白

蜀国曾闻子规鸟，宣城还见杜鹃花。
一叫一回肠一断，三春三月忆三巴。

在蜀中，每逢杜鹃花开的时候，子规鸟就开始啼鸣了。末句突现了思乡的主题，把杜鹃花开、子规悲啼和诗人的断肠之痛融于一体，以一片苍茫无涯的愁思将全诗笼罩了起来。

2)借杜鹃表送别之意。

江上送客

唐·白居易

江花已萎绝,江草已消歇。
远客何处归?孤舟今日发。
杜鹃声似哭,湘竹斑如血。
共是多感人,仍为此中别。

"杜鹃声似哭,湘竹斑如血。"杜鹃的叫声哀怨、凄凉,就像哭声一样;舜帝的两位妻子娥皇、女英泪洒斑竹,千里寻夫,送别的凄苦之情表达得淋漓尽致。

3)借杜鹃以怀人。

闻王昌龄左迁龙标遥有此寄

唐·李白

杨花落尽子规啼,闻道龙标过五溪。
我寄愁心与明月,随君直到夜郎西。

"杨花落尽子规啼"一句写景兼点时令。于景物独取漂泊无定的杨花、叫着"不如归去"的子规,既含有飘零之感、离别之恨在内,切合当时情势,也就融情入景,表达了对友人的深切怀念和同情。

4)借杜鹃以伤春。

惜 春

唐·杜牧

花开又花落,时节暗中迁。
无计延春日,何能驻少年。
小丛初散蝶,高柳即闻蝉。
繁艳归何处,满山啼杜鹃。

杜鹃啼至血流还不止,寄托了诗人的伤感和哀怨,强化了杜鹃悲情感人的意象。所以,中国几千年一代代的文人墨客多把杜鹃当作一种悲鸟,当作悲愁的象征。

其实杜鹃并不是真的"啼血",而是杜鹃口腔上皮和舌部都为红色,古人误认为它啼得满嘴流血。而杜鹃高歌之时,正是杜鹃花盛开之际,人们见杜鹃花那样鲜红,便把这种颜色说成是杜鹃啼的血。

(2)燕子。燕子属于候鸟,随着季节的更迭而迁徙,它们喜欢成双成对,把自己的巢穴搭建在人家的屋檐下,因这样的意境而被古人所青睐,经常出现在诗歌作品中。它们或渲染离愁,或感伤时事,或惜春伤秋,或寄托相思,表情之丰,意象之盛,非其他物类所能及。

1)寓意春光无限美好,表达惜春之情。燕子秋天飞去南方,春天飞回北方,许多诗人把燕子当作春天的象征进行美化和赞颂。

如韦应物的《长安遇冯著》:"冥冥花正开,飏飏燕新乳。"

晏殊的《破阵子·燕子来时新社》:"燕子来时新社,梨花落后清明。"

乔吉的《天净沙·即事》:"莺莺燕燕春春,花花柳柳真真,事事丰丰韵韵。"

2)体现美好的爱情,传达对情人的相思之苦。燕子素以雌雄颉颃,飞则相随,所以体现了美好的爱情。

如《诗经·谷风》:"燕尔新婚,如兄如弟。"

《古诗十九首》:"思为双飞燕,衔泥巢君屋。"

燕子成双成对的形象,也使得有情人把自己的感情寄托在燕子身上,表达了渴望比翼齐飞的思念之情。

3)表现时事变迁,抒发昔盛今衰、亡国破家的感慨和悲愤。燕子秋去春回,不忘旧巢,诗人抓住此特点,尽情宣泄心中的愤慨。最著名的当属刘禹锡的《乌衣巷》:"朱雀桥边野草花,乌衣巷口夕阳斜。旧时王谢堂前燕,飞入寻常百姓家。"

4)表现羁旅情愁、漂泊之苦。燕子属于候鸟,所以它寄居人家、栖息不定,留给了诗人丰富的想象空间,赋予了它表达羁旅乡愁的意象。尤其对于那些去乡离家、漂泊天涯的诗人,当看到春来秋往定巢檐下的燕子时,便不由得联想到自己寄人篱下的处境,引起客居他乡的伤感以及思乡之情。

如王炎的《点绛唇》:"雨湿东风,谁家燕子穿庭户。孤村薄暮。花落春归去。浪走天涯,归思萦心绪。家何处。乱山无数。不记来时路。"

词人王炎浪走天涯,想要回到故乡的思绪一直萦绕在他的心头,家在何处?千山万水之后,已经忘记了来时的路。这是一幅以燕子为代表的晚春乡景图,正是这种似是而非的景色,勾起了异乡词人浓浓的乡愁。

5)代人传书,倾诉离人之苦。南来北往的燕子在古诗词中还扮演着一个比较特殊的角色:信使。燕子作为信使,使它具有了诉说离情的意象。

如郭绍兰的《寄夫》:"我婿去重湖,临窗泣血书。殷勤凭燕翼,寄与薄情夫。"诗人在这首诗中想要借燕子这个信使来向自己的"薄情夫"传送书信,以此来表达自己对丈夫的思念。

4. 自然类

(1)雨。打开唐宋诗词作品,到处听得到雨声。雨中多愁,因而雨中多诗。雨作为一种轻柔流动的物象,更是常常出现在词人的笔下,成为词人抒发个人感慨的有效载体。

1)喜雨。雨被赋予怎样的感情,与诗人的人生态度、雨发生的适时性以及雨发生的季节有关。个性乐观的诗人,往往将雨与滋润万物、唤起勃勃生机联系在一起,他们笔下的雨大多是生命光泽与生命希望的象征;而个性悲观的诗人,则往往会将其赋予另一种愁苦的感情。

如杜甫的《春夜喜雨》:"好雨知时节,当春乃发生。随风潜入夜,润物细无声。"好雨知人意,在大地急需要雨时,雨来了,它好在适时。在人们正酣睡的夜晚,雨无声地、细细地下,不知不觉中柔情地融入大地,化作生命的光泽与亮色,润物无声,勾勒出了一幅十分美妙的春的图画,何等喜悦!

2)愁雨。往事如烟,人生苦短。当诗人伤春、悲秋、离愁、别恨、寂寞、无奈之时,雨飘然而下,就成了最契合文人失意与愁苦的自然物象,具有了特定的感情内涵。

亡国被俘后,李煜就悲凉地吟唱:"帘外雨潺潺,春意阑珊。罗衾不耐五更寒。梦里不知身是客,一晌贪欢。"在悲苦的词人看来,潺潺的帘外之雨仿佛是自己凄苦的泪水,雨声中凝聚了词人的泪水和哀愁。

3)禅雨。禅是印度语禅那的音译,意译是静虑,即安静地沉思。禅世界的思想境界和语言境界,在诗世界里也可以找到。

诗人在对雨的静观和沉思中顿悟某种人生的哲理,从而给雨打上了谈禅说理的烙印。雨所清洗的是空间世界,同时也是人的心灵世界。诗人的权心利欲在雨意的清凉中被洗净,领悟到某种人生的哲理,从而使雨也具有了几分禅家的意味。

如宋代大词人苏轼的《定风波·莫听穿林打叶声》:"莫听穿林打叶声,何妨吟啸且徐行。

竹杖芒鞋轻胜马,谁怕?一蓑烟雨任平生。料峭春风吹酒醒,微冷,山头斜照却相迎。回首向来萧瑟处,归去,也无风雨也无晴。"此词作于苏轼贬居黄州之时,词人借途中遇雨的平常经历阐发了不平常的人生哲理,映射出词人独特的人生感受。无论是自然界的阴晴风雨,还是现实人生的荣辱升降,都可等闲视之,浑不在意。这里词人正是借助于"雨"这一具体意象将人生引入忘情得失、超然物外的禅意般的宁静之中。

(2)月。在中国传统文化中,月这种意象常常成为人的思想情感的载体,意蕴十分丰富。

1)以月渲染清幽气氛,衬托诗人悠闲旷达的情怀。在悠闲乐观的诗人眼里,月亮意象是悠闲自在、清幽雅致的代名词。

如王维的《山居秋暝》:"空山新雨后,天气晚来秋。明月松间照,清泉石上流。竹喧归浣女,莲动下渔舟。随意春芳歇,王孙自可留。"

"明月松间照,清泉石上流",这是一幅多么雅致、静谧而又充满乐趣的画面。在这样的景致中,似乎所有的东西都显得那样悠然自在、活泼新颖,同时也洋溢着诗人对自然山水的喜爱和隐匿山水间的飘逸情怀。

又如王维的《鸟鸣涧》:"人闲桂花落,夜静春山空。月出惊山鸟,时鸣春涧中。"在这首诗中,月亮以动态的形式出现,一个"惊"字打破了宁静,唤醒了世界。在这"夜静春山空"中,一轮明月的出现,更加渲染了清幽与雅致。

2)以月寄托相思之情,抒发思乡怀人之感。在远离家乡、远离亲人者的眼里,月亮这一意象有时寄托着恋人间的苦苦相思,有时是蕴含着对故乡和亲人朋友的无限思念。

如李白的《静夜思》:"床前明月光,疑是地上霜,举头望明月,低头思故乡。"张九龄的《望月怀远》:"海上生明月,天涯共此时。"

当李白"举头望明月"时,他的思乡之情便油然而生了。诗中的月亮已不再是纯客观的物象,而是浸染了诗人感情的意象。

3)以月烘托孤苦情怀,渲染凄清气氛。在失意的诗人笔下,月亮引发了很多失意文人的情怀,寄托了诗人仕途不顺和遭受的流离之苦。

如李白的《月下独酌》:"花间一壶酒,独酌无相亲。举杯邀明月,对影成三人。月既不解饮,影徒随我身。暂伴月将影,行乐须及春。我歌月徘徊,我舞影零乱。醒时同交欢,醉后各分散。永结无情游,相期邈云汉。"

表面上看,这是写诗人在花下与月、影相伴、相舞、相酌成欢的美好情景,实则是诗人用这美好的情景来反衬自己内心的孤寂与悲苦。而这一切皆因月起,若无此月,诗人恐怕也不会有此感伤。

(3)云的意象。中国古典诗歌中云的意象具有丰富的意蕴与情致。

1)隐士云。云意象常用于表现隐者隐逸情趣,因为他们多居于山中,山深故有云,云成为隐居者的亲密伴侣。

如贾岛的《寻隐者不遇》:"松下问童子,言师采药去。只在此山中,云深不知处。"

又如常建的《宿王昌龄隐居》:"清溪深不测,隐处唯孤云。"孤云既是隐处的特征,也是隐者的好友。

2)深情的云。在古代诗歌中,望白云而思亲思友是一种常见的情景。

如杜甫的《恨别》:"思家步月清宵立,忆弟看云白日眠。"抒发了诗人流落他乡的感慨和对故园、骨肉的怀念,表达了希望早日平定叛乱的爱国思想。

3)彩色的云

①青云。青云有时和白云一样,可以用来表现隐居山野。

如《南史·齐衡阳元王道度传》附《萧岌传》:"身处朱门,而情游江海;形入紫闼,而意在青云。"所谓意在青云,就是意在归隐。

青云能用来表现进取、向上的精神,是因为它可以指代高空,进而可以隐喻高位。平地青云、平步青云是人们比喻科举登第或地位突然提升的常用成语。

如杜甫的《奉赠太常张卿垍二十韵》:"碧海真难涉,青云不可梯。"这是诗人为张垍仕途蹭蹬发出的感叹。

②碧云。

如南朝诗人江淹的《休上人别怨》:"日暮碧云合,佳人殊未来。"表现了男女离别相思之情。

③紫云。紫云常被认为是帝王的祥瑞征兆,诗词中常以之表现帝王所处之地。

如郑谷的《阙下春日》:"建章宫殿紫云飘,春漏迟迟下绛霄。"描绘了皇宫的非凡气象。

④黑云。黑云出现预示着风雨将至。

如苏轼的《六月二十七日望湖楼醉书》:"黑云翻墨未遮山,白雨跳珠乱入船。"黑云有时可隐喻险恶的社会环境。

⑤乌云。乌云在诗词中多用来比喻女子的头发。

如苏轼的《岐亭道上见梅花戏赠季常》:"行当更向钗头见,病起乌云正作堆。"这是说梅花应当成为女子头上的装饰,乌云比喻黑发。

⑥黄云。黄云常出现在边塞诗中,具有明显的地域性。因为边塞风沙弥漫,以至于天上的云看上去也似乎染成了黄色。

如江淹的《古别离》:"远与君别者,乃至雁门关。黄云蔽千里,游子何时还?"

4)变幻的云。浮云意象在古代诗歌中出现的频率很高,其作用也较为复杂。

浮云无根,飘忽不定,古代诗歌中常用它来比喻浪迹四方的游子,或者比喻送别和忆友。

如李白的《送友人》:"浮云游子意,落日故人情。"形容友人行踪飘忽不定与自己对友人的依依不舍之情,即景取喻,浮云与落日也都有了人情味。

浮云看上去轻飘飘的,似乎没有什么分量,诗人常以之比喻富贵荣华,表明把这些有的人毕生追求的东西看成是微不足道的,对它们持轻蔑态度,表现一种安贫乐道的人生态度。

如左思的《咏史八首·其三》"连玺曜前庭,比之犹浮云。"

杜甫的《丹青引·赠曹将军霸》:"丹青不知老将至,富贵于我如浮云。"体现了中华民族具有的一种精神追求重于物质追求的传统美德。

浮云有时也用来比喻一切阻碍历史前进的势力、小人。

如李白的《登金陵凤凰台》:"总为浮云能蔽日,长安不见使人愁。"

古典诗歌中的云意象融入了深厚的人文精神,在中国古代诗歌中占有极其重要的地位,向读者传递了丰富的信息。

(二)诗歌的意境

所谓"意境",是诗人的主观思想感情与诗中所描绘的生活图景有机融合而形成的一种耐人寻味的艺术境界,是诗人强烈的感情和生动的客观事物的交融。

诗歌的意境是透过诗中的意象浸润出来的。要领悟诗歌的意境,首先便要找出意象,初步理解诗人是怎么借助这个意象来展现自己的个性色彩,表现自己的希冀和追求,抒发自己感情的。

马致远的《天净沙·枯藤老树昏鸦》中的"老树""昏鸦""枯藤""西风""瘦马""夕阳""古道"等,表现的是一种落寞寂寥的秋景,这样的景致展现的则是一种悲戚、苍凉的意境,浸透的是羁旅断肠的情怀。

诗人把抽象的情绪寄寓于具体可感的事物之中,也就是诗歌中诗人创造的"意境"。

1. **郑明明化妆品商标**

图 6-23 为郑明明化妆品的商标,运用其英文名称"CMM"设计成新月和花蕾的意象。这个创意创作灵感是来自"闭月羞花"的诗句。

图 6-23　郑明明化妆品商标

2. **李商隐的《夜雨寄北》与平面设计**

设计内涵分析:

诗歌语言在语法上具有独特鲜明的跳跃特征,这种跳跃不仅仅体现在语词上的不连续,更体现在诗歌意象的镜头切换。其中最具代表性的当推李商隐的《夜雨寄北》:"君问归期未有期,巴山夜雨涨秋池。何当共剪西窗烛,却话巴山夜雨时。"

作者想象从巴山飞驰到家中,绕西窗,又从家中折转飞回巴山,形成一个完整的心理轨迹。这其中除了有空间上的往复叠映,又有时间上的回环旋转,并且虚实相生,婉转缠绵,摇曳荡漾出千种风情,把诗人留滞异乡、归期未卜的羁旅之愁与对妻子的伉俪情深表现得自然流畅、跌宕有致。

如图 6-24 所示,该作品非常巧妙地把印度舞蹈演员的前额、中国京剧旦角演员的眉眼、印度尼西亚脸谱的鼻子装饰、日本浮世绘版画的口部这四个不同国家演员的脸部特色组合成为新的脸谱。这四个国家不同文化背景下的脸谱造型通过图案拼接的方式,烘托了亚洲艺术荟萃一堂的主题。这个海报设计就利用了中国古典诗歌意象的镜头变换原理。

图 6-24　中国香港设计师靳埭强先生为
第三届亚洲艺术节设计的海报

3. 设计作品《竹解心虚》

如图6-25所示,作品《竹解心虚》的题目出自唐代诗人白居易称赞竹子的诗句"水能性淡为吾友,竹解心虚即我师"。竹子空心,古人理解为虚心,并将其上升为一种高尚的品格,诗人就是要以竹为师,学习竹子谦虚谨慎的品格。设计师理解了诗中含义,"竹解心虚,学然后知不足",勉励自己成为像竹子一样虚心的人。

本作品运用线条的粗细变化来表现竹的层次关系,将"竹"字不完整地体现在其中,以此充分显示自己的不足之处,做到了理达而隐的效果,使视觉传达的过程具有隐秀之美。

4. 设计作品《美的回想》

靳埭强先生的作品《美的回想》是为世界环境日所创作的海报,其创意来源于宋代诗人杨万里的《小池》(见图6-26)。画面描绘的是一只蜻蜓飞到饱蘸红色的笔尖旁欲落未落的场景,让人不禁联想到"小荷才露尖尖角"的诗中意象:嫩荷的叶尖刚露出水面,一只调皮的蜻蜓已经轻盈地站立在上面了。

图6-25 《竹解心虚》　　　图6-26 《美的回想》

诗中生机盎然的意境,点出了生态家园的理想和环保主题。"小荷"与"红笔"两个意象经由设计师的幻化和意象叠加,形成了一种复合的意象。两种意象不仅在形态上发生了关联,更因其背后诗性文化的衬托,形成了精神意境上的交融,显得妙趣天成、互补共生,给予观者丰富的心理感受。

中国古典诗歌文化中包含了深刻的哲学智慧和言简意赅的修辞特点,这是中华五千年悠久历史的文化积淀,也是世界文坛的艺术瑰宝。中国古典诗歌将很多日常物象赋予了丰富多样的精神内涵和美好意愿,这些能够给当代平面设计的灵感构思方面带来启示。

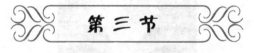

第三节

传统戏曲

中国古代戏曲是中华民族文化传统中的一条血脉,也是中国人的思想意识、人生精神的存在形式。

中国古代戏曲是实际人生活动的戏剧形态,保存了中华民族许多历史文化特征。将古代戏曲元素与当代设计相结合,不仅能够指导设计人员进行更具创造性和美感的设计,而且能够将我国优秀的古代戏曲文化精髓发扬光大。

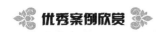

青春版《牡丹亭》海报设计

如图6-27所示,青春版《牡丹亭》海报设计中,将扮演杜丽娘与柳梦梅的青年演员人物图像作为海报设计的素材,同时采用了裁切、拼贴等手法,整幅海报突出了剧中人物头部的装束效果,使得主题更加鲜明。

图6-27　青春版《牡丹亭》海报设计

设计者还运用剧情中的其他标志性图案来配合画中的主要图案,比如运用牡丹花朵来修饰女主角的发髻,用假山、亭台楼阁、兰花等来装饰男主角的冠带,使图像跟图形互相结合,虚实相映成趣,将剧中的"梦境"和"梦幻"唯美地表达出来。

一、古代戏曲的起源和形成

戏曲是中国传统的戏剧形式,包含文学、音乐、舞蹈、美术、武术、杂技等各种表演艺术形式,是以唱、念、做、打为主要表现手段,塑造人物、敷演故事的表演艺术。

中国古代戏曲源远流长,它最早是从模仿劳动的歌舞中产生的。

二、戏曲的三大艺术特色

(一)综合性

中国戏曲是一种高度综合的民族艺术。各种不同的艺术元素与表演艺术紧密结合,通过演员的表演实现戏曲的全部功能。其中,唱、念、做、打在演员身上的有机构成,便是戏曲综合性最集中、最突出的体现。

唱,即唱腔技法,讲求"字正腔圆",传神、传情的歌唱。

念,即念白,指有节奏感和音乐性的念白,即所谓"千斤话白四两唱"。

做,即做功,是身段和表情技法,舞蹈化的形体动作。

打,即表演中的武打动作,是传统武术和翻跌的舞蹈化,是生活中格斗场面的高度艺术提炼。

这四种表演技法视剧情需要而定,常常统一为综合整体,体现出和谐之美,充满音乐精神(节奏感)。

(二)虚拟性

虚拟是戏曲反映生活的基本手法。它是指演员的表演用一种变形的方法来比喻现实的对象或者环境,借此来展现生活。

1. 时空的虚拟

我国戏曲艺术的虚拟性首先表现在对于舞台空间和时间的展示性方面,所谓"眨眼间数年光阴,寸柱香千秋万代""三五步行遍天下,六七人百万雄兵""顷刻间千秋事业,方丈地万里江山"。

空间时间的变换,完全由人物的表演来决定。戏曲舞台上表现的时空是流动的,一旦脱离了戏曲演员的表演,就没有固定的地点和时间存在。

2. 戏曲脸谱的虚拟

戏曲脸谱是中国戏曲中独有的一种视觉语言。戏曲脸谱给人们提供的是令人赏心悦目的装扮图案,是剧作者和表演者与观众进行对话的一种极富想象力的形式文化语言。

(1)戏曲脸谱的色彩。脸谱色彩是戏曲艺术中刻画人物性格的基本元素和符号特征。中国戏曲脸谱在颜色的使用上,往往多以民间喜闻乐见的颜色为主,因此,戏曲脸谱中每一种颜色都带有民族文化特定的含义。

1)白色。京剧中的白色代表奸诈这一性格符号,因此,在三国戏中饰演曹操、水浒戏中饰演高俅等奸诈之人都以白色为主要色调。

2)红色。红色在中国传统文化中具有喜庆、吉祥的含义,而对人物而言,红色则代表了忠义勇敢这一性格符号,所以常常装饰在关羽、黄盖等忠义勇士的脸上。

3)紫色。紫色表示智勇双全、刚正稳练,如常遇春。

4)黄色。黄色常用来象征武将勇猛、凶暴的性格,如宇文成都。

5)绿色。绿色表示侠肝义胆、性格暴躁,如程咬金。

6)蓝色。蓝色表示该人物刚强、骁猛的性格,如窦尔敦。

7)黑色。黑色表示忠勇、老成,如张飞。

8)灰色。灰色表示老年枭雄。

9)金银色。常用于一些神、佛的脸谱以及精灵的脸谱。

这些约定俗成、象征虚幻之感的脸谱,以丰富和浓烈的色彩形成了非常强烈的对比,使其充满了视觉的张力,而色彩的寓意和色彩的抽象感,又使其具有了极高的审美价值。

(2)戏曲脸谱的造型。中国戏曲脸谱的造型也独具特色,并且具有约定俗成的性质,人物的相貌特征、年龄气质、性格特点、身份地位等都能从每一张脸谱的造型装饰中表现出来,从而丰富了人物的内在特征及外在特点,以此激发人们产生丰富的联想,增强艺术的感染力。

(3)戏曲脸谱的图案。中国戏曲脸谱的图案装饰设计丰富多彩,尤以花脸的脸谱图式设计艺术更为突出。无论是脸颊、脑门、眉毛、眼睛都会绘以丰富的装饰图案。脸谱图案装饰的设计构成是依据长期的艺术实践而来的。因为舞台上演员要表演的角色表情与生活中的表情不一样,非常夸张,而这种表情体验正是艺术家进行脸谱创造的依据。

1)整脸。以一种颜色为主色,夸张肤色,再勾画出眉、眼、鼻、口和细致的面部肌肉纹。

2)三块瓦脸。三块瓦脸也称三块窝脸,是最基本的谱式。以一种颜色作为底色,用黑色勾画眉、眼、鼻窝,分割成脑门和左右两颊三大块,形状像三块瓦一样,因此而得名,如晁盖、马谡、关胜等。

3)神仙脸。由"整脸"和"三块瓦"发展而来,用来表现神、佛的面貌,取法佛像。主要用金、银色,或在辅色中添勾金、银色线条和涂色块,以示神圣威严。

4)僧脸。僧脸又名和尚脸,特征是腰子眼窝、花鼻窝、花嘴岔,脑门勾一个舍利珠圆光或九个点,表示佛门受戒。

5)象形脸。一般用于神话戏,构图和色彩均从每个精灵神怪的形象特征出发,无固定谱式。画法要似像非像,不可过于写实,讲究"意到笔不到",贵在传神,让观众一目了然,一看便知道是何种神怪。

6)丑角脸。丑角脸又名"三花脸"或"小花脸",特点是在鼻梁中心抹一个白色"豆腐块",用漫画的手法表现人物的喜剧特征。

7)英雄脸。"英雄脸"是描绘绿林英雄形象的一种脸谱。所谓英雄,是指武戏中的拳棒教师和参与武打的打手。英雄脸是剧中次要角色的谱式,基本形式是"花三块瓦""花脸"或"歪脸",形式简单,以区别于主要人物。

(三)程式性

角色行当的程式性,是根据角色不同的性别、年龄、身份、性格等特点,划分为生、旦、净、丑四种基本类型,每种类型又派生出许多更加细致的角色。

(1)生。生是戏曲表演行当的主要类型之一,除净、丑以外的男性角色称为生行。

按其扮演人物的年龄、身份、性格特征和表演特点,大致可分为小生、娃娃生、武生、扇子生和老生几类。生除了红生和某些勾脸的武生之外,其他都是素脸,也就是内行说的"俊扮"。

1)小生。小生扮演青年男性。

2)娃娃生。娃娃生扮演儿童角色,京剧中还有娃娃武生。

3)武生。武生是非常善于武功的人物,分短打和长打武生两类。长打武生穿厚底靴,扮演大将;短打武生常穿袍衣袍裤和薄底靴,以动作的轻捷矫健、跌打翻滚的勇猛炽烈见长。比如《十字坡》中的武松、《闹天宫》中的孙悟空都属短打武生。

4)扇子生。扇子生,又称巾生,因佩戴文生巾或持折扇而得名,多扮儒雅潇洒的青年书生,唱、念、做诸功并重。比如昆曲《柳荫记》中的梁山伯。

5)老生。老生扮演的都是性格正直刚毅的中年正面人物,因为戴有髯口,故称须生,又称胡子生。老生重唱功,念韵白,用真声,动作造型大方庄重。比如梆子《蝴蝶杯》中的田云山、京剧《空城计》中的诸葛亮等。

(2)旦。专指女性角色的"旦",可分为花旦、老旦、青衣、刀马旦等。

1)花旦。花旦扮演的多为天真烂漫、性格开朗的妙龄女子,也有的是属于泼辣、放荡的中、青年女性,称作泼辣旦,常常带点喜剧色彩。

2)老旦。老旦扮演的是老年妇女的角色。老旦的表演特点是唱、念都用本嗓,用真嗓,但不像老生那样平、直、刚劲,而像青衣那样婉转迂回。要求演员用高亢的唱腔、沉实的念白、沉稳的动作来表现人物。

3)青衣。青衣因所扮演的角色常穿青色褶子而得名,主要扮演庄重的青年、中年妇女。其表演特点是以唱功为主,动作幅度较小,行动比较稳重,念韵白,唱功繁重。

北方剧种多称青衣,南方剧种多称正旦。按照传统来说,青衣在旦行里占最主要的位置,所以叫正旦,扮演的一般都是端庄、严肃、正派的人物,大多数是贤妻良母,或者是贞节烈女之类,年龄一般都是由青年到中年。

4)刀马旦。刀马旦专演巾帼英雄,提刀骑马、武艺高强,身份大多是元帅或大将,专门负责表演戏剧里需要武打的角色,属于武旦的一种,即长靠武旦,就是妇女也穿上大靠,顶盔贯甲。这样的角色一般都是骑马的,拿着一把尺寸比较小的刀,所以有了专门名称叫刀马旦,以气势见长,如樊梨花、穆桂英等。刀马旦是要能唱、能念、能做、能打的,多扮演穿蟒扎靠、戴翎子的女将。

(3)净。"净",俗称花脸,大多是扮演性格、品质或相貌上有些特异的男性人物,化妆用脸谱,音色洪亮,风格粗犷。以唱功为主的大花脸,如包拯;以做功为主的二花脸,如曹操。

(4)丑。"丑"俗称小花脸、三花脸,可分为文丑、武丑两大支系。不同的角色在化妆、服饰以及表演(动作、唱腔和念白)上,都有一些特殊的规定。

生、旦、净、丑是京剧的四个行当。其名称的由来,传说是取其反意。

"生"意为生疏,但是演员在表演时最忌讳的也是生。所以,取"生"字就是希望演员在表演时要成熟老练。

"旦"表示东升的太阳,表示的是男性,代表阳,然而旦角演的反而是女性,女属阴,反其意即为"旦"。

"净"即清洁干净,而净角都是满脸涂彩的大花脸,看起来很不干净,而不干净对应的反面就是净,因而才得此名。

"丑"按属相,属牛,牛给人笨拙的感觉,因此"丑"也成了"笨"的代名词。在刻画丑角时,要求表现出聪明机灵、活泼开朗,而单取一个"丑"字也是为了提醒演员千万不要像牛那样笨拙。

项目设计剖析

一、古代戏曲与动画人物形象设计

《骄傲的将军》是根据中国寓言故事《临阵磨枪》改编而来的,讲述一个得胜归来的将军,在庆功会上受到文武百官的赞扬和阿谀奉承,洋洋得意、骄傲不已,从此不再练武训练,武功退化到连100多斤的石担都举不起来,拉弓射雁时,箭射到半空就飘落下来。尽管如此,将军却毫不在意,仍是每天纸醉金迷。

可是,正当他庆祝寿辰的时候,敌人的军队来袭,将军赶忙叫下人去拿武器,但可想而知的是兵器早已生锈,不能使用了。没办法,他只能慌忙而逃。最终,将军被擒获,那幅写有"天下第一英雄"的牌匾也被敌军破坏了,至此将军再也无法骄傲了。

《骄傲的将军》有着非常浓重的民族特色,正是体现在动画中运用了大量戏曲中的元素(见图6-28)。

图6-28 《骄傲的将军》

二、古代戏曲与海报设计

1. 新版昆曲《怜香伴》

戏曲海报中的图形蕴含着对戏曲剧目中所表达剧情的生活含义和人生哲理,在视觉直观上超越了文字,具有一种亲近、感人的魅力,是人们乐于接受并喜爱的一种视觉语言形式。

新版昆曲《怜香伴》是根据李渔的名作改编而成的,它很直接地把剧中主要人物放在海报中(见图6-29)。其中人物的眉眼传情、色彩的运用及构图都很容易让观众了解这部作品讲述的是过去两名女子之间所产生的恋情。其中,不管是男旦版还是女版的海报,在人物造型上都是把两人之间的那种缠绵悱恻的人物关系置于画面中非常重要的位置,以非常唯美的人物装束和简单明了的形态表达出了剧目的人物关系与主要情节。

图6-29 《怜香伴》海报设计

2. 河北梆子《钟馗》

图6-30是河北梆子《钟馗》的海报,该海报用于2008年北京奥运会期间一场重要的演出活动。

图6-30 《钟馗》海报设计

钟馗在民间传说中是一个能打鬼驱除邪祟的神。海报主要表达的是惩奸除恶的、来自东方的审美情愫,再配以奥运的、全民喜庆祥和的氛围,因此海报中便是满满的红色,图形在海报中的位置反而退居其次,成为第二位要素了。

3.《桃花扇》

图6-31的海报设计来自著名平面设计师陈正达先生。这是一把喋血的扇子,非常深刻地烘托了画面的主色调,展现了该剧的悲情色彩。在剧中,桃花扇是侯方域与李香君的定情物,这副扇子不仅记录了男女主人公沉浮不定的命运,同时也引出了各色人等的活动。一把扇子,串联了历史、人物、事件,展示了它们破灭的必然性。

图6-31 《桃花扇》海报设计

三、戏曲脸谱与视觉设计

戏曲脸谱是中国戏曲所采用的一种化妆手段,以丰富的色彩、夸张变异的图案创造设计出戏中每一个角色的形象。人物面部要表达的性格含义、面部表情的变换是由脸谱的装饰而定,而情绪和心理变化的流露则是由戏曲脸谱图案设计中的色彩来决定,这些都可以成为设计借鉴的极好元素。

(一)《北京奥运·三十六"记"》

漫画家周大庆创作的《北京奥运·三十六"记"》系列漫画(见图6-32),漫画人物分别借用了京剧的脸谱和服饰,用福娃依次来扮演生、旦、净、末、丑等形象,通过漫画的形式介绍了奥运会的各种运动项目。这种将漫画与戏曲脸谱相结合的手法,中国元素的味道十足,既宣传了我国传统的戏曲脸谱艺术,又很容易为世人所接受。

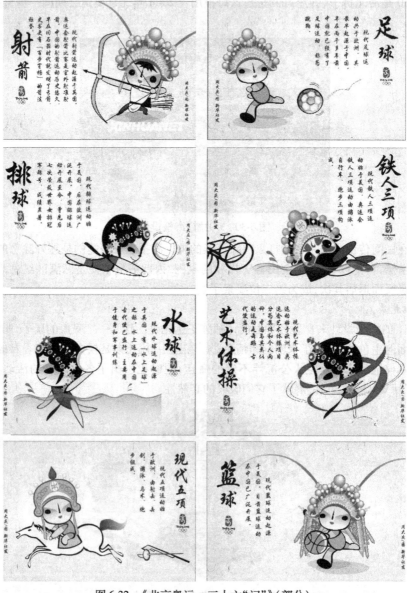

图6-32 《北京奥运·三十六"记"》(部分)

(二)宝马车和纽巴伦运动鞋

戏曲脸谱具有丰富的中国传统民族元素,近年来它开始走上国际舞台。古老的传统配以现代的设计,东方的魅力载以西方的理念,使它在世界装饰艺术的大舞台上成为一颗冉冉升起的新星,在世人的审美视觉领域里具有超然的魅力。

宝马新一代车型"BMW之悦"的设计,把古老悠久的中国戏曲的脸谱文化融入其中(见图6-33);New Balance新一代运动鞋的创意中,也运用了中国古代戏曲的脸谱文化(见图6-34)。

图6-33　宝马"BMW之悦"

图6-34　New Balance 运动鞋

(三)万宝龙墨水笔

万宝龙京剧脸谱限量版墨水笔,凭借卓越质量和恒久美感,以及全球限量88支的珍稀产量,成为众多收藏家和鉴赏家竞相争取的极品典藏(见图6-35)。

图6-35　万宝龙京剧脸谱限量版墨水笔

该作品灵感来自京剧中的英雄人物后羿,由 18K 白金打造,笔帽上的后羿脸谱以黑漆镶嵌工艺华贵呈现,而 18K 金笔嘴上的脸谱雕刻亦巧夺天工。另外,笔身的精美镶钻、笔夹的"寿"字纹饰和笔帽顶端由珍珠贝母打磨而成的万宝龙六角白星,更是体现了万宝龙独具匠心的设计。

从历史的深处走到今天,中国戏曲脸谱已获得了现代人的认同。在很多行业中,为达到深入人心的效果,人们使用脸谱元素为其产品增色。脸谱装饰有着十分丰富的象征意义。中国古典美学中有这样一句话"目视者短,心视者长",对一个脸谱要进行全面而深刻的认识,不能只用眼睛看,还要用心去看,去琢磨,这样才能从脸谱那丰富多彩的装饰化符号的意象世界中诠释更多内容。

项目设计实训

1. 结合中国上古神话元素,分析海口麒麟高尔夫俱乐部标志(见图 6-36)的意义。
2. 分析昆曲《牡丹亭》这幅平面海报(见图 6-37)中运用了哪些戏曲元素?
3. 运用古代诗歌的意象和意境知识分析《海平面》(见图 6-38)这幅平面海报作品。

图 6-36　海口麒麟高尔夫俱乐部标志　　图 6-37　《牡丹亭》海报　　图 6-38　《海平面》海报

第七章　风土传情·民俗文化与创意设计

第一节

传统节日

我国的传统节日内容丰富、形式多样，是中华民族悠久历史文化的一个重要组成部分。传统节日的形成过程，也是一个民族、地区或国家历史文化长期积淀和凝聚的过程。从这些至今流传甚广的节日风俗中，可以清晰地看到古代劳动人民社会生活的精彩画面。

我国的传统节日承载着神话传说、天文地理、术数历法等众多人文历史与自然科学的内容。无私的亲情、浪漫的爱情、狂欢的喜悦、深沉的追思……中国人将各种情感都融入到了传统节日之中。每逢佳节，举国同庆，这些都与中华民族源远流长的历史文化一脉相承，是先祖留给我们的一份十分宝贵的精神文化遗产。

公益海报《传统节日》

设计内涵分析：如图7-1所示，这是第十二届大学生广告艺术节学院奖平面类银奖作品。原作品共三幅，作品画面通过三个传统节日来表现，将各种传统节日的元素置于画面之中，表现出传统节日的仪式感和其内容的丰富性。但同时，许多传统节日的仪式已经与我们渐行渐远，因此提出广告的诉求，希望通过广告唤起人们对传统节日温情的回忆，并关注传统节日。

作品的系列性、形式感和装饰性非常强，画面极注重层次感，背景所使用的白描技法是典型的中国传统绘画表现手法，视觉中心用灯笼、鼓、碑及书法进行点题，配以传统横批，具有强烈的中国传统特色，是一套非常成熟的优秀作品。

图7-1　《传统节日》系列海报

文化知识疏解

一、普天同庆新春至——春节

春节是我国最盛大、最热闹也是最古老的一个传统节日,有着悠久的历史积淀和丰富的文化内涵。春节在其发展演变过程中,不断形成并且凝结了中国人所特有的伦理情感、生命意识和文化追求。在各地独特的春节风俗中,传统的民族、民俗文化得以集中展现。每逢春节,我国各民族人民都要举行各种活动以示庆祝。这些活动以祭奠祖先、祈求丰年、庆禧纳福、辞旧迎新、祭祀神祇为主要内容,丰富多彩且富有浓郁的民族特色,春节是一种传统文化在当今时代的继承和弘扬。

(一)春节的来源与演变

春节最早来源于周人祭祀先祖和神灵的"腊祭"。古时,每逢腊月周人便要外出围猎,用猎获的禽兽做供品祭祀祖先,以求来年五谷丰登、吉祥平安。后来,因为腊祭和岁首祭祀的时间十分接近,且首尾相连,所以到了秦汉时期便把这两祭并称为"正腊",之后两祭合而为一,演变成为为期近一个月,包括年前和岁后的广义上的春节。同时,今天所说的春节,在1949年之前,被称为"元旦"。古时,"元"的含义十分神圣,被认为是天地之始。元旦的重要不言而喻,所以一年中最重要的祭祀活动便安排在元旦(后来的春节)举行。直到1949年中华人民共和国成立后,在《全国年节及纪念日放假办法》中规定了"春节"(传统的年节"元旦")为法定节日。从此,"春节"的说法才替代了使用了300多年的"元旦",一直沿用至今。

(二)春节的习俗

1. 祭灶

传统的春节一般是从每年农历腊月二十三或二十四的祭灶仪式揭开序幕的。民间有所谓"官三、民四、船家五"的说法,也就是官府在腊月二十三祭灶,一般民家在腊月二十四,水上人家则在腊月二十五举行祭灶仪式。举行过祭灶仪式后,便可开始正式地做迎接过年的准备。所以,从农历腊月二十三开始到除夕这段时间被民间称为"迎春日"。

祭灶,是在我国民间影响很大、流传范围很广的一项习俗。旧时,几乎家家户户灶间都设有"灶王爷"神位。人们将这尊神称为"司命菩萨"或"灶君司命",传说中他是由玉皇大帝敕封的,专门负责管理人间各家灶火的神。老百姓把"灶王爷"看作自家的保护神,故而十分崇拜。灶王爷神龛大都设在灶房北面或东面,中间供灶王爷的神像,也有的人家没有灶王龛,直接将神像贴于墙上。有的神像中只画灶王爷一人,有的则画男女夫妇两人,女神被称作"灶王奶奶"(见图7-2)。灶王爷画像上大都还印有当年的日历,上书"东厨司命主"或"人间监察神"或"一家之主"等文字,以表明灶神的地位。神像两旁常被贴上"上天言好事,下界保平安"的对联,以求灶王爷保佑全家老小的平安。

图7-2 山东潍坊年画灶神

根据民间传说,灶王爷自前一年除夕开始就一直留在家中,以保护和监督一家的行为;农历腊月二十三这天是灶王爷升天的日子,他负责向玉皇大帝报告这一家人一年来的善恶行为。玉皇大帝根据灶王爷的报告,将这一家人在来年中应得的福祉灾祸交于灶王爷的手中。

因此,对于每户人家来说,灶王爷的汇报与他们的生活具有重大的利害关系。

送灶神的仪式又被称为"辞灶"或"送灶",大多是在黄昏入夜的时候举行。全家人到灶房,摆上桌子,给灶王爷上香,并将饴糖所制成的"灶糖"、清水、料豆和秣草作为供品。把饴糖供奉给灶王爷,为了让灶王爷甜甜嘴,即"上天言好事,下界保平安"。古代风俗中也有用酒糟祭灶的说法,唐代著作《辇下岁时记》中有"以酒糟涂于灶上使司命醉酒"的记载。人们把糖涂在灶王爷的嘴上,之后便将神像揭下,连同上供预备的草料等物品一起烧掉,灶王爷便和纸与烟一起升天了。

七天之后的除夕夜,还要把"灶神"再接回来。因为在除夕的晚上,灶王爷还要与诸神一起来人间过年,因此当天还会有"接灶""接神"的仪式。相对之前的送灶,接灶仪式要简单得多。到时只需要换上新的灶灯,在灶龛前燃香就可以了。按一般地方风俗,接送灶王爷都由家中男性来参与,女眷则不参加,有"男不拜月,女不祭灶"的说法。

2. 扫尘

祭灶之后,家家户户便开始扫尘了,也就是常说的年终大扫除,北方称其"扫房",南方叫作"掸尘"。在春节前扫尘,是中华民族素有的传统习惯。扫尘当日,全家老小齐动手,用心打扫房屋、庭院,擦洗锅碗,干干净净迎接新年。

《吕氏春秋》中记载,中国在上古的尧舜时期就有春节扫尘的风俗。按照民间的说法,"尘"字与"陈"字谐音,因而新春扫尘又有"除陈布新"的含义在其中,意思就是要把一切"霉运""晦气"统统扫出门去。据《清嘉录》卷十二中记载:"腊将残,择宪书宜扫舍宇日,去庭户尘秽。或有在二十三日、二十四日及二十七日者,俗呼'打尘埃'"。这说的就是腊月的"扫尘"。可见,这一习俗寄托着人们辞旧迎新的美好愿望和祈求,也是劳动人民在漫长历史的发展过程中形成的冬季讲究卫生、预防疾病的传统美德。

3. 贴春联、门神、窗花和年画

(1)春联。过了腊月二十五,人们就开始准备贴春联了。春联又称为"门对""春帖",是对联的一种形式,因为在春节时张贴,故作春联。春联或是自家书写,或从集市上购买。

古时人们所挂的桃符,是春联的起源之一。最初人们用桃木刻人形挂在门旁,用来避邪,后来改画门神像于桃木之上,后又简化为在桃木板上题写门神的名字。春联的来源的另一种说法是起源于春帖。古人在立春之日多贴"宜春"二字,后来逐渐发展为今日的春联。然而,春联真正的普及始于明代,与明太祖朱元璋的提倡有关。根据清人陈尚古的《簪云楼杂说》中记载,有一年朱元璋在准备过年时,下令全国每户人家门上都要贴一副春联,以示庆贺新春。最初春联题写在桃木板上,桃木的颜色偏红,有吉祥、避邪的含义。后来改为写在纸上时,沿袭传统,采用红纸进行书写。但也有特殊情况,如庙宇用黄纸;服孝未满的人家第一年用白纸,第二年用绿纸,第三年用黄纸,直至第四年丧服满,才恢复用红纸。

(2)门神。门神是春节贴于门上的画作,属年画的一种。作为民间百姓共同信仰的守卫门户的神灵,各地过年都有张贴门神的习俗。

最初的门神是用桃木刻为人形,挂在门的旁边,后来则画成门神人像张贴于门上。传说中的门神为神荼、郁垒两兄弟,有他们守住门户,大小恶鬼则不敢入门为害。唐代以后,有画武将秦琼、尉迟敬德二人的画像为门神的,还有画关羽、张飞像为门神的。门神像通常左右各一张,后人常把一对门神画成一文一武,寄托了劳动人民辟邪除灾、迎祥纳福的美好愿望(见图7-3)。根据张贴的位置,门神又分为"大门门神""街门门神"和"屋门门神"。这些门神大都为一黑脸一白脸两位尊神,张贴时白在左、黑在右,也有将"麒麟送子"像作为屋门门神的。这种门神原本应贴在新婚的屋门上,以示吉利,后来也就逐渐被当作普通街门的新年点缀品了。

图 7-3 杨柳青年画文门神

(3) 窗花。每逢新春佳节之时，我国许多地区的人们喜欢在自家窗户上张贴各种剪纸窗花。这种窗花不仅烘托了节日的喜庆气氛，同时也为人们带来了美的享受，集实用性、欣赏性和装饰性于一体。剪纸作为一种有广泛群众基础的民间艺术，千百年来一直受到人们的喜爱。因为它大多是贴于窗户之上的，所以人们一般将之称为"窗花"。窗花的题材广泛、内容丰富，往往还包括神话传说、戏曲故事等题材。此外，花鸟虫鱼以及十二生肖等形象的窗花也十分常见。窗花以其特有的高度概括性和夸张手法，将人们心中的吉祥事物、美好愿望表现得淋漓尽致，把节日装点得喜气洋洋、富丽红火。

(4) 年画。年画作为一种古老的民间艺术，反映出人民大众的风俗信仰，寄托着人们对新一年的希望。年画与春联一样，也是来源于"桃符"。春联沿着神荼、郁垒的名字向文字发展，而年画则顺着绘画的方向逐步发展。随着雕版印刷术的兴起，门神之类的年画内容已经无法满足人们的需求。进而在某些年画作坊里产生了《五谷丰登》《福禄寿三星图》《六畜兴旺》《天官赐福》《迎春接福》等彩色年画，用来满足人们新春祈福的美好心愿。因明代时朱元璋倡导春节贴春联，年画在其影响下逐渐盛行开来，全国共出现了三个年画的重要产地：天津的杨柳青、山东的潍坊和苏州的桃花坞，也伴随着形成了我国年画三大流派。

4. 祭祖

中国人一直有慎终追远的传统，过节总不会忘记祭拜先人，春节时也不例外。祭祖也是家庭祭祀活动中最主要的内容之一。按照中国民间的观念，自己的祖先与天、地、神、佛一样是应该去认真顶礼膜拜的。因为列祖列宗的"在天之灵"，在时刻关心和注视着后代子孙们，尘世的人通过祭祀来祈求和报答祖先们的庇护和保佑。因此，对中国人来说，春节时必须祭祖，既是缅怀自己的祖先，也是激励后人。但由于各地习俗不一，有的地方在年夜饭之前进行祭拜；有的则在除夕夜子时前后进行祭拜；有的地区在初一早上打开家门前进行祭拜；而有的则是在除夕午后，进行一年中的最后一次祭拜；还有的初一在家中祭拜之后，还要去祠堂再次祭祖；也有上坟进行祭祖的，俗称墓祭，主要是在坟前烧香、上供、叩拜。祭祖的形式虽然因风俗习惯、宗教信仰略有不同，但怀念祖先的想法都是相同的。

(三) 与春节有关的传说

1. "年"兽的传说

相传，有一种叫作"年"的上古怪兽，头长触角，异常凶猛。它长年深居海底，每到除夕爬上陆地，危害人间。因此，每年除夕这天，家家户户扶老携幼逃往深山，以此来躲避"年"兽的伤害。

又逢一年除夕,桃花村的村民正扶老携幼准备上山避难。从村外来了一个靠乞讨为生的老人,只见他手拄着拐杖,臂上搭着袋囊,银须飘逸,目若朗星。此时的村民们有的封窗锁门,有的牵牛赶羊,有的收拾行装,到处是一片匆忙而恐慌的景象,没有人有心思关心这位乞讨的老人家。

只有家住村东头的老婆婆给了老人一些食物,并劝他赶快上山躲避"年"兽。老人笑着说:"婆婆若能让我在您家待一夜,我一定把'年'兽给撵走。"老婆婆虽然见这位老人精神矍铄、鹤发童颜,但她仍没有停止劝说,可乞讨老人始终微笑着没有说话。婆婆没办法只好撇下家,随众人上山避难去了。夜半时分,伴随着一声怪叫,"年"闯进了村子。它发现村里的气氛与往年大不相同:村东头的那户人家,大红纸贴在门上,屋内灯火通明。"年"兽打了个哆嗦,朝婆婆家的方向怒视片刻,狂叫着扑了过去。没想到将近门口时,院子里突然传来了"噼里啪啦"的炸响声,"年"兽浑身颤抖,再不敢往前凑了。

原来,"年"兽最怕火光、红色和炸响声。这时,婆婆家的院门大开,只见一位老人身披红袍站在院内哈哈大笑。"年"面如土色,狼狈地逃跑了。

第二天正是大年初一,逃难回来的村民们发现村里居然安然无恙,十分惊奇。这时,老婆婆回想起乞讨老人对她的许诺,恍然大悟,赶忙向乡亲们述说了事情的经过。乡亲们一齐来到老婆婆家,只见老婆婆家大门上贴着红纸,小院里一堆未燃尽的竹子仍发出"啪啪"的炸响声,屋内的几根红蜡烛还发着余光……

村民们以示庆贺,纷纷穿新衣戴新帽,到亲戚朋友家道喜问好。这件事很快就在周围村子中传开了,且越传越广,人们渐渐都知道了驱赶"年"兽的办法。

2. 万年创历法的传说

古时候,有个年轻人名叫万年。他看到当时的节令很乱,就有了把节令设定准确的想法,但是一直找不到计算时间的合适方法。有一天,他到山上砍柴,累了就坐在一棵大树下休息。树影随着时间移动启发了万年,他根据测日影的原理设计了一个计天时的晷仪,用来测定一天内的时间。后来,山崖上的滴泉又激发了他的灵感。他根据滴泉的原理做了一个五层的漏壶,用来计算时间。日久天长,万年发现每隔360天左右,四季就轮回一次,天时的长短也就重复一遍。

当时的国君名叫祖乙,也常常因为节令的不测而感到苦恼。万年得知后,带着日晷和漏壶去面见国君,为祖乙讲解了日月运行的规律。祖乙听后非常高兴,于是便把万年留了下来,在天坛修建起日月阁,筑起了日晷台和漏壶亭,希望能把握日月运行的规律,以推算出较为准确的早晚时间,最终创建历法,为天下的百姓造福。

一次,祖乙去拜访万年,顺便向他询问测试历法的情况。当他来到日月阁前,居然看到天坛旁的石壁上刻了一首诗:"日出日落三百六,周而复始从头来。草木枯荣分四时,一岁月有十二圆。"祖乙知晓万年创建历法已成,便亲自登上日月阁去看望万年。万年用手指着天象对祖乙说:"现在正值十二个月满之时,旧岁已完,新春复始,请国君给这天定个节日吧。"祖乙说:"春为岁首,就叫作春节吧。"据说,春节就是来源于此。

年复一年,万年通过长期地观察,精心地推算,终于制定出了较为准确的太阳历。当他将太阳历呈奉给继任国君时,已是满头银发。国君十分感动,为纪念其功绩,将太阳历命名为"万年历",又封万年为日月寿星。此后,人们在过年期间挂上寿星图,据说就是为了纪念万年。同时也是为了纪念他,把正月初一定为"年"。

二、火树银花不夜天——元宵节

农历正月十五的元宵节,又被称作上元节、小正月、元夕或灯节,是春节过后的第一个重要节日。正月在农历中被叫作"元月",古人称夜为"宵",所以将正月十五称为元宵节。同时,正月十五日也是一年中的第一个月圆之夜。在这一夜,一元复始,大地回春,人们对此加以庆祝,作为庆贺新春的延续。因而,元宵节又称为"上元节"。

按我国民间的传统,在这皓月高悬的夜晚,为了表示庆贺,人们会点起彩灯万盏。在这一天,人们外出赏月、点花灯、放焰火、猜灯谜、吃元宵,阖家团圆、共庆佳节,其乐融融。

(一)元宵节的来源与演变

元宵节最早始于2000多年前的秦朝。西汉文帝时,已正式下令将正月十五日定为元宵节。到了汉武帝时,"太一神"的祭祀活动也定在正月十五这天。而司马迁创建"太初历"时,就已经将元宵节确定为重大节日了。

元宵节赏灯的习俗则始于东汉明帝时期。当时明帝大力推行佛教,听说在佛教中有正月十五当天僧人观佛舍利、点灯敬佛的做法,于是下令在这一天夜里皇宫和寺庙都要点灯敬佛,无论士族还是庶民,家家户户都要挂灯。自此,这种原本是佛教的礼仪节日逐渐演变成了盛大的民间节日。

关于元宵燃灯习俗的另一种说法是起源于道教的"三元说"。农历正月十五日为上元节,农历七月十五日为中元节,农历十月十五日为下元节。主管上、中、下三元的分别是天、地、人三官,因为天官喜乐,所以上元节当天要燃灯。

元宵节的节期与节俗,随着历史的发展而逐渐延长、扩展。从节期长短来看,汉代时仅一天,唐代就已延长为三天,到了宋代则多达五天,而明代更是自初八点灯,一直持续到正月十七的夜里才落灯,整整长达十天。元宵节与春节相连接,白昼为市,纷繁热闹、气氛活跃,夜间燃灯,灯海璀璨、场面盛大。特别是那些精巧、多彩的灯火,使其成为春节期间娱乐活动最大的高潮。至清代,节期又缩短为四到五天,但又增加了舞狮、舞龙、跑旱船、扭秧歌、踩高跷等"百戏"的内容。

(二)元宵节的习俗

1. 吃元宵

正月十五当天吃元宵,这一习俗在我国由来已久。宋代时,民间就流行一种在元宵节当日吃的节日食品——"浮元子",也就是今天的"元宵"。当时的生意人为了讨个好彩头,还将其美名为"元宝"。值得一提的是,元宵在我国南北方有不同的叫法和做法。在南方,人们将元宵称作"汤圆",以白糖、玫瑰、花生、芝麻、豆沙、枣泥、黄桂、核桃仁等为馅,用糯米粉将其包成圆形,可甜可咸,风味各异。而北方的元宵则不采用"包"的方式,而是将调好的馅料搓成小球后蘸水,在糯米粉中翻滚"摇"制而成,故常称其为"摇元宵"。做好的元宵可汤煮、油炸或者蒸食,有团圆美满之意。

2. 观灯

东汉永平年间(公元58—75年),汉明帝提倡佛法,当时适逢蔡愔从印度求佛法归来,蔡愔称印度的摩揭陀国每逢正月十五,当地僧众云集共同瞻仰真佛舍利,是参佛礼佛的良辰吉日。汉明帝为了弘扬佛法,下令在每年的正月十五夜里皇宫和寺院都要"点灯敬佛"。此后,元宵燃灯的习俗由原来只在宫廷举行而流传到民间。每到正月十五,无论士族大夫还是平民百姓都要挂灯,城内城外通宵灯火辉煌。

元宵节放灯的习俗,在唐代时发展为盛况空前的灯市。在当时,都城长安已经是拥有百万人口的世界级大都市,社会稳定,人民富庶。在皇帝的亲自提倡下,元宵的灯节办得越发豪华。中唐时期,灯节已发展为全民性质的狂欢节日。唐玄宗的开元盛世年间,长安灯市的规模极大,燃灯达五万余盏,花灯样式繁多,璀璨壮观。

宋朝的元宵节灯会无论是在规模上,还是在灯饰的精美奇幻上,都远胜过唐朝,而且庆祝活动也更贴近民间,具有更强的民族特色。

3. 舞狮

舞狮是我国优秀的民间艺术之一。每逢元宵节或集会庆典之日,民间都喜以狮舞来助兴。这一习俗最早起源于三国时期,到南北朝时期开始流行,至今已有上千年的历史。据传说,舞狮最早是由西域传入的,狮子作为文殊菩萨的坐骑,伴随着佛教传至中国,舞狮的活动也随之传入。唐代时,舞狮已成为流行于宫廷、民间和军旅的一项活动。诗人白居易曾在《西凉伎》一诗中对舞狮有着生动的描绘:"西凉伎,西凉伎,假面胡人假狮子。刻木为头丝作尾,金镀眼睛银帖齿。奋迅毛衣摆双耳,如从流沙来万里。"诗中所描述的便是当时舞狮的情景。

在1000多年的发展中,舞狮逐渐形成了南北两派不同的表演风格。北派舞狮以表演"武狮"为主。引狮人装扮成古代武士,手握绣球,配以京锣、鼓钹的伴奏,逗引瑞狮。狮子在其引导之下,表演腾翻、跳跃、扑跌、登高、朝拜等技巧,并有窜桌子、走梅花桩、踩滚球等高难度的动作。南派舞狮则以表演"文狮"为主,表演时更注重表情,舞狮表演中有搔痒、舔毛、抖毛等动作,惟妙惟肖,十分惹人喜爱,也有难度相对较大的吐球等技巧。狮子作为百兽之尊,形象雄悍、威风凛凛,给人以威严、英武之感。古人将它作为勇敢和力量的象征,认为它能够驱邪镇妖、保佑平安。所以,人们逐渐形成了在元宵节以及其他重大活动中舞狮的习俗,以祈求生活吉祥幸福、平安如意。

4. 走百病

元宵节除赏灯、舞狮等庆祝活动外,还有其他一些活动,"走百病"就是其中之一。"走百病"又称"散百病"或"烤百病",多是由妇女作为参与者,她们结伴而行,或过桥,或走墙边,或走郊外,其目的是远离邪祟、祛病除灾。

5. 迎紫姑

紫姑在民间传说中是一位善良、贫穷的姑娘。在正月十五这一天,紫姑因穷困而死。老百姓们同情她、怀念她,于是在有些地方便出现了"正月十五迎紫姑"的习俗。每到正月十五这天夜里,人们就用稻草、布头等材料扎成真人大小的紫姑像。妇女们纷纷站到紫姑生前做活的厕所、猪圈和厨房旁边去迎接她,像对待自家姐妹一样,拉她的手,跟她说贴心话,流着眼泪去安慰她,情景十分生动感人,真实地反映了广大劳动人民善良、朴实、同情弱者的思想感情。

(三)与元宵节有关的传说

1. 关于灯的传说

很久以前,人间有很多凶禽猛兽,四处祸害人和牲畜,人们逐渐有组织地与它们进行对抗。一只神鸟因迷路而降落在人间,猎人在不知情的情况下将其意外射死。天帝发现后极为震怒,立即命令天兵在正月十五那天去人间放火,将人间的人、畜、财产全部烧光。天帝的女儿心地十分善良,不忍心看到百姓们无辜受难,于是她冒着生命危险,偷偷驾着祥云来到了人间,并把这个消息告诉了人们。众人听说了这个消息后,有如遭受晴天霹雳一般,吓得不知该如何是好。过了好一会儿,有个老人家想出一个法子。他说:"在正月十四、十五、十六日这三天里,家家户户都在自己家里张灯结彩、燃放烟火、点响爆竹。如此这般,天帝就会以为世间的人们都被烧死了。"

大家听后都点头称是,便分头准备去了。正月十五这天晚上,天帝往下界一看,发觉人间居然一片红光,响声震天,而且连续三个夜晚都是如此,以为这是燃烧的大火,心中大快。于是,人们就靠这样的做法保住了生命及财产。此后,每年的正月十五,各家各户都悬挂灯笼、放烟火来纪念这个日子。

2. 纪念"平吕"

相传元宵节是在汉文帝时为了纪念"平吕"而设立的。汉高祖刘邦去世后,吕后的儿子刘盈继承皇位,史称汉惠帝。惠帝性格懦弱,做事优柔寡断,朝政大权渐渐落在其母吕后手中。

汉惠帝病死后,吕后独揽大权,把刘氏江山变成了吕氏江山。朝中的老臣、刘氏宗室十分愤慨,但又因惧怕吕后,敢怒而不敢言。

吕后死后,吕氏家族的人整日惶恐不安,害怕遭受迫害和排挤。于是,他们在上将军吕禄家中秘密商议,准备兴兵作乱,以彻底夺取刘氏天下。

此事传至齐王刘襄耳中,刘襄为了保全刘氏江山,决定起兵讨伐吕氏家族。随后与老臣周勃、陈平取得联系,用计谋除掉了吕禄,"诸吕之乱"被彻底平定。

内乱平定之后,刘邦的次子刘恒登基,称汉文帝。文帝深感太平盛世的来之不易,便将平息"诸吕之乱"的农历正月十五定为与民同乐的节日,京城里家家户户张灯结彩,以示庆祝。自此,农历正月十五这天就成了普天同庆的民间节日——元宵节。

3. 东方朔与元宵姑娘

相传汉武帝时,有个大臣名叫东方朔,他为人既善良又风趣。有一年冬天,连续下了几天的大雪。东方朔奉命去御花园给汉武帝折梅花。他刚进花园,恰巧碰见一个宫女泪流满面地准备投井。东方朔急忙上前搭救,并询问她自杀的原因。原来,这个宫女名字叫元宵,家中还有父母双亲以及一个妹妹。自从进宫以后,她就再也无缘与家人见面,每年一到冬去春来的时节,就比平常更加思念家人。她觉得如果不能在双亲跟前尽孝,还不如一死了之。东方朔听完她的遭遇后,深感同情,他向元宵保证,一定设法让她与家人团聚。

第二天,东方朔出宫,在街上摆了一个卦摊,很多人都争着求他占卜算卦。令人没想到的是,每个人所占所求的签语都是"正月十六火焚身"。一时间,长安城内掀起了巨大恐慌。人们纷纷向东方朔求问解灾的办法。东方朔说:"正月十三的傍晚,天上的火神君会派一位身着赤衣的神女下凡,她就是奉旨火烧长安的使者。我把偈语抄录下来给你们,你们去找当今天子想想办法。"说完后,便扔下了一张红帖,甩袖而去。老百姓们拿起红帖,赶紧将其送到皇宫去禀报皇上。

汉武帝接过红帖,只见上面写着四句话:"长安在劫,火焚帝阙,十五天火,焰红宵夜。"他心中大惊,连忙请来了足智多谋的东方朔。东方朔假意思考了一下,说:"听说火神君最爱吃人间的汤圆,宫女元宵不是常做给万岁您吃吗?正月十五那晚可以让元宵提前做好汤圆,万岁用它焚香上供,并下旨传令京城家家户户都做汤圆,共同敬奉火神君;再传谕臣民在正月十五这天晚上挂灯,全城一起点鞭炮、放烟花,好像满城大火一样,如此就可以瞒过上天了。同时,通知在城外居住的百姓,在正月十五这天晚上要进城观赏花灯,以便消灾解难。"听完东方朔的这番话,汉武帝龙颜大悦,传旨下令按照他的方法去做。

正月十五这天,长安城内张灯结彩、热闹非凡,元宵的家人也进城观赏花灯。当看到写有"元宵"字样的官灯时,他们惊喜地喊道:"元宵!元宵!"元宵听到家人的呼喊,终于和亲人们团聚了。

如此热闹了整整一夜,长安城果然像东方朔所说的平安无事。汉武帝喜出望外,于是下令以后每年的正月十五都要做汤圆供火神君,全城都要挂灯燃放烟花。因为元宵做汤圆的手艺最好,人们就把汤圆又叫作元宵,把农历正月十五这天叫作元宵节。

三、寒食东风御杨柳——清明

清明是我国二十四节气之一。由于节气的划分较为客观地反映了一年四季的气温、降雨、物候等变化,所以古代劳动人民常用它来安排农事活动。《淮南子·天文训》中记载:"加十五日指乙,则清明风至。"按照《岁时百问》中的说法:"万物生长此时,皆清洁而明净。故谓之清明。"清明时节一到,气温开始逐渐升高,雨量逐渐增多,正是耕种的大好时机,故民谚有"清明前后,点瓜种豆""植树造林,莫过清明"的说法。可见,清明作为节气与农业生产有着密不可分的关系。

清明也是我国的传统节日之一,有独特的风俗活动和纪念意义。对中国人来说,清明节是最重要的祭祀节日,是祭祀祖先和扫墓的日子。同时,清明节又被称为踏青节,在每年的4月4日至4月6日,正是春光明媚万物复苏的时节,也是人们春游(踏青)的好时候。所以,除了祭祀活动外,古人还有在清明踏青并开展一系列体育活动的风俗。

(一)清明节的来源与演变

据传清明节最早起源于古代帝王将相的"墓祭"之礼,民间也逐渐开始仿效,在这一天祭祖扫墓,经过历代的沿袭,最终成为中华民族的一种固定风俗。最初,寒食节与清明节是两个截然不同的节日。寒食节正确的时间是在冬至后的第105天,也就是大约在清明前后,两者日子十分相近,所以后来便将清明与寒食两个节日合二为一。

祭祖扫墓这个习俗在中国的起源甚早。早在西周时期,人们对墓葬就十分重视。在《孟子·齐人篇》中曾经提到过一个被人所不齿的齐国人,经常到东郭的坟前乞食祭祀用的祭品。由此可见,在战国时期扫墓的风气就已经十分盛行了。到了唐代玄宗时期,寒食扫墓被规定为当时的"五礼"之一。因此,没到清明节当天,"田野道路,士女遍满,皂隶佣丐,皆得上父母丘墓"(柳宗元《寄许兆京孟容书》)。于是,扫墓便成了社会的重要风俗。

而在春寒料峭的日子里,还要禁火吃冷食,人们担心一些老弱妇孺忍受不了寒冷,同时也为了防止寒食冷餐伤身,于是就安排了踏青、荡秋千、蹴鞠、打马球、拔河、插柳、放风筝等户外活动,让大家出来晒晒太阳,活动一下筋骨,增加抵抗力。因此,清明节除了祭祖扫墓的习俗之外,还有各种野外健身活动。清明这个节日,除了有缅怀先人的感伤情怀外,还融合了赏春游乐的欢快气氛,成为一个极富特色且十分特殊的节日。

(二)清明的习俗

清明节的习俗十分丰富有趣,除了讲究扫墓、寒食、禁火,还有插柳、蹴鞠、荡秋千、踏青、打马球等一系列民俗体育活动。在这个节日中,既有祭扫新坟、生死离别的悲酸之泪,又有游玩踏青的欢歌笑语。

1. 扫墓祭祖

在我国历史上,寒食当日禁火、祭奠先人,早已经成为习俗。唐代之后,寒食节逐渐与清明节合并,清明节扫墓祭祖成了此后延续不断的传统节俗。唐代诗人白居易在《寒食野望吟》中写道:"乌啼鹊噪昏乔木,清明寒食谁家哭?风吹旷野纸钱飞,古墓垒垒春草绿。棠梨花映白杨树,尽是生死离别处。冥冥重泉哭不闻,萧萧暮雨人归去。"南宋诗人高菊卿也曾在《清明》一诗中写道:"南北山头多墓田,清明祭扫各纷然。纸灰飞作白蝴蝶,泪血染成红杜鹃。日落狐狸眠冢上,夜归儿女笑灯前。人生有酒须当醉,一滴何曾到九泉!"时至今日,在清明节前后,人们仍保持着上坟扫墓祭祀先祖的习俗:铲除坟前杂草,放上供品,上香祷祝,烧纸钱金锭,又或是简单地献上一束鲜花,用来寄托对先人的怀念。

2. 踏青

每到清明,正值春回大地、万物复苏之时,人们于是因利趁便,在扫墓之余,一家老少共同在山乡野间游乐一番,到回家时,顺手折几枝初绽叶芽的柳枝戴在头上,全家和乐融融。也有人特意在清明节前后几天到大自然去领略和欣赏勃勃生机的春日景象,去郊外远足,一抒冬日以来的郁结之气。这类踏青也叫春游,古人又将其叫作"探春""寻春",也就是脚踏青草、在郊外游玩、观赏春色的意思。古时妇女因平日里不能随便出游,每年的清明扫墓则成为难得的踏青的机会。因此,妇女们在清明节之时比男人们玩得更为开心,民间有"女人的清明男人的年"这一说法。

3. 插柳

清明节是柳树发芽返绿的时节,我国民间自古便有折柳、插柳和戴柳的习俗。人们在外出踏青时顺手折下柳枝若干,既可以在手中把玩,也可以编成帽子戴于头上,还可以带回家后插在门楣、屋檐之上。民谚有"清明不戴柳,红颜成皓首"的说法,这也说明清明折柳在古时是极为普遍的习俗。据说,柳枝具有辟邪的功效,插柳戴柳不仅仅是节日的装饰,更有祈福辟邪的含义。清明插柳的节俗也可能跟过去人们在寒食节时用柳枝向上天乞取新火的习俗有关。如今看来,随意折取柳枝会对树木有所损害,不宜提倡。

除此之外,清明节之时插柳植树的习俗,据说是为了纪念"尝百草"并发明了各种农业生产工具的神农氏;还有一种说法是介子推死时所抱的正是一棵柳树,晋文公将之赐名为清明柳,并折柳戴在头上,这一习俗后来传入民间。虽然清明插柳有不同的典故源流,但都离不开人们对大地回春、万象更新的喜悦。

(三)关于清明节的传说

介子推与寒食节

相传在春秋战国时期,晋献公的妃子骊姬设计谋害太子申生,好让自己的儿子奚齐继承皇位。申生被逼自杀后,他的弟弟重耳为了躲避祸害,不得不流亡出走。流亡期间,重耳受尽了各种屈辱,最初跟着他一起出奔的臣子也陆续地各奔出路去了。只剩下为数不多的几个忠心耿耿的大臣,一直追随着重耳,其中一名大臣叫介子推。一次,重耳因太久没有食物饿晕了过去。介子推为救重耳,从自己的腿上割下一块肉,用火烤熟后送给重耳吃。19年后,重耳回国做了君主,成为春秋五霸之一的晋文公。

晋文公掌权后,对那些曾与他同甘共苦的臣子大加封赏,偏偏忘了介子推。有人在晋文公面前替介子推叫屈,这时晋文公才猛然记起旧事,心中十分愧疚,马上派人去请介子推受赏封官。没想到,派人去了几次,介子推都推脱有事不来。晋文公只好亲自去请。可当晋文公来到介子推的家时,只见大门紧闭。原来,介子推不愿见晋文公,已经背着老母亲躲进了附近的绵山里。晋文公让御林军到绵山搜索,也没有找到人。于是,有人出主意说,不如放火烧山,山的三面点火,留下一方,大火烧起来时介子推会自己从山中走出来的。晋文公便下令举火烧山,没想到大火烧了三天三夜,熄灭后,仍旧不见介子推出来。派人上山一看,介子推母子抱着一棵大柳树已经死了。晋文公对着他的尸体哭拜一番,然后派人安葬介子推的遗体,发现他的背后堵着个树洞,而洞里似乎有些什么东西。拿出来一看,原来是一封血书,上面用血题了一首诗:

　　　　割肉奉君尽丹心,但愿主公常清明。
　　　　柳下作鬼终不见,强似伴君作谏臣。
　　　　倘若主公心有我,忆我之时常自省。
　　　　臣在九泉心无愧,勤政清明复清明。

晋文公把血书收入袖中,将介子推和他的母亲分别安葬于那棵烧焦的柳树下,并下令将绵山改名为"介山",在山中建起祠堂,将放火烧山的那一天定为寒食节,并通晓全国,每年寒食这天禁火,只能吃寒食,从此便形成了我国古代一个著名的节日——寒食节。晋文公用一段烧焦的柳木,回到宫中做了一双木屐,每天望着叹道:"悲哉足下。""足下"之所以成为古人同辈或上下级之间的尊称,据说就是来源于此。

第二年,晋文公率众大臣到介山下祭奠介子推,看到山坡上的被烧死的柳树死而复活。晋文公认为柳树一定是介子推所转化,便赐柳树名为清明柳,并要求在这一天晋国老百姓家家门上都挂上柳枝,扫墓时也要栽柳,并上介山踏青,抒发怀念之情。还下令规定寒食前一日为"炊熟日",人们在这天要做许多蒸饼,叫作"子推蒸饼";也有的人家用面粉做皮夹上枣泥馅,做成燕子状的馅饼,用柳条串起挂在门上晾晒,称之为"子推燕"。以后每年的寒食节不仅在房前屋后栽柳,而且要上山踏青,并用柳条编织的柳冠或柳环戴在头上,以示对介子推的怀念。

四、艾符蒲酒话升平——端午

"粽子香,香厨房。艾叶香,香满堂。桃枝插在大门上,出门一望麦儿黄。这儿端阳,那儿端阳,处处都端阳……"这首童谣所唱的便是我国传统节日之一的端午节。端午节又被称作端阳节、午日节、重五节、浴兰节、五月节、女儿节、地腊、天中节、龙日、诗人节等,是别称最多的传统节日。2000多年来,不仅汉族各家各户每年要庆祝端午节,还有多个少数民族也会在这一天举行各种丰富多彩的节庆活动。因此,端午节是我国多民族共同庆祝的民俗大节。

(一)端午节的由来与演变

农历五月初五的端午节,是最重要的夏季民间传统节日。端午节的起源和许多节俗活动都与时令有关,且又与夏至时间相邻,故又称为夏节。晋代周处在《风土记》曾说:"仲夏端午谓五月五日也,俗重此日也,与夏至同。"

从字面上讲,端午还有"重五""端五""重午"等名称。端,在古汉语中有开头、初始的意思,"端五"就如同"初五"。古代人习惯把五月的前几天分别以"端"来称呼。元代陈元靓在《岁时广记》中说:"京师市尘人,以五月初一为端一,初二为端二,数以至五谓之端五。"而古人纪年通常使用天干地支,按地支的顺序进行推算,五月正是"午月",午时又名"阳辰",所以端午也被叫作"端阳"。又因古人将"午"与"五"通用,故而端午、端五同义。还有一种说法,因唐太宗的生辰是农历八月初五,为了避讳,改"五"为"午",从此,端午的名称便更加普遍了。又因其月日数相同,人们又把端午节称为"重五节"或"重午节"。

关于端午节的由来的说法甚多,有纪念伍子胥说、纪念屈原说、纪念曹娥说,或是起于三代夏至说,还有恶月恶日驱避说、吴越民族图腾祭说等。这些说法,各本其源。据闻一多先生的《端午的历史教育》和《端午考》中所列举的古籍记载和专家的考证,端午最早起源于中国古代南方的吴越民族举行的图腾祭祀节日,比纪念屈原说更早。然而千百年来,屈原的诗句和爱国精神已经广泛深入人心。因此,端午节是纪念屈原的说法,影响最深最广,占据了各种说法的主流。此外,老百姓把端午节的龙舟竞渡和吃粽子等习俗,也都与纪念屈原联系在了一起。

(二)端午节的习俗

过端午节,是中国人千百年来的传统,由于我国地域广大、民族众多,再加上流传着众多故事与传说,不仅使端午节产生了众多相异的节日名称,在各地也有着不尽相同的习俗。主要的习俗有:挂钟馗像、躲午、迎鬼船、出嫁的女儿回娘家、贴午叶符、悬挂艾草或菖蒲、佩香囊、备牲醴、赛龙舟、游百病、击球、比武、荡秋千、给小孩涂雄黄、饮用雄黄酒、菖蒲酒、吃粽子、五毒饼、咸蛋和各种时令鲜果等。

1. 悬挂艾草、菖蒲、大蒜

艾草、菖蒲和大蒜并称为"端午三友"。在南北朝时期,端午又被称为"沐兰节",在荆楚一带有"沐兰节"采艾的习俗。采艾要在鸡未鸣前出发,挑选最具人形的艾草带回家挂在门上,还有的将艾草扎成虎形,在上面粘贴艾叶(见图7-4)。艾草与菖蒲之中都含有植物芳香油,它们和大蒜一样都有杀菌的作用。而端午期间,时近夏至,正是寒暑之气交互转换的时候,从饮食、穿衣到行动都得注意。民间有谚语:"未吃端午粽,寒衣不可送;吃了端午粽,还要冻三冻。"再加之古人缺乏科学观念,以为疾病都是邪物作祟所至,于是在端午节这天,人们用菖蒲做宝剑,用艾草做鞭子,用大蒜做锤子,认为这三种"武器"可以退蛇虫、瘟疫,斩除妖魔。

图7-4 端午节挂艾草

2. 写符念咒

除了用艾草、菖蒲和大蒜这"端午三友"驱鬼外,还有一种驱鬼方法,就是在室内挂上避邪驱鬼用的符咒。挂驱鬼符有一系列严格的仪式。如要求必须在端午节当天日出或正午时书写,书写的材料用朱砂,砚内、书写人的口中必须放上硝石等。"五月五日天中节,赤口白舌尽消灭"是较为通行的符咒。上海人在端午节之日悬挂钟馗像于家门口,也正是这种风俗的继续与演变。此外,类似悬挂符咒祛鬼禳魔的习俗,还有的是在儿童额上点上雄黄酒。节日一大早,妇女们便将艾草夹在孩子耳上,把菖蒲戴在头上,最后用雄黄酒在额上写一个"王"字。据说,这种做法可使百鬼畏惧,保命长生。

3. 饮雄黄酒

在我国江南地区,端午节有吃"五黄"的食俗。"五黄"指的是黄鳝、黄瓜、咸蛋黄、黄鱼及雄黄酒。在神话传说《白蛇传》里,白娘子端午之际饮雄黄酒,现出了蛇身的原形。因而,民间百姓认为蜈蚣、蛇、蝎等毒虫可由雄黄酒破解,端午佳节饮用雄黄酒可以解毒驱邪,使身体健康。

还有的地区,在端午节的习俗是饮菖蒲酒,认为其药用效能更为直接。通常是在端午节前,将菖蒲切碎,伴上雄黄,浸入酒中,到节日当天便可饮用。

4. 挂荷包和拴五色丝线

中国古代十分崇拜五色,象征东、南、西、北、中五方五行的五种颜色青、红、白、黑、黄被认为是吉祥色。故而,在节日清晨,各家大人起床之后的第一件事便是为孩子在手腕、脚腕、脖子上拴上五色线。系线时,不允许儿童开口说话。五色线不可任意折断或丢弃,只能在夏季第一场大雨或是第一次洗澡时,抛入河中。据说,佩戴五色线的儿童可以避开毒虫的伤害;将五色丝线扔到河里,意味着让河水将瘟疫和疾病带走,由此儿童可保平安健康。

陈示靓在《岁时广记》中提到:"端五以赤白彩造如囊,以彩线贯之,搐使如花形。"以及另一种"蚌粉铃":"端五日以蚌粉纳帛中,缀之以绵,若数珠。令小儿带之以吸汗也。"这些贴身佩戴的袋囊,内容几经变化,从吸汗的蚌粉到驱邪的灵符、铜钱,避虫用的雄黄粉,直到发展成装有香料的香囊,制作工艺也日趋精致,成为端午节所特有的民间手工艺品。

(三)关于端午节的传说

1. 三闾大夫屈原的传说

战国时期的屈原,年轻时就胸怀着远大抱负,表现出惊人的政治才能,得到楚怀王的信任,官至"左徒"。据《史记》记载,他在内"与王图议国事",在外"接遇宾客,应对诸侯",是同时掌管内政和外交的大臣。

战国本是各诸侯国争霸的混乱时期,秦国在任用商鞅变法后日益强大,常对六国发动战争。在当时,只有楚、齐两国能与之抗衡。屈原鉴于当时形势,主张改良内政、联齐抗秦,这种政治主张侵害了当时上层统治阶级的利益,遭到了楚怀王的宠姬郑袖、令尹子兰等人的排挤和迫害。

楚怀王听信谗言,日渐疏远屈原,并把他放逐到汉北。最后楚怀王被秦国骗去当了三年阶下囚,身死异国他乡。

屈原看到所发生的一切,十分气愤,坚决反对向秦国投降,而这也使他遭到了政敌们更严重的迫害。继位后的楚襄王比他父亲更为昏庸,将屈原放逐到比汉北更为偏僻的地方。

屈原在长期流放的过程中,精神上受到了极大打击。一天,他在江畔行吟,遇到一个渔人,渔人见他形容枯槁面色憔悴,就劝他"随和一些""不要拘泥",和权贵们同流合污。屈原回答他:"我宁肯跳进江中,葬身鱼腹,也不能让自己的清白之身蒙受世俗的灰尘。"

公元前278年,楚国都城被秦攻破,屈原受到了极大的精神打击,眼看国破家亡,自己却无能为力,他忧心如焚,在极端的失望和痛苦中,来到了汨罗江边,抱石自沉。屈原投江时约62岁,那一天正是农历五月初五。

2. 孝女曹娥的传说

很久以前,古舜江沿岸的凤凰山下有一个小渔村,村中有个姓曹的渔夫,渔夫的女儿叫曹娥。

这一年春夏之间,连续多日的大雨使舜江洪水暴涨。曹娥的父亲担心错过鱼汛,不顾曹娥反对出江捕鱼。

父亲出门后,曹娥在家十分担心,一次又一次跑到江堤上去探望。后来,她沿江向上、下游去找寻,仍没有见到父亲。直到太阳快落山时,曹娥从她父亲同伴的口中得知:在张网打鱼时,她父亲的小船被浪卷走了。曹娥听罢大叫着"父亲、父亲",拔脚便向下游追去。

曹娥在江边来回哭叫,直到第八天,她望着江面,看见父亲在跟水搏击,于是她纵身向江中扑去。

三天后,江面恢复了平静,人们在下游十多里的江面上,却看到一股江水在盘旋,隐约间好像有人在游动。人们赶过去才发现,江中的正是曹娥和她的父亲。曹娥虽然死了,但却能把父亲的尸首找回,并背到江堤边,人们认为这是她的孝心感动了天地。

曹娥的孝心感动了天地,更感动了四周的相邻,他们安葬了曹娥父女后,在曹娥跳水救父的江边造了一座庙,尊曹娥为"孝女娘娘",把渔村叫作曹娥村,把这条江改名为曹娥江。每年到了曹娥救父这一日,曹娥庙里都要举行规模盛大的庙会,来自各省各府的人们都来拜祭孝女娘娘,更有人题词送匾以赞扬曹娥的孝行。

据说,曹娥投江救父的那一天正是农历五月初五,很多人就将端午节视为纪念孝女曹娥的节日。

3. 伍子胥的传说

伍子胥是楚国人,其家族在楚国十分有名。他的先祖伍举是楚国的名臣,其父伍奢是楚国太子建的老师。

公元前522年,伍子胥因其父兄受人诬陷,全家100多口被楚平王所杀,而逃难至吴国,结识了吴公子光,并帮助他夺得了王位,也就是历史上有名的吴王阖闾。为使吴国能够内可守御、外可应敌,伍子胥建议吴王"先立城郭,设守备,实仓廪,治兵革",并受命选择吴国都城的城址。他"象天法地""相土尝水",最终选定了城址,经过合理规划,建造成为阖闾大城。伍子胥身怀雄才大略,深得吴王阖闾的信任。他忠心耿耿地帮助吴王西破强楚,南服越人,北威齐晋,吴国国力达到了空前的鼎盛。

阖闾去世后,伍子胥继续辅佐夫差即位,并帮助其打败了越国。伍子胥在分析各种利弊后,认为吴、越二国只能存其一,因而主张一定要灭掉越国。但是,因为夫差刚愎自用,且听信谗言,将伍子胥赐死,并允许越国保全下来。伍子胥在死前说:"我死后,请将我眼睛挖出来悬挂于吴京东门之上,让我眼看着越国的军队入城灭吴。"随后便自刎而死。夫差听后大怒,命人把伍子胥的尸体装在皮革中投入大江,那天正是农历五月初五。

伍子胥自刎三年后,吴国被越国所灭,吴王夫差悔之莫及。他死前请求以三寸布帛盖住双目,因为自己死后已无面目去见伍子胥。吴国的百姓得知后,更加怀念伍子胥。相传,伍子胥在死后化为涛神,端午节即是纪念伍子胥之日。

五、年年乞与人间巧——七夕

七夕节,又名七巧节、乞巧节或七姐诞,是流行于中国与受汉文化影响的东南亚周边国家之中的传统文化节日,相传农历七月六日夜晚或七月七日夜晚,妇女们在庭院要向织女星乞求智巧,故称之为"乞巧"。

(一)七夕的由来与演变

七夕乞巧,最早起源于汉代。《西京杂记》记载"汉彩女常以七月七日穿七孔针于开襟楼,人俱习之",便是我国古代文献中关于乞巧最早的记载。

在唐宋诗词中,妇女乞巧的风俗也被屡屡提及。唐朝王建有诗云"阑珊星斗缀珠光,七夕宫嫔乞巧忙"。据《开元天宝遗事》记载,唐太宗与后宫嫔妃每逢七夕便在后宫设宴,宫女们也各自乞巧,后来这一习俗传入民间,代代延续,经久不衰。

到了宋元之际,七夕乞巧已经相当隆重了,京城中还设有专门买卖乞巧物品的市场,时人称之为乞巧市。《醉翁谈录》中记载:"七夕,潘楼前买卖乞巧物。自七月一日,车马嗔咽,至七夕前三日,车马不通行,相次壅遏,不复得出,至夜方散。"从这里所形容的人们在"乞巧市"购买节日用品的盛况,就可以推断当时七夕乞巧节的繁华景象。人们一进入七月就开始置办乞巧物品,乞巧市上人流如潮、车水马龙。到了临近七夕的那两天,乞巧市上简直人山人海、车马难行。这种热闹程度似乎不亚于一年之中最盛大的节日——春节,也从侧面说明乞巧节是古人最为喜爱的节日之一。

后来牛郎织女的爱情故事融入乞巧节之中,人们信以为真,于是每逢农历七月初七,牛郎织女"鹊桥相会"时,年轻的姑娘们就会到花前月下,仰望星空,寻找在银河两旁的牛郎星和织女星,希望能够看到他们一年一度的相会。同时,也乞求上天让自己能像织女那样心灵手巧,祈祷自己未来也能有称心如意的美满婚姻,天长日久,便形成了七夕节。

(二)七夕的习俗

1. 穿针乞巧

穿针乞巧是最早的乞巧方式,最早始于汉代,流于后世。《西京杂记》中说:"汉彩女常以七月七日穿七孔针于开襟楼,人俱习之。"南朝梁宗懔在《荆楚岁时记》中写道:"是夕,人家妇女结彩缕,穿七孔鍼。或以金银鍮石为鍼。"《舆地志》中记载:"齐武帝起层城观,七月七日,宫人多登之穿针。世谓之穿针楼。"五代时的王仁裕在《开元天宝遗事》中记录:"七夕,宫中以锦结成楼殿,高百尺,上可以胜数十人,陈以瓜果酒炙,设坐具,以祀牛女二星,妃嫔各以九孔针五色线向月穿之,过者为得巧之侯。动清商之曲,宴乐达旦。土民之家皆效之。"元代陶宗仪在《元氏掖庭记》说:"九引堂台,七夕乞巧之所。至夕,宫女登台,以五彩丝穿九尾针,先完者为得巧,迟完者谓之输巧,各出资以赠得巧者焉。"这些都是历代关于"穿针乞巧"的记载,可以看出,无论是在宫廷之中还是百姓人家,七夕节都有穿针乞巧的习俗。

2. 供奉磨喝乐

磨喝乐即小泥偶,是古时民间七夕节的儿童玩具,泥偶的形象多为身穿荷叶半臂衣裙,手持荷叶的童子。每年农历七月初七,在开封城的"潘楼街东宋门外瓦子、州西梁门外瓦子、北门外、南朱雀门外街及马行街内,皆卖磨喝乐,乃小塑土偶耳"。事实上,到了宋代晚期的磨喝乐,就已不再是简单捏制的小土偶了,相反越做越精致。磨喝乐大小、姿态不一,最大的能够达三尺之高,与真的孩童大小不相上下。制作所用的材料也十分名贵,有用象牙雕镂而成的,也有用龙涎佛手香雕成的。而在磨喝乐的装扮上,更是精益求精,有的以彩绘木雕作为栏座,还有的用红砂碧笼当罩子,磨喝乐手中所拿的玩具也多用金玉宝石来进行装饰,一对磨喝乐的成本往往高达数千钱。

3. 拜织女

古时"拜织女"一般属于少女、少妇们的活动。这些青年女子大都是预先和自己闺中密友或邻里约好五六人,最多十来人,联合共同举办。所举行的仪式十分简单,大都在月光之下摆上一张桌子,桌子上放置酒、茶、水果和由桂圆、瓜子、红枣、花生等组成的"五子"作为祭品;又或者放置几朵鲜花,用红纸扎成花束,插瓶子里,花瓶前放一个小香炉。约好参加祭拜活动的少妇和少女们,斋戒沐浴之后,按约定好的时辰,都到主办者的家里来。在桌案前焚香礼拜之后,大家一起围坐在桌前,一边吃花生、瓜子,一边朝着天空中的织女星默念自己的愿望。少女们希望自己长得越来越漂亮、心灵手巧或嫁个如意郎君,少妇们则希望早生贵子、婚姻幸福美满等,一直到半夜方才结束。

4. 拜魁星

民间传说七月初七是天上魁星爷的寿诞。魁星爷即魁斗星,二十八星宿之一,也是北斗星中的第一颗星,被称为魁首或魁星。古时读书人中状元被称作"一举夺魁"或"大魁天下士",主要是因为魁星主要负责掌管考运的缘故。想求取功名的读书人特别崇拜魁星,所以在七夕当日会向天祭拜,祈求魁星保佑自己榜上有名、独占鳌头。

5. 吃巧果

巧果又叫"乞巧果子",是七夕节乞巧的应节食品。宋代时,每逢七夕将至,街市上就开始有巧果出售。制作巧果主要的材料有面、油、糖和蜂蜜。具体做法为:先将白糖放入锅中,加温熔为糖浆,再和入芝麻、面粉,拌匀和好之后摊在案上擀薄,放凉后用刀切成长方块,折成梭形的巧果胚,最后入油炸至金黄即成。《东京梦华录》中称巧果为"笑厌儿",花样种类繁多,其图样有方胜、捻香等。手巧的女子还会将巧果捏塑成各种与七夕传说相关的花样。

(三)关于七夕的传说

牛郎织女的传说

相传牛郎的父母早逝,他常受哥嫂虐待,与家中的一头老牛相依为命。老牛为报答牛郎的恩情,给他出主意,教他娶织女为妻。一日,众仙女到银河沐浴,藏在暗中的牛郎拿走了织女所穿的五彩衣。惊慌失措的众仙女穿衣飞走,剩下织女一人。织女被牛郎的诚恳所打动,答应做他的妻子。婚后,牛郎织女夫妇二人过着男耕女织、相亲相爱的生活。一年后,织女生了一对龙凤胎。老牛临死前嘱咐牛郎,要把它的皮留下来,在遇到困难时可以披上以求帮助。老牛死后,夫妻二人忍痛剥下牛皮,将老牛埋在离家不远的山坡上。

天上的王母娘娘得知织女在人间私自与牛郎成亲之事,大发雷霆,命令天神到人间将织女抓回天庭。牛郎耕作回家后不见织女,急忙披上牛皮,用扁担担着一双儿女追去。眼看就把织女追上,王母娘娘突然拔下发髻上的金簪向银河一挥,昔日里清浅的银河顿时变得浊浪滔天,牛郎和织女被分隔在银河两旁。从此以后,牛郎与织女隔河含泪相望。后来王母娘娘准许牛郎织女可以在每年的七月初七相会。于是在这一天，人间的喜鹊便飞上天空为牛郎织女搭桥相见，人们称其为"鹊桥会"。据说每年七夕夜深人静之时，人们还可以在葡萄架或是其他的瓜果架下听到牛郎和织女在天空相会时的脉脉情话。

六、月到中秋分外明——中秋

在农历八月十五日中秋节这一天，中国人都会抬起头凝望天空中的满月，吃着香甜的月饼，同家人一起欢庆节日，度过一个温馨的夜晚。因此，在中国人的心中，中秋这个节日便是由月、夜、家组成的。

中秋蕴含着团圆美满的定义。中秋的圆，既是月亮的圆，又是月饼的圆，更是每个人心中追求的美好团圆。中国人的文化心理中往往以中秋的团圆作为最终归宿。无论是人们寄托给满月的心愿，抑或是中秋节各种有趣的传统习俗活动，最终都将幸福和快乐凝聚在家人的笑脸中。

（一）中秋节的由来与演变

每年农历八月十五日是我国传统的中秋佳节，这一天恰在秋季的中间，故而称之为中秋节。在我国的农历中，一年分为四季，而每季又分为孟、仲、季三个部分，因此，在我国古历法中把八月称谓"仲秋"，中秋节又名"仲秋节"。

中秋赏月的习俗，据史学家推断，最初是由古代宫廷的文人兴起，然后才扩散到民间的。魏晋乐府诗《秋有月》中描绘："仰头望明月，寄情千里光。"到了唐代，中秋节玩月、赏月之风颇为盛行，许多诗人都有关于咏月的经典诗句，中秋节也开始逐渐成为固定的节日。在《唐书·太宗本纪》中记载"八月十五中秋节"。传说在这一天，唐玄宗在梦中游览月宫，寻得了《霓裳羽衣曲》，后来民间才逐渐开始流行起过中秋节的习俗。

到了北宋时期，八月十五日被正式定为中秋节，并伴随出现了"月饼"这种节令食品。更有趣的是，《新编醉翁谈录》中记述了当时古人拜月的场景："倾城人家子女，不以贫富，自能行至十二三，皆以成人之服饰之，登楼或于中庭焚香拜月，各有所期：男则愿早步蟾宫，高攀仙桂，所以当时赋词者，有'时人莫讶登科早，只为常娥爱少年'之句；女则澹伫妆饰，则愿貌似常娥，员如皓月。"

明清两代的赏月活动，久盛不衰。每家每户都要在家中设"月光位"，在月亮升起的方向"向月供而拜"。明代民俗志《北京岁华记》中记载道："中秋夜，人家各置月宫符象，符上兔如人立；陈瓜果于庭，饼面绘月宫蟾兔；男女肃拜烧香，旦而焚之。"由此可见古人对中秋节的重视以及喜爱。同时，在这一时期还诞生了"烧斗香""放天灯""走月亮""点塔灯""树中秋""舞火龙""卖兔儿爷"等节庆活动，其中全家赏月、分食月饼、吃团圆饭等习俗一直流传至今。

（二）中秋节的习俗

1. 吃月饼

《洛中记闻》中记载，唐僖宗在中秋节品尝月饼，感觉其味道香甜可口、极其鲜美。他听闻新科进士在曲江设开喜宴，便命御膳房把月饼用红绫包裹起来赏赐给新科进士们。到了宋代，月饼便有"荷叶""金花""芙蓉"等雅称，其制作工艺也更加精致、考究。苏东坡曾写诗赞叹道："小饼如嚼月，中有酥和饴。"酥即是油酥，饴则是饴糖，其味道香甜脆美可想而知。

宋代以后，月饼在制作上不仅讲究味道，而且在饼面设计上还增添了各种与月宫传说相关的图案。饼面上的图案，起初是先画在纸上后粘贴在饼面上，后来人们干脆制作模具将图案压制在月饼之上。满月状的月饼与八月十五的圆月一样象征着阖家团圆，人们把它作为中秋节的节日食品，用来祭月、赠送亲友。

传说，在元朝初年，统治者因惧怕民众起来反抗，故采取每十户人家派一名士兵监视、十户人家只允许用一把菜刀的高压政策。老百姓们忍无可忍,便趁中秋节互赠月饼之际,在月饼中放一个蜡丸,蜡丸中裹着纸,纸上写上誓言,饼底还要贴一张纸作为暗示,用来互相号召反元复国。浙江一带称这种月饼为"三锦",按照当地方言的发音就是"杀紧"。这也许就是今天月饼外常贴上一张包装纸的原因。

2. 燃灯

仲秋之夜,天清似水,月明如镜,正可谓良辰美景,令人心旷神怡。然而,人们对此并不满足,于是便有了"燃灯"以助月色的风俗。我国湖广一带有用瓦片堆叠于塔上燃灯的习俗。而在江南一带,人们在中秋节则更喜欢制作灯船。到了近代,中秋燃灯的风俗更盛。今人周云锦、何湘妃在《闲情试说时节事》一文中提到:"广东张灯最盛,各家于节前十几天,就用竹条扎灯笼,做果品、鸟兽、鱼虫形及'庆贺中秋'等字样,上糊色纸,绘各种颜色。中秋夜灯内燃烛用绳系于竹竿上,高悬于瓦檐或露台上,或用小灯砌成字形或种种形状,挂于家屋高处,俗称'树中秋'或'竖中秋'。富贵之家所悬之灯,高可数丈,家人聚于灯下欢饮为乐,平常百姓则竖一旗杆,灯笼两个,也自取其乐。满城灯火不啻琉璃世界。"看来从古至今,人们在中秋节都喜欢燃灯,其规模仅次于年初的元宵灯节。

3. 观潮

"定知玉兔十分圆,已作霜风九月寒。寄语重门休上钥,夜潮留向月中看。"这是苏轼所作的《八月十五日看潮五绝》。在古代,浙江钱塘江一带除中秋赏月的习俗外,观潮可以说是又一件中秋盛事。潮水来时,如雷轰鸣,排山倒海,犹如千军万马,气势宏大。中秋观潮的风俗早在汉代人枚乘的《七发》赋中就已经有了相当详尽的描述。汉代以后,中秋观潮的风俗更为盛行。宋人吴自牧的《梦粱录》和明人朱廷焕的《增补武林旧事》两书中也有中秋观潮的记载。这两书所描述的观潮盛况,说明在宋代时观潮之事达到了巅峰。

4. 玩兔儿爷

近代人金易、沈义羚所著的《宫女谈往录》中,记录了一位叫荣儿的宫女对中秋节的回忆。当时正值八国联军攻入北京,慈禧太后逃出了京城。一路逃亡时,适逢中秋,这位太后慌乱之余仍未忘旧礼古俗,在忻州的贡院之中举行了祭月之礼。

宫女荣儿回忆说,晚饭后按照宫里的讲究,要由皇后去祭祀"太阴君"。这大概是沿袭关外"男不拜兔,女不祭灶"的习俗,"太阴君"是由每家的主妇来祭祀的。在庭院的东南角,摆上供桌,请出神码插在香坛中。晋北的香坛是一个方斗,斗里盛满当年的新高粱,斗口用黄纸糊上,供桌上摆四碟水果、四盘月饼,月饼堆叠起来大约有半尺高。另外,供桌中间摆放着一个大木盘,盘里放着专为祭兔所做的,直径有一尺长的圆月饼;还有四碗清茶,就是把茶叶放在茶碗中用凉水冲一下。荣儿说:"就这样,皇后带着妃子、格格以及我们大家行完礼,就算礼成。"

图7-5 兔儿爷

这段回忆讲的是清代宫廷中秋祭拜月兔的规矩,从中可以看出,清代宫廷称月中的玉兔为"太阴君"。然而,在民间则大大不同。民间妇女在祭月时,担心身边的孩子捣乱,便买来兔头人身的泥塑娃娃供孩子们玩耍,老百姓喜欢戏称其为"兔儿爷"(见图7-5)。虽然这种称呼不如"太阴君"庄重正式,但却显得更加亲切。在北京一带的民俗中,兔儿爷后来直接成了孩子们在中秋节的节日玩具,而且由原来单纯的泥塑,变为下颚和肘关节能活动的民间工艺品。

5. 祭月、赏月、拜月

中秋祭月在我国是一项非常古老的习俗。史书上记载,早在周代,古代帝王就有"春分祭日,夏至祭地,秋分祭月,冬至祭天"的习俗。其祭祀的场所分别被称为日坛、地坛、月坛和天坛,分设在东、南、西、北四个方位。而今,北京的月坛就是明清皇帝进行祭月活动的场所。有文献记载:"天子春朝日,秋夕月。朝日以朝,夕月以夕。"这里所说的"夕月以夕",指的正是在夜晚祭祀月亮。这种风俗不仅为皇亲贵族所奉行,也逐渐影响到民间百姓。

赏月的风俗源于祭月,严肃的祭祀转化成为轻松的欢娱。我国民间的中秋赏月活动始于魏晋时期,但直到唐代,中秋赏月的风俗才真正盛行起来。宋代时,逐渐形成了以赏月为中心的中秋民俗节日活动,中秋节也在此时正式确定下来。与唐人不同的是,宋人赏月常以阴晴圆缺比喻人情世态,更多的是感物伤怀,所以即便是中秋之夜,明月的清光也无法掩饰世人的伤感。当然,对于宋人来说,中秋还是世俗欢愉的节日,《东京梦华录》中记载:"中秋节前,诸店皆卖新酒,……中秋夜,贵家结饰台榭,民间争占酒楼玩月。丝篁鼎沸,近内庭居民,夜深遥闻笙竽之声,宛若云外。闾里儿童,连宵嬉戏。夜市骈阗,至于通晓。"可见,宋代的中秋之夜是不眠之夜,夜市通宵达旦,游人络绎不绝。

相传,春秋时齐国丑女无盐,在幼年时曾虔诚拜月。她长大后,以超群的品德入宫,但始终未被宠幸。某年的八月十五,齐国天子在月光下见到无盐,觉得她美丽非常,遂立她为皇后,中秋拜月的习俗由此而来。月中的嫦娥以美貌著称,所以古时少女拜月,常祈祷能够"貌似常娥,员如皓月"。

明清之后,受时代的影响,社会生活中现实的功利因素突出,岁时节日中的世俗情趣日益浓厚,文人所讲究的以"赏月"为中心的抒情性与神话性传统逐渐减弱,功利性的祈求、祭拜和世俗的愿望、情感构成了普通民众中秋节俗的主要形态。

(三)关于中秋的传说

1. 嫦娥奔月

相传,远古时天上有十日同时出现,将人间晒得庄稼枯死,民不聊生。一名叫后羿的英雄,同情受苦的百姓,登上昆仑山顶,运足神力,拉开神弓,一口气射下九个太阳,并命令最后一个太阳要按时起落,为民造福。

后羿作为英雄受到百姓的尊敬和爱戴。他有一个美丽而善良的妻子,名叫嫦娥,夫妻二人十分恩爱。后羿每日除了传艺狩猎外,都与妻子在一起,人们十分羡慕这对郎才女貌的夫妻。

人间不少志士慕名前来拜后羿为师学习箭术,有个叫逢蒙的人也混了进来。

这天,后羿求道访友于昆仑山,巧遇在此地的西王母,西王母赐给后羿一包不死仙药,将此药服下,便能即刻飞升成仙。然而,后羿无法割舍下妻子独自成仙,只好暂时让嫦娥将仙药保管起来。嫦娥把药放入了梳妆台的百宝匣里。没想到被心怀鬼胎的逢蒙看见了,他觊觎仙药,想要成仙。

三日后,众人皆跟随后羿外出狩猎,逢蒙却假装自己生病,留在了家中。后羿等人走后不久,逢蒙便手持宝剑闯入后羿的内宅后院,逼迫嫦娥交出仙药。嫦娥当机立断,打开藏药的百宝匣,一口将仙药吞了下去。吞药后的嫦娥,身子立即飘离地面,飞向天上。由于她挂念着丈夫,便在离人间最近的月宫中落下成了仙。

傍晚,后羿返回家中。侍女们向他哭诉了白天所发生的一切。后羿又惊又怒,想要拔剑斩杀恶徒,但逢蒙早已逃走了。后羿痛不欲生,望着夜空大声呼喊爱妻的名字。这时他突然发现月亮格外皎洁明亮,月亮中有一个酷似嫦娥的身影。他拼命向月亮追去,可是他进三步,月亮退三步,无论怎样追也追不到跟前。

后羿无可奈何,只好派人在嫦娥平素最爱的后花园中,摆上供桌和香案,放上她最爱吃的鲜果蜜饯,远远地祭拜在独自月宫中生活的爱妻嫦娥。百姓们听说嫦娥奔月成仙的消息后,也都在月下祭拜,向善良美丽的嫦娥祈求平安。

自此,拜月便成为中秋节的一个风俗,在民间广泛流传开了。

2. 吴刚折桂

相传,月亮上有一座宫殿叫作广寒宫。宫殿前有一棵五百丈的桂树,生长得十分繁茂。有一个人常在树下用斧子砍伐它,但每次砍下后,被砍的地方却随即便合拢了。一连几千年,就这样一直砍了合、合了砍,这棵桂树永远也无法被砍倒。这个砍树的人名叫吴刚,是汉朝人。他曾跟随仙人修道,并到了天界。但因为他犯了错,仙人就把他贬谪到月宫,每日做这种徒劳无功的苦工,以此作为惩处。李白在他诗中就曾写到过"欲折月中桂,持为寒者薪"。

3. 朱元璋与月饼

中秋节吃月饼的习俗相传始于元代。当时,中原的广大人民无法继续忍受元朝统治者的暴虐统治,纷纷起义反抗朝廷。朱元璋集合了各地的起义军准备共同起义。但因为朝廷官兵的搜查十分严密,传递消息变得困难重重。军师刘伯温想出一条计策,命令下属把写有"八月十五夜起义"的纸条藏于饼中,再派人分头送到各地的起义军中,通知他们在八月十五日这天夜晚共同响应起义。到了起义当天,各路义军一声令下共同响应,起义之势如同星火燎原一般。

很快,大将徐达就将元大都攻了下来,起义胜利了。前方告捷的消息一传来,朱元璋高兴得连忙传下命令,让全体将士在即将来临的中秋佳节与民同乐,并将当年起兵时用来秘密传递信息的"月饼",作为节令糕点赏赐给群臣。此后,"月饼"的制作越发精细,品种也变得更多,小者如棋子,大者如圆盘,成为馈赠亲友的佳品。从此,中秋节吃月饼的习俗便在民间流传开来。

七、把酒赏菊倍思亲——重阳

重阳节,又被称作登高节、茱萸节、菊花节、重九节、九月九等,与除夕、清明、中元节并称为中国传统四大祭祖大节。

《易经》中把"九"定为阳数,九月九日这天,日月并阳,九九相重,故名重阳,也叫重九。重阳节在战国时就已经形成,从魏晋开始重阳气氛日渐浓郁,开始受到历代文人墨客的吟咏。唐代后,重阳节被正式定为民间的节日,此后的历朝历代沿袭至今。

(一)重阳节的起源与演变

重阳的源头,最早可追溯到先秦之前。《吕氏春秋》中记载:"(九月)命冢宰,农事备收,举五种之要。藏帝籍之收于神仓,祗敬必饬。""是月也,大飨帝,尝牺牲,告备于天子。"可见当时在秋天九月农作物丰收之时已经存在祭飨天帝、祭拜祖先,以感谢天帝、祖先恩德的活动。

到了汉代,《西京杂记》中记录:"九月九日,佩茱萸,食蓬饵,饮菊花酒,云令人长寿。"也就是由此时起,有了在重阳日祈求长寿的习俗。这也是受当时道教追求长生、服用丹药的影响。同时,重阳节的大型饮宴活动,是从先秦时期庆贺丰收的宴席发展而来的。《荆楚岁时记》载:"九月九日,四民并籍野饮宴。"可见,求长寿及饮宴构成了重阳节的基础。

还有一种说法，认为重阳节源于古代祭祀"大火"星的仪式。

"大火"星是古代季节星宿的标志，在秋季九月隐退。《夏小正》中称"九月内火"，然而"大火"星的退隐，不仅使将"大火"星作为季节生产与季节生活标识的古人失去时间坐标，同时也使将"大火"星奉若神明的古人产生莫名的恐惧。火神的休眠也就意味着漫长冬季的到来。因此，如同"大火"星出现时要有迎火仪式那样，在"内火"时节，人们要举行相应的送行仪式。古代的祭祀仪式可以从后世的重阳节日仪式中寻找到一丝遗痕。如在江南的部分地区有重阳节祭灶的习俗，祭祀的灶神正是家居的火神，古代九月祭祀"大火"的仪式可见一斑。同时，古人常常将重阳节与上巳节或寒食节、九月九与三月三作为对应的春秋大节。《西京杂记》中称："三月上巳，九月重阳，使女游戏，就此祓禊登高。"上巳、寒食与重阳的对应，是以"大火"星的出没为依据的。

随着生产力的发展和各种技术的进步，人们逐渐对时间有了新的认识，"火历"也逐渐让位于一般历法。九月祭火的仪式虽然逐渐衰亡了，但人们对九月因阳气衰减而引起的自然物候变化仍有着特殊的感受。因此，重阳节登高避疾、登高避祸的古俗仍然在世代传承，虽然世人对其已经有了新的解释。

所以，重阳节在古人生活中成为夏冬交接的时间标志。如果说上巳、寒食是人们经过漫长冬季后出室畅游的春游，那么重阳大约是在秋寒将至、即将开始隐居时且具有仪式意义的秋游。所以，民俗中有上巳"踏青"、重阳"辞青"的说法，重阳节的习俗也围绕着人们在这一时节的感受展开。

(二) 重阳节的习俗

1. 登高

重阳节自古有登高的习俗。秋高气爽、丹桂飘香，值此金秋时节登高远望可令人心旷神怡、健身祛病。

早在西汉时期，《长安志》中就记载了汉代京城的人们在九月九日时游玩观景的场景。而在东晋时，又有著名的"龙山落帽"的故事。

2. 吃重阳糕

根据史料记载，重阳糕又名花糕、菊糕、五色糕，品种繁多，因此做法也各有不同。《五杂俎》中记载，九月九天明时，以片糕搭儿女头额，更祝曰：愿儿百事俱高。此乃古人九月做糕之意。讲究的重阳糕要做九层，呈宝塔状，夹馅并印双羊，以符合重阳（羊）之义。有的还会在重阳糕上插一红色纸旗，并点蜡烛灯。是以用"点灯""吃糕"来代替"登高"的含义，用小红纸旗来代替茱萸。当今的重阳糕，做法因地制宜并无固定品种，近代各地在重阳节时食用的松软糕类都可称为重阳糕。

3. 赏菊

在汉族习俗中，菊花象征长寿。重阳节当日，自古以来就有赏菊花的风俗，所以古时又称重阳节为菊花节。自三国魏晋以来，重阳节聚会饮酒、赏菊赋诗就已经成为时尚。人们将农历九月俗称为菊月，因而在重阳前后举办菊花大会，前来赴会赏菊的人摩肩接踵，场面蔚为壮观。

4. 饮菊花酒

菊花酒，在我国古代被看成是重阳之日必饮、有祛灾祈福功效的"吉祥酒"。

菊花酒在汉代已经可以见到。由于菊花内含有大量的养生成分，晋代葛洪的《抱朴子》中有关于南阳山民饮用菊花水而延年益寿的记载。其后的历史文献中还有以菊祝寿和采菊花酿酒的故事，如魏文帝曹丕曾在重阳当日将菊花赠予钟繇，祝愿他健康长寿；梁简文帝在《采菊篇》中有"相呼提筐采菊珠,朝起露湿沾罗襦"的诗句,描写的就是女子们相约清晨采菊酿酒的场景。到了明清时期,菊花酒仍然十分盛行,在明代人高濂所著的《遵生八笺》中有所记载,是当时流行的一种健身饮料。

5. 插茱萸

在古代,重阳节还流行插茱萸的习俗,所以重阳节又被称为茱萸节。民间认为九月初九逢凶,是多灾多难之日,所以在重阳节人们佩戴茱萸以祛恶辟邪。也正是因为如此,茱萸被民间百姓称为"辟邪翁"。茱萸这种植物香气辛烈,有逐风邪、驱虫、去湿的作用,并能消积食,治寒热,可入药,也可制成酒养身祛病。插茱萸和簪菊花的风俗在唐代就已经很普遍。唐代诗人王维有诗云:"遥知兄弟登高处,遍插茱萸少一人。"

(三)关于重阳节的传说

桓景斗瘟魔的传说

相传在东汉年间,汝河中有个瘟魔。它只要一出现,家家户户都有人病倒,几乎每天都有人丧命,汝河一带的百姓们受尽了瘟魔的蹂躏。

又一场瘟疫袭来,瘟魔夺走了桓景的父母,他自己也差点因病丧命。病愈后,桓景辞别了家中的妻子和乡亲,决心访仙学艺,为百姓们除掉瘟魔。桓景四处寻访,遍访各地名人高士,终于打听到有一位法力无边的仙长,在山中隐居。桓景不畏路途的艰险,在仙鹤的指引下,终于找到了隐世的那位仙长。仙长被他的精神所感动,收他为徒,教给他降妖剑术,还赠他一把降妖宝剑。桓景日夜废寝忘食苦练剑法,终于练就了一身武艺。

一天,仙长把桓景叫到跟前,对他说:"明日是九月初九,瘟魔又要出来作恶,你的本领已经学成,该回去为百姓除害了。"临行前,仙长给了桓景一包茱萸叶、一盅菊花酒,并且密授他避邪之法,让桓景骑着仙鹤赶回家去。

桓景回到家乡已是九月初九的清晨。按照仙长的叮嘱,他把乡亲们领到了附近的一座高山上,每人手持一片茱萸叶、一盅菊花酒,做好了降魔的准备。正午时分,瘟魔怪叫着冲出汝河,刚到山下,突然闻到阵阵茱萸香味和菊花酒气,脸色突变,不敢继续上前。这时,桓景手持降妖宝剑追下山来,仅用了几个回合就把瘟魔刺死在剑下。此后,九月初九重阳登高避疫的风俗逐渐流传了下来。

八、名言选读

1. 爆竹声中一岁除,春风送暖入屠苏。千门万户曈曈日,总把新桃换旧符。
   (宋·王安石《元日》)

2. 东风夜放花千树,更吹落,星如雨。宝马雕车香满路。凤箫声动,玉壶光转,一夜鱼龙舞。蛾儿雪柳黄金缕,笑语盈盈暗香去。众里寻他千百度。蓦然回首,那人却在,灯火阑珊处。(宋·辛弃疾《青玉案·元夕》)

3. 银烛秋光冷画屏,轻罗小扇扑流萤。天阶夜色凉如水,坐看牵牛织女星。
   (唐·杜牧《秋夕》)

4. 海上生明月,天涯共此时。情人怨遥夜,竟夕起相思。
   灭烛怜光满,披衣觉露滋。不堪盈手赠,还寝梦佳期。
   (唐·张九龄《望月怀远》)

5. 暮云收尽溢清寒,银汉无声转玉盘。此生此夜不长好,明月明年何处看。
   (宋·苏轼《中秋月》)

项目设计剖析

宝马汽车平面广告

如图7-6所示,这两幅作品是宝马汽车在2015年马年春节推出的平面广告。

第一幅恰到好处地使用了马年祝福的"吉祥话"——"招财进宝,马到成功","宝马"二字一语双关,让人不得不钦佩该广告文案的创意。第二幅则运用了春节中的窗花元素,乍看来是过年时贴的窗花,再仔细看发现窗花实际上是汽车轮胎。我们常说"千里之行始于足下",对于汽车而言,轮胎就是它的脚。其中的文案更是采用了最朴素的新年祝福——"千里锦绣,始于足下。BMW祝您新年新征途。"

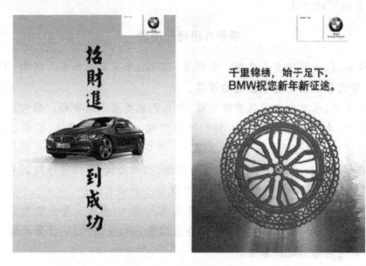

图7-6 宝马汽车马年广告

第二节

婚嫁与丧葬

原始社会后期,出现了最早的"婚姻"。这时的婚姻大多是"抢婚制",因为多在夜晚进行,所以这时的婚姻被称为"昏因",即"昏时成亲"的意思。抢婚制相对带有更为浓重的野蛮色彩,再加上当时社会文明程度的制约,婚礼非常简单,几乎没有什么仪式。随着生产力的不断提高,人类文明与政治经济也随之快速发展起来,人们逐渐将婚礼作为社会生活中的重要礼仪。如今,婚礼婚俗已经成为建立在中华文化之上的一种特殊文化现象。

在我国民间,婚嫁与丧葬被并称为"红白喜事"。有"白事"之称的丧葬,其仪式的隆重程度与"红事"相比毫不逊色,而其程序之多、礼仪之繁杂又大大超过了"红事",其中的文化内涵极为丰富。无论生前贫贱还是富贵,死亡对于所有人来说都是无法避免的。几千年漫长的历史进程中,逐步形成了关于丧葬的一整套礼仪。整个丧葬的过程,即为生者与逝者对话的过程,在这个过程里,既要让生者满意,也要让逝者安宁。中国人讲究"慎终追远",说的也是这样一层意思。

"古摄影"摄影工作室网页设计

设计内涵分析:图 7-7 是成都品派广告公司为"古摄影"摄影工作室所做的网页设计。"古摄影"工作室在 2015 年将传统婚礼服饰与时尚电影元素相结合,推出了具有全新特色的新中式主题婚纱摄影。网页设计采用红黑为主色调,既有婚嫁的喜庆气氛,又稳重大气,彰显了"古摄影"作为一家高端婚纱摄影工作室的身份。设计主题定为"教堂婚嫁叫结婚,凤冠霞帔才叫嫁人,如有你相伴,不羡鸳鸯不羡仙",突显了该工作室的特色。

图 7-7 "古摄影"摄影工作室网页设计(局部)

一、婚嫁文化

(一)婚俗文化的起源与发展

我国婚俗文化的起源,可追溯到上古时期。据《山海经》和《礼记》记载,古时期,"混沌初开,男女蒙昧,杂居一生。伏羲氏制嫁娶、女娲立媒约以偶数兽皮为聘,至此,婚嫁由始"。意思是说在远古时期,男女处于杂居状态,直到伏羲制定嫁娶制度,女娲立下婚书以兽皮作为聘礼,才开始有了所谓的婚嫁。除了"俪皮之礼"之外,后来又发展出了"必告父母""亲迎于庭""亲迎于堂"等仪节。直至周代,才逐渐形成一套完整的婚姻礼仪。

(二)中国传统婚姻习俗

关于古人成婚的年龄,历朝历代都有不同的规定,一般都是 20 岁上下。春秋时期规定:"男子二十加冠,女子十六及笄,即可成婚。"由于古人平均寿命很短,因此早婚现象非常普遍。宋代就有"凡男十五,女十三,并听婚嫁"的规定。《汉书》中还有"月余遂立为皇后,年甫六岁"的记载,可见帝王之家更是早婚的极端。但无论结婚年龄的早晚,人们都把婚礼看作人一生中最重要的事,随之出现了丰富多彩的婚俗文化。

1. 三书六礼

"三书"是指在"六礼"进行过程中所使用的文书,即聘书、礼书、迎书。"六礼"是指从求婚到完婚的整个结婚步骤和过程,分别是纳采、问名、纳吉、纳征、请期和亲迎。三书六礼的传统婚礼习俗历史十分悠久,可以追溯到西周。而西周时期的"婚姻六礼"也对其后世的婚姻形式产生了极大的影响。

在我国古代典籍《礼记》《仪礼》两书中,都对"婚姻六礼"有所论述。《礼记》中记载:"昏礼者,将合二姓之好,上以事宗庙,而下以继后世也。故君子重之。是以昏礼纳采、问名、纳吉、纳征、请期,皆主人筵几于庙,而拜迎于门外,入,揖让而升,听命于庙,所以敬慎重正昏礼也……敬慎重正而后亲之,礼之大体,而所以成男女之别,而立夫妇之义也。男女有别,而后夫妇有义;夫妇有义,而后父子有亲;父子有亲,而后君臣有正。故曰:昏礼者,礼之本也。"而《仪礼》中则记载:"昏有六礼,纳采、问名、纳吉、纳征、请期、亲迎。"由此可见,这一传统婚俗在西周时期就已经存在了。普遍认为,此婚俗在秦朝就已经正式确立,到汉朝时已经被广泛使用了。

纳采是"六礼"中的第一礼。男方家遣媒妁前往女方家提亲,送礼求婚。初步商议后,如果女方有意,男方家再次派媒妁正式向女方家求婚,并携带一定礼物,即纳"采择之礼"。《仪礼·士昏礼》中记载:"下达。纳采,用雁。"说的是当时男方所带的纳采礼为大雁。汉代之后,纳采礼的内容有所增加,多了许多能表达美好寓意的物品,如合欢铃、鸳鸯等。到了清代更是增加了绸缎、珠宝、首饰等礼物。

问名,是"六礼"中的第二个环节,又被称作"过小帖"。由媒人询问女方的姓名、年龄以及"生辰八字",通过占卜、算命等方式来看男女双方在命理上会不会相冲相克,或者有没有其他不宜结成夫妻的地方。因此,民间也把"问名"叫作"合八字"。

纳吉,"问名"之后,男方父母再将儿子的生辰八字交给媒人带给女方,这就是所谓的"过大贴""换鸾书",实际上有点儿现代社会订婚的意思。

纳征,是"六礼"中男方给女方送聘礼的环节。这一环节的结束标志着订婚阶段的完成,婚约已经完全成立了。古代聘礼的多少,取决于女方的身份和出身,具有鲜明的时代特色。如宋代所送的聘礼已经不再沿袭周礼,除了金银绢帛等,五花八门、品类繁多。

请期,也就是现代意义上的择日。古代婚礼的日期由男方家负责选定,选好的后,带上礼物到女方家将婚期告之,求其同意。《礼仪·士昏礼》中云:"请期用雁,主人辞,宾许告期,如纳征礼。"

亲迎,这是"六礼"中最后一个环节,也是最重要的环节。新郎亲自去女方家迎娶新娘。亲迎意义包含两方面:一方面,男子亲自去女方家迎接新娘,表现出对女子的重视和尊重;另一方面,古人讲究"女子出嫁从夫",男子亲自迎接新娘,新娘从此以后便要同丈夫一起在男方家生活。先秦时,人们对亲迎非常重视,上至天子下至黎民百姓大都行此礼仪。"文定厥祥,亲迎于渭"说的就是周文王在纳征订婚后,亲自迎娶太姒于渭水之滨的场景。"韩侯迎止,于蹶之里。百两彭彭,八鸾锵锵"记录的则是诸侯亲迎的场面。在我国婚姻文化中,亲迎在很长一段时间内被看成是夫妻关系正式确立的依据。如果不通过亲迎之礼成婚,则会被认为不合礼制,会受到周围人的讥讽与嘲笑。所以在当时,未婚夫在亲迎之前去世的,女子可以改嫁;可是如果举行了亲迎之礼后丈夫去世,女子只能认命"从一而终"了。

后世的婚礼大致上沿袭了"六礼"的过程,只不过有简有繁,各地风俗略有不同,但基本上都会遵循"提亲、定亲、迎亲、成亲"这几个步骤。

2. 说媒

我国古代,讲究"无媒不成婚"。相传,最早的媒人就是女娲。《风俗通义》中提到:"女娲祷祠神,祈而为女媒。因置昏姻。"

而在《周礼》《吕氏春秋》等书中也有关于上古时代祭祀高媒活动的记载。《周礼》记载:

"媒氏掌万民之判",指当时国家专门设有官媒,掌管婚姻判合之事。而在《诗经·卫风·氓》中有"匪我愆期,子无良媒"一句,体现了当时媒人在婚姻中的重要地位。汉代后,男女婚嫁必须遵守"父母之命,媒妁之言",媒人已经成为婚嫁过程中不可或缺的一部分了。媒人最早被称作"冰人",唐代民间神话中出现了专管男女因缘的神仙——月下老人。元代时,受《西厢记》的影响,"红娘"又成了媒人的另一个代名词。

3. 祝子习俗

在古人的观念中,缔结婚姻的最主要目的就在于延续香火、绵延子嗣。所以在对婚姻的祝福中,有着多子多福、早生贵子含义的习俗颇多。而在传统婚礼中,更偏好使用吉祥物来寄托对新人的祝愿。

撒帐就是一项十分有代表性的祝愿新人早生贵子的习俗。所谓撒帐,就是把各类果子撒向婚床,这些果子大多为多籽的植物,谐音"多子",取多子多福的吉祥寓意。在我国,由于南北方风俗物产差异巨大,所以撒帐所用的果子也不尽相同。在北方,人们多用花生、栗子、红枣等果子,而在南方,则多用桂圆、荔枝、莲子等果子。枣和花生合起来念就是"早生",枣与栗子合起来念就是"早立子",而莲子则让人联想起"连生贵子",荔枝让人想起"利子",瓜子、稻谷、黄豆这些农作物因为果实繁多也具有吉祥之意。

一直以来,蛋在我国是生殖崇拜的一种吉祥物,在婚礼习俗中也不例外。有的地方习俗在男女想要缔结婚姻时,用鸡蛋去碰对方手中的鸡蛋,对方如果同意就允许手中的蛋被碰,否则就不允许。破蛋有诞生新生命的寓意,所以蛋破后双方可以到偏僻的地方谈情说爱。而且,在很多地方至今还流行着在嫁妆中放红喜蛋的习俗,参加婚礼的人会向新娘讨要红喜蛋,吃的蛋越多就意味着新娘越可以早生贵子。

另外,在我国有些地方,筷子也是结婚时所用的吉祥物品,因为筷子有"快子"的谐音。贵州少数民族仡佬族的青年在求亲时,就会拿出用红纸包的筷子以示求亲,女方的父母如果答应就会收下筷子。而在北方,旧时有偷筷子的习俗。婚礼中伴郎要趁宾客不注意的时候偷双筷子放在怀中,婚礼结束后放到男方的家中,也是取"快生子"的吉祥寓意。

4. 辟邪习俗

在结婚的大喜之日,不仅要祝愿新人多子多福,还要防止新人受到妖魔邪祟的侵害。为了求得平安吉祥,婚礼中还包括很多辟邪的习俗。

向新人撒豆谷,就是古人迎亲时用来辟邪的仪式之一。在日常生活中,很多豆谷都具备药用价值,如赤小豆有利水消肿、解毒排脓的功效,绿豆则有清热解毒、利尿明目的功效,所以人们常常认为这些豆谷有辟邪的功能。《周礼》中记载:"以五味、五谷、五药、养其病。"再加上五谷本身就是常见的食物,是生活的必需品,所以古人对其十分珍视,将其认为是上天赐予的吉祥之物,故将其用在婚礼之中,取纳吉避邪之意。

在我国很多地区,水被认为具有避邪驱鬼的功效。因而在婚礼仪式中,加入了用水避邪的婚俗活动,或是洒在新娘身上,或是洒在花轿上。如我国云南的彝族有泼水迎亲的习俗,广东潮阳地区古时迎亲则是向新娘的花轿泼水。

因为火可以带来光明、驱除黑暗,所以原始社会时期人类对火就十分崇拜,认为火具有让邪祟远离的功能。在很多地区的婚俗中,都有新娘进门时跨火盆的讲究。其用意是火可以将不吉利的东西烧掉或挡至门外,新人以后的日子会越过越红火。古人在新婚之夜,洞房中都会点一对红蜡烛直至天明,一是用来辟邪,二是祝愿新人白头偕老。

(三)传统婚俗的文化内涵和伦理观念

1. 中国婚姻的仪式化

《礼记》中记载:"天地合,而后万物兴焉。夫昏礼,万世之始也。"将男女在婚姻中的结合比作天地之合,赋予了婚姻神圣性和不可颠覆性。在我国古代社会,婚姻必须依礼而行。婚姻秩序的规范是其他社会秩序规范的基础。所谓"婚礼",即"礼出于婚,婚出于礼"。唯有依礼而行嫁娶,才能达到"别夫妇"的目的。所以,与西方的宗教型婚姻或法律型婚姻不同,中国人更多讲究的是一种仪式化的婚姻。

这种仪式化体现在结婚的礼仪形式和程序上。从周代开始实行的"六礼",即纳采、问名、纳吉、纳征、请期、亲迎,就是最早的婚姻仪礼。对于这种仪礼程序,人们十分重视。没有婚礼则被认为是"淫荡"或"私诱",会遭到社会各方面的指责,其夫妻关系也不被承认。这就是所谓的"六礼备,谓之聘,六礼不备,谓之奔"。

即便社会发展到现在,传统习俗的力量和影响仍然是巨大的。特别是在一些农村地区,男女双方领取结婚证并不算结婚,只有在进行"结婚典礼"的仪式后,亲朋好友才认同二人的夫妻关系。

2. 无"媒"不成婚

在我国封建社会,一切社会活动都要合乎礼法。男女在缔结婚姻时,也要讲"父母之命,媒妁之言"。因此,在古人的婚姻中,"媒"有着十分重要的地位。

《礼记·坊记》中记载了关于"媒"的论述:"故男女无媒不交,无币不相见,恐男女之无别也。"孟子对此也曾说:"父母之心,人皆有之,不待父母之命,媒妁之言,钻穴隙相窥,逾墙相从,则父母国人人皆贱之。"可见当时社会人们对"媒"的重视。正因如此,当时国家还专门设置了"地官媒氏"这样的官职,专门负责管理婚嫁。之后的各个朝代,对"媒"的重视程度有增无减。自唐代开始,"媒妁之言"被写入了法律之中,《唐律·户婚》中规定"为婚之法,必有行媒"。媒人在婚姻缔结的过程中发挥着道德和法律的双重约束作用。

随着封建社会的发展,宗法礼制也不断发展,在婚姻中就突出体现在"媒妁"二字上。而极端地讲求礼法、无视情爱的婚姻习俗,造成男女之间无法自由恋爱,上演了一个又一个婚姻的悲剧。

辛亥革命后,封建帝制被推翻,在婚姻中扮演重要角色的"媒人"却没有退出历史舞台,只不过其社会意义随着时代的发展产生了不同的变化。时至今日,恋爱自由、婚姻自主被写进了《婚姻法》,但在日常生活中,仍能见到"媒妁"的身影。

3. 传统婚姻中的买卖关系

聘礼在传统婚姻中占有十分重要的地位。而婚姻中的买卖关系,也正是通过聘礼折射出来的。《礼记·曲礼》中提到:"非受币,不交不亲。"意思是如果没有"币"作为聘礼,那么男方是不能与女方缔结婚姻关系的。男方只有交付给女方一定数量的聘礼、聘金后,双方才能够成婚。

古代封建社会十分看重聘礼,聘礼越重,女子的身价筹码越高,其婚姻的买卖色彩也就越浓。因此,男女双方在选择配偶时,经济条件成为影响最终能否成婚的一个重要因素。到了宋代,甚至出现了"娶其妻不顾门户,直求资财"的社会现象。

4. 婚俗中的生育观

中国人自古便非常重视"传宗接代"。在古人眼中,"不孝有三,无后为大","无子"被写入"七出"之中,如果妻子没有生养,丈夫便可以理直气壮地"纳妾"或是"休妻"。而一户人家如果子嗣众多、人丁兴旺,则会被认为十分有福气。这样的思想观念在一些婚姻习俗中得到了淋漓尽致的表现,如婚礼中的"撒谷豆""撒帐"等仪式,都含有祝福新人多子多福的寓意。

二、丧葬文化

(一)丧葬习俗的产生

丧葬习俗是伴随着人类灵魂观念的产生而逐渐形成的。在原始社会初期，人类还处于蒙昧状态，并没有灵魂的观念，更谈不上为死人建造坟墓精心安葬了。随着生产力的不断进步，文明程度也有所发展，人类开始对灵魂有了初步的认识。他们认为死亡和做梦的一样，都是灵魂离开了肉体到了别的世界。所以灵魂是不灭的，即便人死了，灵魂也仍是存在的，而且能够为子孙后代降福或施祸。生者对死者的态度和安葬方式极为关键，如果令死者满意，生者也可以平安无事，反之，就会为生者带来灾祸和麻烦。在有些地方，人们非常敬畏即将死去的老人，希望得到他们死后灵魂的保佑，因而对老人的送葬、下葬等仪式十分看重。

所以，灵魂观念的产生，促进了丧葬习俗的形成与发展。因为想让灵魂得到安息，所以就更看重人死亡后的"身后事"，表现出重视丧葬的特点来。

(二)敬鬼事神与"事死如生"

丧葬习俗中的一个主要特色是敬鬼事神。灵魂不灭的观念使人产生了对鬼神的敬畏。人们认为鬼既能恩泽福佑生者，也能为生者带来祸患。为了祈求逝者的灵魂能保佑自己平安富贵，就要尽力把丧事办得细致、周到和隆重。因此，整个丧仪的过程就是取悦鬼神的过程。

我国古代民间的丧葬礼制主要源于《礼记》。在实际操作过程中，主持丧事的有道士也有和尚，俗称"道场"或"法场"。由于道教是在鬼神崇拜基础上建立起来的宗教形式，丧葬中有了道士的参与，敬鬼事神色彩也就更为浓厚了。

丧葬习俗中的另一重要特色是"事死如生"。在儒家思想中，凶礼(就是丧礼)最受重视。认为"事死如生，事亡如存"，即对待死者要和对待生者一样。孔子云："生，事之以礼；死，葬之以礼，祭之以礼。"也就是说，人在世时要讲究礼仪，死后的丧葬、祭祀也都要合乎礼仪。入殓前要给死者沐浴、更衣、整理仪容，棺材中要铺上寿被，还要将死者生前喜爱的东西作为陪葬，等等。民间有为死者"烧七"之说，除了要烧纸钱外，还要烧用纸扎成的房屋、楼宇、摇钱树、家禽、纸人纸马等，希望死者在另一个世界能够过上富足的生活。人去世后的第七日被称为"头七"，传说这天鬼魂要回到家中，因而在吃饭时，要在餐桌上给死者留下位置，并摆上死者的碗筷。这些也都是按照死者生前的情景来安排办理的。

(三)丧葬习俗与孝道

中国自古提倡孝道，《尔雅》中为"孝"下的定义为"善事父母为孝"。"善事父母"则包括"事生"和"事死"两部分。所以，家中老人去世后，如何安排丧葬的仪式，也成为评价其子女是否孝顺的标准。儒家思想主张"慎终追远，民德归厚矣"，要求子女对父母辞世后的丧葬祭祀之事要十分重视和谨慎，久而久之，百姓的民风就会变得更加忠厚老实。这是强调丧仪、丧礼对教化百姓的意义。

既然"事死"是尽孝极其重要的一种表现，那么"孝道"则贯穿于整个丧葬礼仪的过程之中。死者的子女被称为"孝子"；所穿的丧服被称为"孝服"，穿上丧服称为"戴孝"；在葬礼上哭得越伤心、越悲痛，被认为越是孝顺；葬礼完毕后，子女要守孝三年，以作为对父母养育之恩的回报。

倡导孝道，以孝道来教化民心，进而用道德的约束促进社会的治理，这是中国传统丧葬文化的核心。

(四)丧葬习俗与厚葬

受到灵魂不灭观念的影响，古人非常重视丧葬，尤其对帝王、贵族和富庶人家来说，特别讲究厚葬。这主要体现在以下三个方面：

其一，建造规模宏大的墓室。为了在死后保持如同生前一样的生活，历代帝王一登上皇位，就开始着手修建自己的陵寝。如明成祖朱棣的长陵，仅是修建地下宫殿就耗费了四年的时间。陵园规模宏大，占地约 12 万平方米。其中的祾恩殿仿照明代的金銮殿修建，面阔 9 间（66.56 米），比故宫的太和殿还要宽 6 米，采用的材料极其考究，大殿全部为珍贵的楠木所造。其中殿内还有 12 根金丝楠木的明柱，最大的一根直径达 1.17 米。它是整个明十三陵中最为宏伟的建筑。

其二，大量的随葬品。古代墓葬中的随葬品，最初是一些生活用品和专门为死人制作的明器，后来金银玉器、书画玩物、织锦绸缎等奢侈品才慢慢进入随葬品的行列。古代皇帝贵族的随葬品中，除了珍宝器物外，还常常陪葬婢妾奴仆。秦汉时期，因为用活人殉葬太过于残忍，出现了大量用陶、木制作的人俑。最著名的就是秦始皇陵的兵马俑，据统计，已出土的武士俑约 7000 件、战车 100 辆、战马 100 匹，目前已被列入《世界遗产名录》，被誉为"世界第八大奇迹"。

其三，吊唁和送殡规模宏大。历朝历代皇室贵族的丧葬礼仪各有不同，唯一相同的是丧葬的排场都十分宏大，以显示出其身份的尊贵。以清代为例，皇帝驾崩后，要选吉时良辰入殓。出殡前，要举行各种法事和吊唁活动。出殡当日，走在队伍最前面的是高举万民旗伞的 64 位引幡人，紧随其后的是皇帝的仪仗队伍，有 1628 人之多，这些人或举各种兵器，或打幡旗，或举各式纸扎，气势雄壮、威风凛凛。之后便是抬棺的队伍，负责抬棺木的杠夫分为三班，每班有 128 人，轮流负责抬送。走在棺木后面的是全副武装的八旗兵丁，然后就是文武百官、皇亲宗室的队伍，一时间车轿众多、川流不息。送葬队伍中，还夹有大批的和尚、道士和喇嘛，他们手持法器，不断地诵经、吹奏。整个送葬队伍长达十几里，十分壮观。

厚葬是古代丧葬形式的主流，随着朝代更迭，厚葬之风愈演愈烈。人们在丧葬时"棺椁必重，葬埋必厚，衣衾必多，文绣必繁，丘陇必巨"。虽然其间也有墨子、庄子等人主张薄葬，但呼声毕竟有限。墨子说："棺三寸，足以朽骨；衣三领，足以朽肉。"认为完全没有必要在丧葬之事上奢靡浪费。受这种思想的影响，魏晋时期曹操父子主张薄葬，并身体力行，使该时期成为我国历史上为数不多的提倡薄葬的时代。而隋朝之后，厚葬逐渐又成为社会的主流。

三、名言选读

1. 投我以木瓜，报之以琼琚。匪报也，永以为好也！
   投我以木桃，报之以琼瑶。匪报也，永以为好也！
   投我以木李，报之以琼玖。匪报也，永以为好也！
   （《诗经·木瓜》）

2. 桃之夭夭，灼灼其华。之子于归，宜其室家。
   桃之夭夭，有蕡其实。之子于归，宜其家室。
   桃之夭夭，其叶蓁蓁。之子于归，宜其家人。
   （《诗经·桃夭》）

3. 丧礼者，以生者饰死者也，大象其生以送其死也。故，如死如生，如亡如存，终始一也。
   （《荀子》）

4. 汉朝陵墓对南山，胡虏千秋尚入关。昨日玉鱼蒙葬地，早时金碗出人间。
   （唐·杜甫《诸将五首》）

项目设计剖析

Mr. Right 私人婚礼订制工作室 LOGO 设计

泉州的 Mr. Right 私人婚礼订制工作室是一家集婚礼统筹、婚礼策划、宴会设计、灯光舞美、督导司仪、纪实摄影摄像、新娘造型等一站式的婚礼服务机构,为新人提供高品质的梦想婚礼。该机构 LOGO 设计简约大方(见图7-8),名字定为"Mr. Right"有两层含义:一层意思为最适合自己的人,祝福每位新人找到的都是命中注定的伴侣;另一层意思则向其广告语中所说的那样"爱自己,就做自己的 Mr. Right",突出了该机构"私人订制"的特点。

图7-8　Mr. Right 私人婚礼订制工作室 LOGO 设计

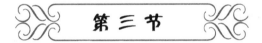

第三节 茶酒与烹调

从古至今,中国人的日常生活离不开"七件事"——柴米油盐酱醋茶,再加上酒,几乎囊括了中国人饮食生活的全部元素。作为一个崇尚饮食的民族,中华民族早已将饮食作为自身的一部分,流淌在民族文化血液之中。鲜香味美的菜肴、精巧独特的食具、精湛的烹饪技艺,共同寄托了中华民族的情感与文化,成为面向世界传播与展示的窗口和媒介。

在多元文化的今天,生活、艺术以及各种社交场合中,茶与酒都被时代赋予了新的内涵,扮演着必不可少的角色。作为中国饮食文化的重要组成部分,茶、酒文化渗透了中国儒、释、道的哲学思想。长期以来,它们相映成趣、各领风骚,以其独特的韵味和深厚的文化装点了人们的生活。茶盅酒碗之中,沉淀的是人们生活的艺术和对生命的体验。

优秀案例欣赏

《舌尖上的中国》海报设计

设计内涵分析:此海报近看是筷子夹着一片腊肉,远看则为中国山水画(见图7-9)。设计者将食物与传统绘画元素相结合,巧妙地利用了中国哲学对美兼容并收的特点,将清雅与香腻的和谐关系诠释得淋漓尽致,使《舌尖上的中国》通过纪录美食展现中国文化的主题跃然于纸上。

图7-9 《舌尖上的中国》海报设计

一、食文化

食之生活是由味蕾所传递的,既能给人带来身体上的愉悦,也能给人以精神上的享受。从《汉书·陆朱刘叔孙传》中的"民以食为天"到《左传》中的"国之大事,在祀与戎",都彰显了"吃"这种独特的艺术在中国文化中不可替代的地位。中国饮食文化的深层内涵,可以用"精、美、养、情、礼"五个字来概括。这五个字不仅反映了饮食活动过程中内在品质、审美体验、养生价值、情感活动、社会功能等所包含的独特文化意蕴,也体现了饮食文化与中国哲学智慧的密切联系。

(一)中国饮食文化的特征

1. 五味调和

"中庸之道"是儒家文化的核心思想之一,突出体现在一个"和"字上。从饮食文化中对食物的终极追求来看,各地区各民族的饮食习惯虽然各不相同,但均以"味"作为饮食的根本。由此味道便成为饮食的灵魂,调味则成为中国菜烹饪过程中的艺术创作活动。

中国菜的调味历来讲究"五味调和百味香",在"酸、甘、苦、辛、咸"五种口味调和的过程中,不同滋味相存相依,最终使我们在饮食中拥有了"精妙微纤,口弗能言,志弗能喻"的美妙的味觉体验。所以,五味调和的目的并不是突出"一味",而是要"甘而不哝,酸而不酷,咸而不减,辛而不烈,淡而不薄,肥而不腻",菜肴、饭食做到味"和"最为重要。

中国古代哲学中的阴阳五行学说是饮食文化中"五味"产生的理论依据。中医养生要求人们做到"依合阴阳,调节饮食"。李时珍在《本草纲目》中有"肝欲酸,心欲苦,脾欲甘,肺欲辛,肾欲咸"五味合五脏的理论。因此,五味调和是中国人饮食烹饪的最高境界,它使食馔不仅满足了人饱腹的需要,还给人带来了美的享受。

2. 大味必淡

《汉书·扬雄传》中提到:"盖胥靡为宰,寂寞为尸;大味必淡,大音必希;大语叫叫,大道低回。"用辩证的哲学观点,解释了何为"大道",同时提出了关于饮食调味的一种哲学思想——大味必淡,即最好的味道是尝遍酸甜苦辣之后而归于的一种平淡。

人们欣赏淡,更多的是追求一种淡泊的境界。味与"淡"的关系极为有趣。"大味必淡"的观念虽然是一种哲学层面的说教,但中国菜在菜肴烹调的实践中却是一贯遵循的主张。万物长成才有滋味,"大味必淡"不是指菜肴烹调得没有味道,而是恰当的调味。

2000多年前的《黄帝内经》就有"味厚者为阴,薄为阴之阳""味厚则泄,薄则通"的理论。清人曹廷栋在《老老恒言》一书中更是清楚地说:"血与咸相得则凝,凝则血燥。"因此,菜肴、饭食口味过于咸、辣、香、甜、香等,都不符合饮食养生的原则。《管子·水地》说:"淡也者,五味之中也。"因为水味极淡,才能融合众味,从而起到调和得宜的效果,所以淡味是大味,是至味。而厚味、浓味本身已经没有办法融合其他的味道。

中国菜好吃是因为能够品出美好的味道,而那些口味过于浓重的菜肴品不到艺术的境界,如此也就没有了美味可言。保持味道的纯正,清淡饮食养生也就彰显出人们在饮食时的内心追求。

3.四季养生

中国传统的养生之道,讲求的是从阴阳、应四时、致中和。饮食是人类生活所不可少的,制作饮食的烹饪技术必然也要遵循此规律。《黄帝内经·素问》说:"故阴阳四时者,万物之始终也,死生之本也,逆之则灾害生,从之则苛疾不起,是谓得道。"这就是中华民族"四季养生"的理论根据,人们利用食物原料的药用价值,将其做成各种美味佳肴,达到对某些疾病的防治目的。

先哲孔子有"不时不食"的言论,其主要的意思就是不到成熟季节的食物不能食用。许多植物的果实不完全成熟时,含有许多对人体有害的成分,对人体的健康不利,不符合饮食养生之道。所以,《吕氏春秋》有"食能以时,身必无灾"的论断,这可以说是对"不时不食"的最好诠释。

(二)食具文化

中国的饮食文化博大精深、积淀厚重,其中食具品类繁多、各具特色。食具伴随着人类历史的发展而发展。这些灶罐瓶坛、锅碗瓢盆中包含着大量的信息和深厚的文化内涵,记载了中华民族漫长历史进程中的风俗礼仪、人文历史、科学技术和伦理美学等内容,为研究饮食文化提供了大量的历史资料。

1.食具的分类

随着历史文明发展的进程,以及人类生活方式、饮食习俗的不断演变,饮食所用的器具也发生了相应的变化,类型多样,花样繁多。按照功能划分,饮食器具可以分为食具(盛食具、炊食具、储食具、进食具)、酒具(储酒具、饮酒具)和水具(储水具、饮水具)三类。

(1)盛食具。进食时的盛装饭菜的器具,如同今天的餐具,包括盘、碗、盂、钵、盆、豆、敦等。其中盘是盛食具最基本的形态。

(2)炊食具。通过炒、蒸、煮、烹等手段,用作将食物原料加工成可食用物品的器具就是炊食具。其分类有灶、鼎、鬲、甑、釜等这些用于烹调食物的器具,且主要以灶为核心炊食具。

(3)进食具。在饮食活动中,将食物从盛食具、炊食具中取出放入口中,这个过程中所用的工具就是进食具。我国古代的进食具主要有箸(筷子)、匙(勺子)、瓢(魁)等器具。

(4)储食具。此类器具构成比较繁杂,主要用于长期储藏食物原料、成品以及腌制食品,主要包括瓮、瓶、壶等,既可储藏粮食和腌制食品,又可提水和汲水。

这些伴随中华民族一日三餐的饮食器具,从视觉角度展现出了不同时代的烹饪技法、生活习惯、饮食文化和社会风尚。从这些食具中,可以感受到我国漫长的历史长河中经济、文化、科技、艺术等方面的不断发展与变化。因此,除了实用价值外,食具还间接具有艺术价值、文化价值、科技价值以及文物价值等多种功能。

2.中国的筷子文化

众所周知,中国是最早使用筷子的国家,至今已有3000多年的历史。

在距今约3000年的新石器时代，筷子就已经出现了。当时的远古人类处于原始的农耕时代，以谷物作为主要的食物，加热煮熟后盛在瓷饭碗中食用。筷子的产生与发展就建立在这样一种饮食习惯之上。作为中国人餐桌上最普通的进食工具，筷子独具风采。外国人惊奇于它不但造型简单，而且巧妙地运用了物理学杠杆原理，是中国古代先民智慧的象征和体现。

中国古人喜欢托物言志、借物抒情，将筷子与道德规范、风俗礼仪、人生智慧联系起来，给筷子赋予了十分丰富的文化内涵。人们常用筷子的形态笔直、不易弯曲来象征正直、不屈不挠的道德品质。相传，唐玄宗时，丞相宋璟不畏权贵、力革前弊、奉公守法、不徇私情。为了赞扬他如同筷子一样的品格，唐玄宗在御宴中特意将自己所用的金筷子赐给他。同样用筷子表明自己心意的，还有唐宣宗时的永福公主。因不满父亲将自己下嫁于进士于琮，永福公主在与宣宗用膳时一怒之下将筷子折断，以表明自己宁折不弯。

民间有谚语"一根筷子易折断，一捆筷子抱成团"，说的就是筷子的另外一种文化性格。两根筷子必须团结协作、密切配合才能发挥夹取食物的作用。因此，无论是在生活、工作还是学习中，都应当学会像筷子一样团结一致、并肩前进。

中国是礼仪之邦，这在餐桌文化上体现得十分明显。筷子在摆放时应注意整齐并拢，放于用餐者右边的筷托之上，切忌放于盘子或杯子上；在使用筷子进餐时，不能挥舞筷子或用筷子敲击盘碗，同时切忌舔筷、抖筷或是在餐盘中来回扒拉或上下乱翻。

（三）中国饮食文化的审美情趣

有人将中华饮食称为"可食用的艺术品"，在中国，连普通百姓都知道美食要讲究色、香、味俱佳皆美。无论是观色、闻香，还是之后的品味、问名，鉴赏美食实际上是一个从五官到心理全部都愉悦的过程。中国饮食文化在漫长的历史发展过程中，逐渐形成了自身独特的审美情趣。

1. 闻香美

很早以前，"闻香"就已经成为中国古代鉴赏菜肴的一个重要标准。清代的袁枚曾在诗中写道"第一要看香色好，明珠仙露上盘时"，说的就是品菜先闻香的道理。而所谓的"闻香识美食"，就是指菜肴端上餐桌时所散发出来的阵阵香气，让人不由得食指大动，垂涎欲滴。上海小吃"蟹壳黄"因其状似蟹壳、色泽金黄而得名。当地人赞其美味"未见饼家先闻香，入口酥皮纷纷下"，可见其香气对饕客们的影响。

2. 味道美

味，是饮食艺术的核心。菜肴最基本的功能是供人食用，因此，味觉上是否给人带来美的享受十分关键。一道菜，如果味道不美，即使样式、配色再美，也不能算是佳肴。同样的食材，通过不同的处理，在不同火候的烹调技艺之下，能够给人带来酥、脆、糯、嫩、柔、绵、软等不同口感。齿颊留香、肥而不腻、汁香味浓、回味无穷这些词语都描写了人们对菜肴"味道美"的感受。

3. 菜名美

菜名和人名一样，能够体现出命名人的气质、文化、修养和爱好。中餐的菜肴味道美，菜名更美。通过菜名能够大致看出菜的色彩、特色或味道，如以菜肴的色彩命名的琥珀核桃、翡翠虾仁、水晶肴蹄；以菜肴形状命名的红烧狮子头、松鼠鳜鱼、蝴蝶海参；以古今名人命名的东坡肘子、张飞牛肉、太白鸭；以味道命名的鱼香肉丝、酸汤肥牛、怪味鸡块；以菜肴特色命名的灯影牛肉、神仙鸡、佛跳墙等。

4. 音响美

当美食为人们带来视觉、味觉乃至精神上的享受时，听觉作为五感之一也不能遗漏。除了古人所说的王公贵族的"钟鸣鼎食"，即吃饭时要听编钟演奏的音乐之外，菜品本身发出的声响更能给食客带来别样的享受。川菜中有道菜叫作浇汁锅巴,将炒好的肉片等食材连汤带汁浇在刚出油锅的锅巴之上,便可听到"哗哗啦啦"的一阵爆响。据说抗战时期,老百姓看到此菜"声势浩大",便将其戏称为"轰炸东京",希望有一天爆炸之声能够落在侵略者的头上。于是,这道菜便伴着"轰炸东京"的菜名慢慢流行起来。

二、茶文化

中国是茶的故乡,也是茶文化的发源地。从最初的煎茶治病,到后来的品茗怡情,再到今天的养生保健,茶文化的发展经历了一个漫长的历史过程。人们将清醒、沉思、理性、悟性作为茶的核心精神;将自然、寡欲、无我、坐忘看作茶的独特趣味;将专一、禅定、淡泊、宁静视为茶的独有气质。中国古代茶文化的这些精神、气质和趣味相互作用,共同形成了中国的茶道。

(一)茶的发展历史

在中国,茶叶的历史可以说是源远流长的。按照饮茶的方式,饮茶史可分为四个阶段,分别是煎饮时期、羹饮时期、碾碎冲饮时期和全叶泡饮时期。

1. 煎饮时期

当我们的祖先还处在原始部落时期,由于生产力低下,常常食不果腹。当他们发现茶树的叶子无毒能食的时候,采食茶叶纯粹是为了填饱肚子,而不是去享受茶叶的色、香、味,所以还不能算饮茶。而当人们发现,茶不仅能祛热解渴,而且能提振精神、医治多种疾病时,茶开始从食粮中分离出来。煎茶汁治病,是饮茶的第一个阶段。这个阶段里,茶是药。当时茶叶产量少,也常作为祭祀用品。

2. 羹饮时期

这个时期是我国历史上两汉、魏晋南北朝和唐代时期。正像郭璞在《尔雅注疏》中所说的那样,茶"可煮作羹饮"。从这个阶段开始,茶从药物转变为饮品。当时的饮用方法,煮茶时,还要加粟米及调味的作料,煮成粥状。至唐代,还多用这种饮用方法。我国边远地区的少数民族多在唐代接受饮茶的习惯,故他们至今仍习惯于在茶汁中加其他食品。

3. 碾碎冲饮时期

碾碎冲饮法早在三国时代就已出现了,唐代开始流行,盛于宋代。当时采下的茶叶,要先制饼,饮时再捣末、冲沸水。这同今天饮砖茶的方法是一样的,应该说是冲饮法的"祖宗"。但这时以汤冲制的茶,仍要加"葱、姜、橘子"之类拌和,可以看出从羹饮法向冲饮法过渡的痕迹。唐代中叶以前,陆羽已明确反对在茶中加其他香调料,强调品茶应品茶的本味,说明当时的饮茶方法也正处在变革之中。纯用茶叶冲泡,被唐人称为"清茗"。饮过清茗,再咀嚼茶叶,细品其味,能获得极大的享受。宋人以饮冲泡(淹茶)的清茗为主,羹饮法除边远地之外,已很少见到。到了宋代,喝茶就变得更为兴盛了,上至宫廷贵族,下至平民百姓都饮茶。相传宋徽宗赵佶就经常在宫廷中举行茶宴,亲自表演茶艺,为群臣布茶。

4. 全叶泡饮时期

最后一个阶段,也是最接近现代饮茶方法的阶段——全叶泡饮时期。全叶泡饮的方法始于唐代。当时除了羹饮喝茶的方法外,人们还发明了蒸青制茶法——专采春天的嫩芽,经过蒸焙之后,制成散茶,饮用时用全叶冲泡。这是茶在饮用上的又一进步。但比起风靡一时的羹饮法,全叶冲泡的方式还是很小众的。真正实行全叶泡饮的方式来喝茶,是从明朝开始的。朱元璋在位时,也就是洪武二十四年(1391年),朱元璋下了一道圣旨"罢造龙团,惟采芽茶以进"。这里的芽茶其实就是今天的散茶,而这时制茶的方法也由原来的"蒸青"变为"炒青"。

（二）茶的"五境之美"

饮茶是一种文化,其仪式让人赏心悦目,包括选茗、择水、烹茶技术、茶具艺术、环境的选择与创造等一系列内容。茶道作为饮茶文化精神的仪式化过程,重在氛围与体验。实现这种氛围与体验需要一些基本的条件以及恰当的组合,这就是中国茶道所追求的"五境之美"——茶叶、茶水、火候、茶具、环境。

（1）茶叶。按照茶叶的发酵程度和颜色来分,茶叶分为"6+1"种。分别是绿茶、红茶、青茶、黄茶、白茶、黑茶和花茶。以上茶类中除黑茶以陈年为佳外,其他均以不经年为佳。优质茶叶是茶道的基本条件之一。

（2）茶水。泡茶的水,包括水的温度、质地,不同的茶对水的要求不同。不发酵茶要求水温低,如绿茶要用70~80℃的水;发酵过的茶要用沸水,如黑茶可以沸水烹煮。水质以山水为上,江河水为中,井水为下。古代时还有无根水最佳之说。现在泡茶也可以选择煮沸的纯净水或自来水。

（3）火候。茶道讲究火候与汤候。火候是指煮水的火力,煮水时间的长短与汤候相关。明代田艺蘅在《煮泉小品》中说:"有水有茶,不可无火。非无火也,有所宜也。"是说品茗必须茶、水、火三者都好,缺一不可。

（4）茶具。饮茶离不开茶具,不同的茶所使用的茶具也有所不同。如绿茶以玻璃茶具为宜,乌龙茶以紫砂茶具或瓷器茶具为宜,而红茶则以白瓷茶具为宜。茶道最讲究的就是茶具,一套精致的茶具会让人赏心悦目。

（5）环境。茶道讲究品茗佳境。明代文震彦曾说:"构一斗室,相傍山斋,内设茶道,教一童专主茶役,以供长日清淡,寒窗兀坐,幽人首务,不可少废者。"这描述的正是古代文人骚客追求的清寂生活。

（三）茶与诗词

数千年来,茶已经由单纯的饮品,变为中华民族的一个文化符号,且与诗结下了不解之缘。茶为诗人所品,被剪裁融合于诗,古谓咏茶诗、茶词。茶有诗更高雅,诗有茶更清新。世代相传留下的茶诗、茶词,不下数千首。中国历代咏茶诗词具有数目丰硕、题材广泛和文体多样的特征,是中国文学宝库中的一枝奇葩。

西晋左思的《娇女诗》可算作中国最早的茶诗了。左思写自己的两位小女儿"止为茶荈剧,吹嘘对鼎立",因急着要让茶煮好,就用嘴对着烧水的"鼎"不停吹气。左思之后还有两首咏茶诗,一首是张载的《登成都楼》,用诗句"芳茶冠六清,溢味播九区",赞美成都地区的茶;另一首是孙楚的《孙楚歌》,用诗句"姜、桂、茶出巴蜀,椒、橘、木兰出高山",点明了茶的产地。

到唐宋以后,关于茶的诗词骤然增多。这些茶诗、茶词既反映了诗人、词人对茶的喜爱,也反映出茶叶在人们文化生活中的地位。

唐代,随着茶叶生产与贸易的发展,涌现出大批以茶为题材的诗篇。如李白的《答族侄僧中孚赠玉泉仙人掌茶》:"茗生此中石,玉泉流不歇";杜甫的《重过何氏五首·其三》:"落日平台上,春风啜茗时";卢仝的《走笔谢孟谏议寄新茶》:"唯觉两腋习习清风生""玉川子,乘此清风欲归去"等,有的赞美茶的功效,有的以茶寄托诗人的感遇,而广为后人传诵。诗人袁高的《茶山诗》:"氓辍耕农耒,采采实苦辛。一夫旦当役,尽室皆同臻。扪葛上敧壁,蓬头入荒榛。终朝不盈掬,手足皆鳞皴……选纳无昼夜,捣声昏继晨",则表现了作者对顾渚山人民蒙受贡茶之苦的同情。李郢的《茶山贡焙歌》,描写官府催迫贡茶的情景,也表现了诗人同情黎民疾苦和内心的苦闷。此外,还有杜牧的《题茶山》《题禅院》等,齐己的《谢湖茶》《咏茶十二韵》

等,以及元稹的《一字至七字诗·茶》、颜真卿等六人合作的《五言月夜啜茶联句》等,都显示了唐代茶诗的兴盛与繁荣。

北宋由于在"靖康之变"前的近百年中,中原有过一个经济繁荣时期,加之当时斗茶和茶宴的盛行,所以茶诗、茶词大多表现以茶会友,相互唱和,以及触景生情、抒怀寄兴的内容。最有代表性的是欧阳修的《双井茶》一诗:

    西江水清江石老,石上生茶如凤爪。
    穷腊不寒春气早,双井芽生先百草。
    白毛囊以红碧纱,十斤茶养一两芽。
    长安富贵五侯家,一啜犹须三月夸。

苏轼的《次韵曹辅寄壑源试焙新芽》一诗中"从来佳茗似佳人"和他另一首诗《饮湖上初晴后雨》中"欲把西湖比西子"两句构成了一副极妙的对联。范仲淹的《斗茶歌》、蔡襄的《北苑茶》,更为后世文人学士称道。南宋由于苟安江南,所以茶诗、茶词中出现了不少忧国忧民、伤事感怀的内容,最有代表性的是陆游和杨万里的咏茶诗。陆游在他的《晚秋杂兴十二首》一诗中谈道:

    置酒何由办咄嗟,清言深愧谈生涯。
    聊将横浦红丝硙,自作蒙山紫笋茶。

反映了诗人晚年生活清贫,无钱置酒,只得以茶代酒,自己亲自碾茶的情景。而在杨万里的《以六一泉煮双井茶》中,则吟道:

    日铸建溪当退舍,落霞秋水梦还乡。
    何时归上滕王阁,自看风炉自煮尝。

抒发了诗人思念家乡,希望有一天能在滕王阁亲自煎饮双井茶的心情。

元代也有许多咏茶的诗文,著名的有耶律楚材的《西域从王君玉乞茶,因其韵七首》、洪希文的《煮土茶歌》、谢宗可的《茶筅》、谢应芳的《阳羡茶》等。元代的茶诗以反映饮茶的意境和感受的居多。

明代的咏茶诗比元代为多,著名的有黄宗羲的《余姚瀑布茶》、文徵明的《煎茶》、陈继儒的《失题》、陆容的《送茶僧》等。此外,特别值得一提的是,明代还有不少反映人民疾苦、讥讽时政的咏茶诗。如高启的《采茶词》:

    雷过溪山碧云暖,幽丛半吐枪旗短。
    银钗女儿相应歌,筐中摘得谁最多?
    归来清香犹在手,高品先将呈太守。
    竹炉新焙未得尝,笼盛贩与湖南商。
    山家不解种禾黍,衣食年年在春雨。

诗中描写了茶农把茶叶供官后,其余全部卖给商人,自己却舍不得尝新的痛苦,表现了诗人对人民生活极大的同情与关怀。又如明代正德年间身居浙江按察金事的韩邦奇,根据民谣加工润色而写成的《富阳民谣》,揭露了当时浙江富阳贡茶和贡鱼扰民害民的苛政。这两位同情民间疾苦的诗人,后来都因赋诗而惨遭迫害,高启被腰斩于市,韩邦奇罢官下狱,几乎送掉性命。但这些诗篇,却长留在人民心中。

清代也有许多诗人,如郑燮、金田、陈章、曹廷栋、张日熙等的咏茶诗,也是著名诗篇。

至于现代,咏茶诗篇也是很多的,如郭沫若的《一九六四年夏初饮高桥银峰》,陈毅的《陪巴西朋友访杭州·梅家坞即兴》,以及赵朴初、启功、爱新觉罗·溥杰等的作品,都很值得一读。

我国历史上的茶诗、茶词，数量众多，题材也十分广泛，如介绍名茶的有王禹偁的《龙凤茶》、范仲淹的《鸠坑茶》、梅尧臣的《和范景仁王景彝殿中杂题三十八首并次韵·七宝茶》等。抒写名泉的有陆龟蒙的《谢山泉》、苏轼的《求焦千之惠山泉诗》、朱熹的《康王谷水帘》等。描写茶具的有皮日休和陆龟蒙分别作的《茶籝》《茶灶》《茶焙》《茶鼎》以及《茶瓯》等，写烹茶过程的有白居易的《山泉煎茶有怀》、苏东坡的《汲江煎茶》、陆游的《雪后煎茶》等，写品鉴茶味的有钱起的《与赵莒茶宴》、刘禹锡的《尝茶》、陆游的《啜茶示儿辈》等。写制茶技艺的有顾况的《焙茶坞》、陆龟蒙的《茶舍》等，写栽茶采茶的有姚合的《乞新茶》、张日熙的《采茶歌》、杜牧的《茶山下作》、朱熹的《茶坂》等。

历代诗人饮茶、爱茶，他们对茶有着特殊的情怀。诗人们喜欢赞颂茶，有的将茶比作美貌的女子，如苏轼在《次韵曹辅寄壑源试焙新芽》中写道"从来佳茗似佳人"；还有的将茶比作优美的诗句，如周必大的《季怀设醴且示佳篇再赋一章以酬五咏》中有"从来佳茗如佳什"；还有的将茶比作琼浆，如施肩吾在《蜀茶词》写"山僧问我将何比，欲道琼浆却畏嗔"。与他物相比，诗人们更偏爱茶，诗人陆游就曾表示宁可舍酒取茶，在《试茶》中写道"难从陆羽毁茶论，宁和陶潜止酒诗"；宋代的沈辽也表示香茗当前，愿意舍鱼取茶，他在《德相惠新茶复次前韵奉谢》一诗中写道"无鱼乃尚可，非此意不厌"。

三、酒文化

中国是最早酿酒的国家之一，也是世界三大酒发源地之一。中国式喝酒很早就摆脱了单纯的饮用意义，更多地凝结了人类精神世界的创作，已经上升为一种饮食传统文化——酒文化。中国劳动人民在这酒中体味百般人生，用杯中祭祀祖先英烈，更在杯中描绘艺术的画卷。

（一）中国酒的起源

中国制酒业源远流长，品种繁多，名酒荟萃，而且享誉中外。关于酿酒的起源更是众说纷纭，如上天造酒说、猿猴造酒说、仪狄造酒说和杜康酿酒说等。

1. 上天造酒说

自古中国祖先就有酒是天上"酒星"（也称"酒旗星"）所酿造的说法。《晋书》中就有关于酒旗星的记录："轩辕右角三南星曰酒旗，酒官之旗也，主宴飨饮食。"

"诗仙"李白在《月下独酌·其二》诗中就有"天若不爱酒，酒星不在天"的诗句；东汉有"座上客常满，樽中酒不空"自娱的孔融，在《难曹公表制酒禁书》中有"天垂酒星之耀，地列酒泉之郡"之表述。

经常喝得酩酊大醉、被誉为"鬼才"诗人的李贺，在《秦王饮酒》一诗中也有"龙头泻酒邀酒星"的诗句。此外，比如"吾爱李太白，身是酒星魂""酒泉不照九泉下""仰酒旗之景曜""拟酒旗于元象""囚酒星于天岳"等，都常有"酒星"或"酒旗"这样的描述。

窦苹著的《酒谱》，有"酒星之作也"的描述，意思是自古以来，我国祖先就有酒是天上"酒星"所造的记载。

中华民族的祖先能在宇宙中观察到几颗并不十分璀璨的"酒旗星"，并留下关于酒旗星的记载，这本身就相当难得。为什么要命名为"酒旗星"呢？本书认为，因为它主要是"主宴飨饮食"，这不但说明我们的祖先有丰富的想象力，而且证明了酒在当时的社会活动与日常生活当中确实占据相当重要的地位。

然而，酒自"上天造"，既没有立论之理，又没有科学论据，基本上就是附会之说，文学渲染夸张的结论而已。姑且载之，仅供品鉴。

2. 猿猴酿酒说

唐代人李肇对人类如何捕捉猿猴有详细的记录。经过细致观察，人们发现并掌握了猿之致命弱点,那就是"嗜美酒"。

于是,人们在猿猴出没之地方,摆几缸香甜浓郁的美酒。猿猴闻香就来了,先是在美酒缸前犹豫不前,接着小心翼翼地用手指蘸美酒尝尝。时间一久,猿猴没有发现什么可疑的地方,终于经受不住美酒之诱惑,就开怀畅饮起来,直到体力不支,乖乖地被捕猿人捉住。

猿猴不仅嗜美酒,而且还会"酿造美酒",这在我国之许多经典典籍中都有过记载。清代人李调元在他的著作中记写道:"琼州(今海南省)多猿……尝于石岩深处得猿酒,盖猿以稻米杂百花所造,一石六辄,有五、六升许,味最辣,然极难得。"

清代的另一种笔记中讲:"粤西平乐(今广西壮族自治区东部)等府,山中多猿,善采百花酿酒。樵子入山,得其巢穴者,其酒多至娄石。饮之,香美异常,名曰猿酒。"看来古代劳动人民在两广都曾发现过猴子"造"酒。

早在明朝的时候,这类猴子"造"酒的传说就有过类似记载。明代文人李日华在其著述中,也有过类似记载:"黄山多猿,春夏采杂花果于石洼中,酝酿成酒,香气溢发,闻娄百步。野樵深入者或得偷饮之,不可多,多即减酒痕,觉之,众猱伺得人,必嬲死之。"可见,这种猿酒是很难偷饮的。

3. 仪狄造酒说

《战国策》中有一段"绝旨酒而疏仪狄"的记载,与其他古籍中关于仪狄造酒的记载相比,算是比较详细的了。根据这段记录,大体是这样的:夏禹之女,命令仪狄去监造酿酒,仪狄经过一番辛苦的努力,做出来的酒味道非常好,于是就献给夏禹品尝。夏禹喝了以后,觉得的确很美好。

但是,这位被后世称为"圣明之君"之夏禹,不但没有奖励造酒有功之臣仪狄,反而从此疏远了他,对他不再采取信任的态度和继续重用,自己也从此和美酒绝缘,还说"后世一定会有因为饮酒无度而误国之君王"。

这段记载流传于世之后,一些人对夏禹更加尊崇,推他为开明之君;因为"禹恶旨酒",仪狄的形象成了诌媚进奉的小人,这是修史者始料未及的。

史籍中多处提到仪狄"作酒而美""始作酒醪",似乎仪狄是制酒的始祖。这是否属实,有待进一步论证。但这种说法叫"仪狄作酒醪,杜康作秫酒"。这里并没有时代先后的区分,似乎在讲他们做的是不同的酒。

"醪"是一种糯米经过发酵工而成的"醪糟儿"酒精饮料,性温软,其味甜,多产于江浙闽一带。现在的不少家庭中,还在自制醪糟儿。醪糟儿洁白、细腻、味甘,稠状的糟糊可当主食,液体上面的清亮汁液颇近似于酒。"秫",高粱之别称也。杜康作秫酒,是说杜康造酒所使用的原料是高粱。

如果非要将仪狄或是杜康确定为酒的创始人的话,只能说仪狄可能是黄酒的创始人,而杜康则可能是高粱酒的创始人。

4. 杜康造酒说

还有一种说法就是杜康"有饭不尽,委之空桑,郁结成味,久蓄气芳,本出于代,不由奇方。"这是说杜康把未吃完的饭,放置在桑园的树洞里,剩饭就在洞中发酵,有芳香的气味传出。这也就是酒最早的做法,可见并无什么奇异的办法。

由一点生活中偶然的机会,创造了发明的灵感,这是非常合乎发明创造的规律的,这段记载在后世流传过程中,杜康就成了能够留心周围的小事并及时启发创作灵感的发明家了。

曹操的《短歌行》中有:"何以解忧,唯有杜康。"自此后,民间普遍认为美酒就是杜康造的。窦苹考察了"杜"姓起源和沿革,认为"杜氏本出于刘,累在商为豕韦氏,武王封之于杜,传至杜伯,为宣王所诛,子孙奔晋,遂有杜氏者,士会和言其后也"。杜姓到杜康之时,已经是禹之后很久的事了。而在上古那段时期,就已有"尧酒千钟"的说法了。如果美酒是杜康所发明的,那么尧喝的又是什么人制造的酒制品呢?

5. 现代学者对酿酒起源的看法

人类有自主意识酿酒,是从模仿自然杰作开始的。我国古代书籍中就有一些关于水果自然发酵变成酒的记录。比如,宋代周密《癸辛杂识》中曾记山梨被人们贮藏在陶缸中,后竟变化成了清香扑鼻的梨酒。元代元好问《蒲桃酒赋》的序言中记载某山民因避难山林中,堆积在缸中的大量葡萄也变成了芳香的葡萄酒。

从古代传说和酿酒原理推测,古代人民有意识地酿造最原始的酒类品种,应会是果蔬酒、乳制酒。这是因为果物和动物乳汁极易发酵,所需酿酒技术较为简单。

讨论谷物酿酒起源,有两个问题值得思考:谷物酿酒起源于何时?我国最古老的谷物酒属于哪类酒品?传统酿酒起源观普遍认为,酿酒是在农耕发展之后,才伴随发展起来的。该观点在汉代就有人提出并进行论证了。汉代刘安《淮南子》中讲:"清醠之美,始于耒耜。"现代许多历史学者也有相同的看法,有学者甚至认为是古代农业发展到了一定程度,有了剩粮之后才开始酿酒的。

还有一种观点认为,谷物酿酒早于农耕时代。在1937年,我国考古学家吴其昌就提出一个很有趣的思路:"我们祖先是最早种稻、黍的,其是为了酿酒而不是做饭⋯⋯吃饭只是酿酒的副产品。"这一类观点在国外较为流行,但一直没有确凿的证据。

综上所讲,谷物酿酒的观点有两种主要不同,即先于农耕时代出现、后于农耕时代创造。新的观点提出,再对传统观点进行探讨,对酒的起源、发展、创新,甚至对人类社会的经济、政治、文化、教育发展都有极其深远和决定性的意义。

(二)酒与名人

西汉长于辞赋的文人司马相如与当时的巨贾卓王孙女卓文君"当垆卖酒"的故事,直到今天还被人津津乐道。司马相如,字长卿,汉孝景帝的时候任武骑常侍之职。武骑常侍一般随皇帝狩猎,所以可以推测司马相如的武功是相当了得的。由于景帝不喜欢辞赋,司马相如感到自己的才能无法施展,后来就从梁孝王为宾客,撰写了《子虚赋》。梁孝王后,司马相如回故乡成都,生活困难。蜀郡临邛县令王吉与司马相如关系很好,邀他游玩临邛。临邛巨富卓王孙设宴招待他,司马相如勉强就去了。宴会之上,数以百计的客人都被他那雍容文雅的举止和姣美的仪容所倾倒折服。席间王吉请司马相如弹琴,这时卓王孙的女儿卓文君丈夫去世,孀居在家里。卓文君非常有才气,还懂音乐,听到司马相如奏出的琴音明显含挑逗之意,又偷眼看到他的容止,随即爱上了他。这样的婚事在当时是绝对不能为礼教所容忍的。于是,卓文君逃出家门,夜奔司马相如而去。卓王孙得知大发脾气,不给他们一分钱。聪明泼辣的卓文君与司马相如决定在临邛开一个小酒店,由卓文君沽酒,司马相如则穿着形如犊鼻的裤子,像奴仆般洗涤盛酒器,借此有意想羞辱卓王孙。他们的酒十分好,招来的客人特别多。卓王孙后来认输了,承认了这门婚事,而这一对快乐的夫妇,终于白头偕老、终成眷属。这美好的故事,拨动了后来多少文人的心弦,唐代杜甫就有"美酒肆人间市,琴台日暮云"的千古诗句;宋代陆游有诗"落魄西州泥酒杯,酒酣几度上琴台。青鞋自笑无羁束,又向文君井畔来";清代王闿运有"华阳士女论先达,惟有临邛一酒垆"之诗句。

东晋时的诗人陶渊明也是极好饮酒的文人。他曾经说过:"平生不止酒,止酒情无喜。暮止不安寝,晨止不能起。"他的一生,曾做过很多次小官吏,最后一次是做彭泽令,到任后就叫县吏帮他种下糯米等可以酿美酒之粮食作物,正因为"公田之利,足以为酒,故便求之"。晚年,他生活贫困,常靠朋友周济或借贷度日。可是,当他的好友、始安郡太守颜延之来看他,硬留下了两万钱之后,他又将钱全部封存,送到酒家,陆续换取美酒喝了。陶渊明生活在东晋,那是一个政治黑暗、社会动乱的年代。当时,门阀世族残酷统治,等级制度极为严格,所谓"上品无寒门,下品无士族"。出身于破落官僚家庭的陶渊明,想在仕途上求得大的发展,几乎是不可能的。虽然他做过象州祭酒、参军之类的基层小官。但当时官场中勾心斗角、卑污险恶、尔虞我诈,陶渊明正直耿介的性格让他难以在官场容身。所以他饮酒,就像南朝梁代文人萧统在《陶渊明集序》中所讲的:"吾观其意不在美酒,亦寄美酒为迹者也。"陶渊明在《饮酒》中,就委婉地表达出对现实的深刻不满。诗的最后"若复不快饮,空负头上巾。但恨多谬误,君当恕罪人",蕴蓄了多少诗人的难言之隐。

历史上嗜酒文人,常自取或被世人赋予和酒有关的"雅号",如"醉龙""醉户""醉翁""酣中客""酒狂""酒徒""酒鬼""酒雄"等。伟大诗人李白,字太白,号青莲居士,就被称为"酒圣""酒仙""酒星魂"。杜甫在《饮中八仙歌》中描写李白:"李白斗酒诗百篇,长安市上酒家眠。天子呼来不上船,自称臣是酒中仙",被认为是传神之笔。大概没有其他哪个诗人与酒的联系如此之密切、嗜酒的名气如此之大。只要翻阅李白的诗集,就会发现在他的生活之中,几乎每处有美酒。就像郭沫若说的:"李白真可以说是生于酒,而死于酒。"关于李白之死,有多种不同之传说,大都与饮酒有关。其中最富有浪漫主义情调的解释是,他喝醉后到采石矶的江中捉水中的月亮,落水而死。

关于李白醉酒的各种故事,在戏剧、文学、艺术作品中得到相当充分的描述。如昆曲中就有《太白醉写》,川剧、秦腔、京剧等二十几个剧种也都有类似的曲目。又如李白假醉痛骂杨贵妃的义儿安禄山的诙谐故事,在京剧中叫作《金马门》,也被叫作《骂安》,汉、滇、桂、川、湘剧及同州梆子、河北梆子也都有此曲目。我国著名画家作品中,也有《李白脱靴图》《李白寻月图》《李白醉酒图》等。泥塑、木雕、牙雕、陶塑、瓷塑中这样的题材也相当多。后人在诗文、戏曲、小说中歌颂李白醉酒藐视权贵的作品,更是举不胜举。旧时一些酒店的牌匾上都写着"太白世家""太白遗风"等,无疑也含有对李白的崇敬之意。当然,人们尊崇热爱李白,不仅是因为他好喝酒,而是敬佩他傲视权贵的反抗精神,和爱慕他的才气。

宋代欧阳修自称"醉翁",他的《醉翁亭记》脍炙人口,其中"醉翁之意不在酒"这一名句,已成为形容做着某件事而有其他目的的成语。"唐宋八大家"中的苏洵、苏轼、苏辙父子三人,也都喜欢喝酒,而且酒量颇大。尤其是苏轼,可以说是一位酒类爱好者、品饮专家、鉴赏名家、酿酒大师,同时他还是禁酒政策的拥护者。苏轼字子瞻,号东坡居士,性格活泼、真诚、率直,多才多艺好展示,不仅是一位大诗人、大词人,也是散文大家、书法大家和画家。他知音律,精于鉴赏印章,懂园林艺术。林语堂评价:"苏东坡比中国其他的诗人更具有多面性天才的丰富感、变化感和幽默感,智能优异,心灵却像天真的小孩。"他的确与酒结下了不解之缘——"花间置酒清香发,争挽长条落香雪";"东堂醉卧呼不起,啼鸟落花春寂寂";"夜饮东坡醒复醉,归来仿佛三更。"他在杭州当官时,为整建面积日蹙的西湖,曾提出过几点理由:第一点是怕鱼儿遭苦;其次则是可供清水、灌溉稻田等;最后一点是造好酒需好水,可获得造美酒的好水源。他不仅好饮美酒,还喜欢酿造美酒。为了酿造美酒,他向农夫、渔夫请教酿酒制法,曾造过蜜柑酒、松酒、桂酒等。他还写过一篇《酒经》,别看寥寥数百字,从制饼曲块到酿造,无不备述,与今天南方的酿酒方法十分相似;《东坡志林》也记有《作蜜酒格》,可就是这位好饮、善品、善酿的大家,竟然拥护禁酒,推崇周公之禁美酒之训。

(三)酒俗与酒礼

1. 重大节日饮酒习俗

(1)春节——屠苏酒,团圆酒。春节俗称大年三十,时在一年最后一天,人们有别岁、守岁的习惯。"屠苏酒""椒柏酒"这原是正月初一之饮用酒品,后来改为在除夕进行饮用。宋代苏轼《除日》云:"年年最后饮屠苏,不觉来年七十岁。"除夕午夜,全家聚餐又名团圆酒,向长辈尊者敬辞岁酒,这一习俗延续到今天。

王安石在《元旦》中云:"爆竹声中一岁除,春风送暖入屠苏。千门万户曈曈日,总把新桃换旧符。""屠苏"原是一个草庵的名。相传说古时有一人住在屠苏庵中,每年除夕夜,他就给邻里一包药,让人们将药放在水中,到元旦之时,再用这井水兑着酒喝,合家欢饮,劲小不上头,还能使全家人一年都不会染上任何疾病。

(2)清明——饮酒注重保健性,增加热量,平复心情。大约在公历4月5日前后,百姓一般将寒食节与清明节合为一个重要节日,有踏青、扫墓的习俗。这个节日饮酒可以不受限制。清明节饮酒主要有两个原因:一是寒食节中,不生火吃热食,只吃凉食,饮酒可增加体内热量;二是借酒来暂时麻痹人们哀悼亲人之哀痛情感。古代文人对清明饮酒赋诗很多,白居易在诗中道:"何处难忘酒,朱门美少年,春分花发后,寒食月明前。"杜牧就在《清明》一诗中写娓娓道:"清明时节雨纷纷,路上行人欲断魂;借问酒家何处有,牧童遥指杏花村。"

(3)端午节——辟邪、除恶、解毒,饮菖蒲酒、雄黄酒。端午节在农历五月五日,大约形成于春秋战国,人们为了除恶、解毒、辟邪,有饮菖蒲酒、雄黄酒的习惯。据记载,唐代光启年间,即有饮"菖蒲酒"的案例。菖蒲酒是我国时令酒精饮料,而且历代国君帝王也将其列为御膳时令香醪。明代的刘若愚在《明宫史》中载:"初五日午时,饮朱砂、雄黄、菖蒲酒,吃粽子。"由于雄黄确实有毒,当代人们不再用雄黄兑制酒饮用。传说中白娘子就是喝了雄黄酒而现出蛇的原形,引出小青盗仙草的后续故事。

(4)中秋节——赏月饮酒。中秋节是农历八月十五日,在这个节日,无论家人团聚、挚友相会,都离不开赏圆月饮酒。我国用桂树花酿制露酒已有悠久的历史,早在2000多年前的战国时期,已酿有知名的"桂酒"。唐代酿桂酒最为流行,有些好酒的文人也善酿此美酒,宋代的叶梦得在《避暑录话》就讲到刘禹锡是酿制桂花酒的高手。

(5)重阳节——登高,赏菊,饮酒。重阳节又称重九节、茱萸节,在农历九月初九,有登高饮酒的习俗。古代人们逢重九就要登高、赏菊、饮酒,明代李时珍在《本草纲目》一书中讲,常饮菊花酒就可"治头风,明耳目,去痿痹,消百病"。

2. 酒德与酒礼

我国悠久的历史、灿烂的文化、分布各地的众多民族,酝酿了丰富多彩的民间酒俗,并传承至今。传统饮酒文化的根基就在于"酒德"和"酒礼"。

(1)酒德。在历史上儒家学说被奉为治国安邦的正统观点,酒的习俗同样也受儒家酒文化观点的影响。儒家非常讲究"酒德"两字,历来提倡酒德,劝人戒酒或节制。《易经》释困卦为"九二,困于酒食",释未济卦为"饮酒濡首,亦不知节也",都是凶险之征象,语含警诫。

"酒德",最早见于《尚书》《诗经》,是说饮酒者要有德行,不能像夏纣王那样酒后无德,"颠覆厥德,荒湛于酒",《尚书·酒诰》集中体现了儒家的酒德,这就是:"饮惟祀"(只有在祭祀时才能饮酒);"无彝酒"(不要经常饮酒,平常少饮酒,以节约粮食,只有在有病时才宜饮酒);"执群饮"(禁止民众聚众饮酒);"禁沉湎"(禁止饮酒过度)。儒家并不反对饮酒和用酒祭祀敬神、养老奉宾,这都是德行。

酒德讲求下面三个要点:

一是量力而饮酒。即饮酒不在于多少,贵在适合自己的量。要正确估量自己饮酒的能力,千万别力不从心,过量饮酒或嗜酒成瘾,将导致非常严重后果。《饮膳正要》就说:"少饮尤佳,多饮伤神损寿,易人本性,其毒甚也。醉饮过度,丧生之源。"《本草纲目》也指出:"若夫沉湎无度,醉以为常者,轻则致疾败行,甚则丧邦亡家而殒躯命,其害可胜言哉?"

二是一定要节制有度。饮美酒要按照酒量注意自我节制,十分酒量最好只喝个六七分就行,最多别超过八分,这样才饮美酒而不出乱。《三国志》裴松的注引《管辂别传》,说到管辂自励励人:"酒不可极,才不可尽。吾欲持酒以礼,持才以愚,何患之有也?"就是说力戒贪杯,能喝就喝,不能喝就少喝,同时也不要逞才。

三是饮酒不能使劲劝。清代阮葵生写的《茶余客话》中引用陈几亭的话:"饮宴若劝人醉,苟非不仁,即是客气,不然,亦俗也。君子饮酒,率真量情;文士儒雅,概有斯致。夫唯市井仆役,以通为恭敬,以虐为慷慨,以大醉为欢乐,士人亦效斯习,必无礼无义不读书者。"

(2)酒礼。饮酒作为饮食文化的一种,在远古时代就形成了必须遵守的礼节。有时这种礼节还特别烦琐,但如果在一些场合下不遵守,就有犯上起乱之嫌疑。同时,又因为饮酒过量不能自制,容易生出祸患。因此,制定饮酒的礼节非常重要。

明代学者袁宏道看到酒徒在饮酒的时候不遵守礼,就感觉到长辈有责任教导他们,因此从古代书籍中收集了大量饮酒的资料,专门写了《觞政》一文。这虽然是为饮酒行令者所写的,但对于一般的饮酒人也有一定的学习借鉴意义。我国古代饮酒一般会有以下一些要求:

主宾一起喝酒时,要相互拜。晚辈在长辈面前喝酒,叫侍饮之,通常要先行跪拜之礼,然后坐进次席。长辈命晚辈饮酒,晚辈才可以举杯待饮;长辈酒杯中的余酒尚未饮完时,晚辈也不能先喝完。

古代饮酒礼仪有四个步骤:第一拜、第二祭、第三啐、第四卒爵。就是先做出祭拜之动作,表示敬意,然后把美酒倒在地上,祭谢大地生养之德恩,随后品尝美酒,加以赞扬,令主人高兴,最后仰杯而全尽。

在酒宴上,主人向客人敬酒(叫作酬),客人回敬主人(叫作酢),敬酒时还要说上几句敬酒辞。客人之间相互敬酒(叫作旅酬)。有时还要依次向人敬酒(称之为行酒)。敬酒时,敬酒的人和被敬酒的人都要"避席"起立,普通敬酒以三杯为度。

随着时代的变迁、民族的多元化导致酒文化所衍生出来的饮酒习俗也越来越丰富多彩。酒越来越与民俗密不可分,比如庆功祭奠、奉迎宾客、农事节庆、婚丧嫁娶、生期满日等民俗活动,酒都成为中心物质。酒的存在使人们的生产和生活变得生动活泼、姿态万千、美不胜收。

四、名言选读

1.人子养老之道,虽有水陆百品珍馐,每食必忌于杂,杂则五味相扰,食之不已,为人作患。(唐·孙思邈《千金翼方·养老食疗》)

2.一粥一饭,当思来处不易;半丝半缕,恒念物力维艰。(明·朱柏庐《治家格言》)

3.生怕芳丛鹰嘴芽,老郎封寄谪仙家。今宵更有湘江月,照出霏霏满碗花。(唐·刘禹锡《尝茶》)

4.寒夜客来茶当酒,竹炉汤沸火初红;寻常一样窗前月,才有梅花便不同。(宋·杜小山《寒食》)

5.绿蚁新醅酒,红泥小火炉。晚来天欲雪,能饮一杯无?(唐·白居易《问刘十九》)

6.悲欢聚散一杯酒,南北东西万里程。(元·王实甫《西厢记》)

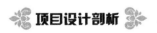

青岛啤酒:"喝青岛,懂中国"系列平面广告

上海奥美广告为百年历史品牌青岛啤酒启动了一则全新风格的平面广告,以此展现青岛啤酒以中国啤酒领军者身份向世界传递中国啤酒文化的使命,凸显其国际化的品牌形象(见图7-10)。这则广告以上海世博作为窗口,契合世博会文化交流的主旨,为来自境内外的中外友人展现了中国特有的饮酒文化。

图7-10 青岛啤酒平面广告

对于来到中国游玩或参与世博会的外国人,对中国文化充满了好奇,也渴望在旅行期间体验不同于西方文化的生活方式。在中国,有诸多独特的饮酒文化,如敲桌子敬酒、用碗斟酒、迟到罚酒三杯等,这些都令到访的外国人大开眼界,也更愿意用中国人的饮酒方式享受中国的啤酒,因此"喝青岛,懂中国"这一主题应运而生,也充分体现了青岛作为中国领导品牌传播中国啤酒文化的大使形象。为了面向外国消费者,创意中英文文案的设计部分更为醒目,但同时也配有中文释义;广告创意还采取卡通图画的表现手法,令目标受众易于理解与接受,也使青岛啤酒的品牌形象更为轻松和具有活力,为国内消费者带来青岛啤酒品牌中意料之外的年轻元素。

项目设计实训

1. 强调家庭观念是我国春节的一个突出特点。中国人过年的精髓是团聚,在过年时团聚,在团聚时享受亲情,过年就变得格外有意义。请以"回家过年,儿女多给父母一些陪伴"为主题,设计一则公益广告。

2. 成都盐道街小学是成都市的重点小学,其办学文化是"厚德如盐,适融入道"的"盐文化"。请根据你对盐文化的理解,为该小学设计一幅宣传海报,将其办学文化体现在其中。

3. 据网络调查显示,"学做中国菜"是目前美国大学生最希望掌握的一项"中国技能"。请以"来中国,不得不吃的一道中国菜"为主题,设计一幅海报。

参 考 文 献

[1] 程裕祯. 中国文化要略[M]. 北京:外语教学与研究出版社,1998.
[2] 王健. 广告创意教程[M]. 北京:北京大学出版社,2004.
[3] 费孝通. 乡土中国[M]. 北京:三联书店,1985.
[4] 黄海波. 中国传统文化与中医[M]. 北京:人民卫生出版社,2007.

参考文献

[1] 郭锡良. 古代汉语(修订本)[M]. 北京: 商务印书馆, 1999.
[2] 王力. 古代汉语(第二版)[M]. 北京: 中华书局, 2004.
[3] 许慎. 说文解字[M]. 北京: 中华书局, 1963.
[4] 李学勤. 字源[M]. 天津: 天津古籍出版社, 2012.